国家出版基金项目
NATIONAL PUBLICATION FOUNDATION

"十二五"国家重点出版规划项目
雷达与探测前沿技术丛书

电磁矢量传感器阵列信号处理

Signal Processing for Electromagnetic Vector Sensor Arrays

万 群 邹 麟 陈 慧 等著

国防工业出版社
·北京·

内 容 简 介

本书系统地阐述了张量和几何代数理论在电磁矢量传感器阵列信号处理技术应用中的最新成果。全书共分7章,主要内容包括基于传统长矢量的电磁矢量传感器阵列模型、张量和几何代数的基本原理与数学基础、矢量传感器阵列方向图分析与综合方法、参数估计的超复数域方法、矢量传感器阵列稳健波束形成、优化布阵与阵列校准等问题。

本书展示了作者基于超复数域理论对电磁矢量传感器阵列信号处理中方向图综合、参数估计等核心问题的全新认识,兼具理论前沿性和学术先进性。

本书可以作为高等院校信号与信息处理专业研究生的参考书,对从事张量、几何代数等超复数域理论与应用研究和阵列信号处理技术研究的广大科技工作者和工程技术人员也具有较好的参考价值。

图书在版编目(CIP)数据

电磁矢量传感器阵列信号处理 / 万群等著. —北京 :
国防工业出版社, 2017.12
(雷达与探测前沿技术丛书)
ISBN 978-7-118-11450-8

Ⅰ. ①电… Ⅱ. ①万… Ⅲ. ①电磁传感器-数字信号
处理-高等学校-教学参考资料 Ⅳ. ①TN911.72

中国版本图书馆 CIP 数据核字(2017)第 328930 号

※

国防工业出版社出版发行
(北京市海淀区紫竹院南路23号 邮政编码100048)
天津嘉恒印务有限公司印刷
新华书店经售
*

开本 710×1000 1/16 **印张** 11½ **字数** 209 千字
2017年12月第1版第1次印刷 **印数** 1—3000册 **定价** 49.00元

(本书如有印装错误,我社负责调换)

国防书店:(010)88540777 发行邮购:(010)88540776
发行传真:(010)88540755 发行业务:(010)88540717

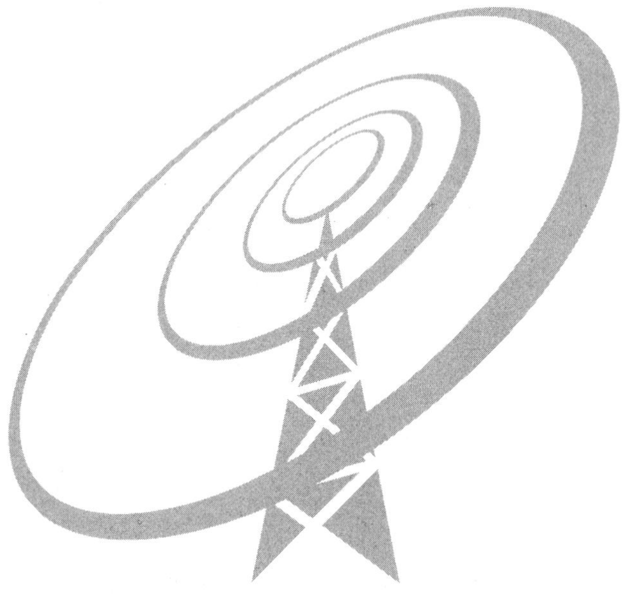

总 序

雷达在第二次世界大战中初露头角。战后，美国麻省理工学院辐射实验室集合各方面的专家，总结战争期间的经验，于1950年前后出版了一套雷达丛书，共28个分册，对雷达技术做了全面总结，几乎成为当时雷达设计者的必备读物。我国的雷达研制也从那时开始，经过几十年的发展，到21世纪初，我国雷达技术在很多方面已进入国际先进行列。为总结这一时期的经验，中国电子科技集团公司曾经组织老一代专家撰著了"雷达技术丛书"，全面总结他们的工作经验，给雷达领域的工程技术人员留下了宝贵的知识财富。

电子技术的迅猛发展，促使雷达在内涵、技术和形态上快速更新，应用不断扩展。为了探索雷达领域前沿技术，我们又组织编写了本套"雷达与探测前沿技术丛书"。与以往雷达相关丛书显著不同的是，本套丛书并不完全是作者成熟的经验总结，大部分是专家根据国内外技术发展，对雷达前沿技术的探索性研究。内容主要依托雷达与探测一线专业技术人员的最新研究成果、发明专利、学术论文等，对现代雷达与探测技术的国内外进展、相关理论、工程应用等进行了广泛深入研究和总结，展示近十年来我国在雷达前沿技术方面的研制成果。本套丛书的出版力求能促进从事雷达与探测相关领域研究的科研人员及相关产品的使用人员更好地进行学术探索和创新实践。

本套丛书保持了每一个分册的相对独立性和完整性，重点是对前沿技术的介绍，读者可选择感兴趣的分册阅读。丛书共41个分册，内容包括频率扩展、协同探测、新技术体制、合成孔径雷达、新雷达应用、目标与环境、数字技术、微电子技术八个方面。

（一） 雷达频率迅速扩展是近年来表现出的明显趋势，新频段的开发、带宽的剧增使雷达的应用更加广泛。本套丛书遴选的频率扩展内容的著作共4个分册：

（1）《毫米波辐射无源探测技术》分册中没有讨论传统的毫米波雷达技术，而是着重介绍毫米波热辐射效应的无源成像技术。该书特别采用了平方千米阵的技术概念，这一概念在用干涉式阵列基线的测量结果来获得等效大口径阵列效果的孔径综合技术方面具有重要的意义。

(2)《太赫兹雷达》分册是一本较全面介绍太赫兹雷达的著作,主要包括太赫兹雷达系统的基本组成和技术特点、太赫兹雷达目标检测以及微动目标检测技术,同时也讨论了太赫兹雷达成像处理。

(3)《机载远程红外预警雷达系统》分册考虑到红外成像和告警是红外探测的传统应用,但是能否作为全空域远距离的搜索监视雷达,尚有诸多争议。该书主要讨论用监视雷达的概念如何解决红外极窄波束、全空域、远距离和数据率的矛盾,并介绍组成红外监视雷达的工程问题。

(4)《多脉冲激光雷达》分册从实际工程应用角度出发,较详细地阐述了多脉冲激光测距及单光子测距两种体制下的系统组成、工作原理、测距方程、激光目标信号模型、回波信号处理技术及目标探测算法等关键技术,通过对两种远程激光目标探测体制的探讨,力争让读者对基于脉冲测距的激光雷达探测有直观的认识和理解。

(二) 传输带宽的急剧提高,赋予雷达协同探测新的使命。协同探测会导致雷达形态和应用发生巨大的变化,是当前雷达研究的热点。本套丛书遴选出协同探测内容的著作共10个分册:

(1)《雷达组网技术》分册从雷达组网使用的效能出发,重点讨论点迹融合、资源管控、预案设计、闭环控制、参数调整、建模仿真、试验评估等雷达组网新技术的工程化,是把多传感器统一为系统的开始。

(2)《多传感器分布式信号检测理论与方法》分册主要介绍检测级、位置级(点迹和航迹)、属性级、态势评估与威胁估计五个层次中的检测级融合技术,是雷达组网的基础。该书主要给出各类分布式信号检测的最优化理论和算法,介绍考虑到网络和通信质量时的联合分布式信号检测准则和方法,并研究多输入多输出雷达目标检测的若干优化问题。

(3)《分布孔径雷达》分册所描述的雷达实现了多个单元孔径的射频相参合成,获得等效于大孔径天线雷达的探测性能。该书在概述分布孔径雷达基本原理的基础上,分别从系统设计、波形设计与处理、合成参数估计与控制、稀疏孔径布阵与测角、时频相同步等方面做了较为系统和全面的论述。

(4)《MIMO 雷达》分册所介绍的雷达相对于相控阵雷达,可以同时获得波形分集和空域分集,有更加灵活的信号形式,单元间距不受 $\lambda/2$ 的限制,间距拉开后,可组成各类分布式雷达。该书比较系统地描述多输入多输出(MIMO)雷达。详细分析了波形设计、积累补偿、目标检测、参数估计等关键技术。

(5)《MIMO雷达参数估计技术》分册更加侧重讨论各类MIMO雷达的算法。从MIMO雷达的基本知识出发,介绍均匀线阵,非圆信号,快速估计,相干目标,分布式目标,基于高阶累计量的、基于张量的、基于阵列误差的、特殊阵列结构的MIMO雷达目标参数估计的算法。

(6)《机载分布式相参射频探测系统》分册介绍的是MIMO技术的一种工程应用。该书针对分布式孔径采用正交信号接收相参的体制,分析和描述系统处理架构及性能、运动目标回波信号建模技术,并更加深入地分析和描述实现分布式相参雷达杂波抑制、能量积累、布阵等关键技术的解决方法。

(7)《机会阵雷达》分册介绍的是分布式雷达体制在移动平台上的典型应用。机会阵雷达强调根据平台的外形,天线单元共形随遇而布。该书详尽地描述系统设计、天线波束形成方法和算法、传输同步与单元定位等关键技术,分析了美国海军提出的用于弹道导弹防御和反隐身的机会阵雷达的工程应用问题。

(8)《无源探测定位技术》分册探讨的技术是基于现代雷达对抗的需求应运而生,并在实战应用需求越来越大的背景下快速拓展。随着知识层面上认知能力的提升以及技术层面上带宽和传输能力的增加,无源侦察已从单一的测向技术逐步转向多维定位。该书通过充分利用时间、空间、频移、相移等多维度信息,寻求无源定位的解,对雷达向无源发展有着重要的参考价值。

(9)《多波束凝视雷达》分册介绍的是通过多波束技术提高雷达发射信号能量利用效率以及在空、时、频域中减小处理损失,提高雷达探测性能;同时,运用相位中心凝视方法改进杂波中目标检测概率。分册还涉及短基线雷达如何利用多阵面提高发射信号能量利用效率的方法;针对长基线,阐述了多站雷达发射信号可形成凝视探测网格,提高雷达发射信号能量的使用效率;而合成孔径雷达(SAR)系统应用多波束凝视可降低发射功率,缓解宽幅成像与高分辨之间的矛盾。

(10)《外辐射源雷达》分册重点讨论以电视和广播信号为辐射源的无源雷达。详细描述调频广播模拟电视和各种数字电视的信号,减弱直达波的对消和滤波的技术;同时介绍了利用GPS(全球定位系统)卫星信号和GSM/CDMA(两种手机制式)移动电话作为辐射源的探测方法。各种外辐射源雷达,要得到定位参数和形成所需的空域,必须多站协同。

（三） 以新技术为牵引，产生出新的雷达系统概念，这对雷达的发展具有里程碑的意义。本套丛书遴选了涉及新技术体制雷达内容的6个分册：

（1）《宽带雷达》分册介绍的雷达打破了经典雷达5MHz带宽的极限，同时雷达分辨力的提高带来了高识别率和低杂波的优点。该书详尽地讨论宽带信号的设计、产生和检测方法。特别是对极窄脉冲检测进行有益的探索，为雷达的进一步发展提供了良好的开端。

（2）《数字阵列雷达》分册介绍的雷达是用数字处理的方法来控制空间波束，并能形成同时多波束，比用移相器灵活多变，已得到了广泛应用。该书全面系统地描述数字阵列雷达的系统和各分系统的组成。对总体设计、波束校准和补偿、收/发模块、信号处理等关键技术都进行了详细描述，是一本工程性较强的著作。

（3）《雷达数字波束形成技术》分册更加深入地描述数字阵列雷达中的波束形成技术，给出数字波束形成的理论基础、方法和实现技术。对灵巧干扰抑制、非均匀杂波抑制、波束保形等进行了深入的讨论，是一本理论性较强的专著。

（4）《电磁矢量传感器阵列信号处理》分册讨论在同一空间位置具有三个磁场和三个电场分量的电磁矢量传感器，比传统只用一个分量的标量阵列处理能获得更多的信息，六分量可完备地表征电磁波的极化特性。该书从几何代数、张量等数学基础到阵列分析、综合、参数估计、波束形成、布阵和校正等问题进行详细讨论，为进一步应用奠定了基础。

（5）《认知雷达导论》分册介绍的雷达可根据环境、目标和任务的感知，选择最优化的参数和处理方法。它使得雷达数据处理及反馈从粗犷到精细，彰显了新体制雷达的智能化。

（6）《量子雷达》分册的作者团队搜集了大量的国外资料，经探索和研究，介绍从基本理论到传输、散射、检测、发射、接收的完整内容。量子雷达探测具有极高的灵敏度，更高的信息维度，在反隐身和抗干扰方面优势明显。经典和非经典的量子雷达，很可能走在各种量子技术应用的前列。

（四） 合成孔径雷达(SAR)技术发展较快，已有大量的著作。本套丛书遴选了有一定特点和前景的5个分册：

（1）《数字阵列合成孔径雷达》分册系统阐述数字阵列技术在SAR中的应用，由于数字阵列天线具有灵活性并能在空间产生同时多波束，雷达采集的同一组回波数据，可处理出不同模式的成像结果，比常规SAR具备更多的新能力。该书着重研究基于数字阵列SAR的高分辨力宽测绘带SAR成像、极化层析 SAR 三维成像和前视 SAR 成像技术三种新能力。

(2)《双基合成孔径雷达》分册介绍的雷达配置灵活,具有隐蔽性好、抗干扰能力强、能够实现前视成像等优点,是 SAR 技术的热点之一。该书较为系统地描述了双基 SAR 理论方法、回波模型、成像算法、运动补偿、同步技术、试验验证等诸多方面,形成了实现技术和试验验证的研究成果。

(3)《三维合成孔径雷达》分册描述曲线合成孔径雷达、层析合成孔径雷达和线阵合成孔径雷达等三维成像技术。重点讨论各种三维成像处理算法,包括距离多普勒、变尺度、后向投影成像、线阵成像、自聚焦成像等算法。最后介绍三维 MIMO-SAR 系统。

(4)《雷达图像解译技术》分册介绍的技术是指从大量的 SAR 图像中提取与挖掘有用的目标信息,实现图像的自动解译。该书描述高分辨 SAR 和极化 SAR 的成像机理及相应的相干斑抑制、噪声抑制、地物分割与分类等技术,并介绍舰船、飞机等目标的 SAR 图像检测方法。

(5)《极化合成孔径雷达图像解译技术》分册对极化合成孔径雷达图像统计建模和参数估计方法及其在目标检测中的应用进行了深入研究。该书研究内容为统计建模和参数估计及其国防科技应用三大部分。

(五) 雷达的应用也在扩展和变化,不同的领域对雷达有不同的要求,本套丛书在雷达前沿应用方面遴选了 6 个分册:

(1)《天基预警雷达》分册介绍的雷达不同于星载 SAR,它主要观测陆海空天中的各种运动目标,获取这些目标的位置信息和运动趋势,是难度更大、更为复杂的天基雷达。该书介绍天基预警雷达的星星、星空、MIMO、卫星编队等双/多基地体制。重点描述了轨道覆盖、杂波与目标特性、系统设计、天线设计、接收处理、信号处理技术。

(2)《战略预警雷达信号处理新技术》分册系统地阐述相关信号处理技术的理论和算法,并有仿真和试验数据验证。主要包括反导和飞机目标的分类识别、低截获波形、高速高机动和低速慢机动小目标检测、检测识别一体化、机动目标成像、反投影成像、分布式和多波段雷达的联合检测等新技术。

(3)《空间目标监视和测量雷达技术》分册论述雷达探测空间轨道目标的特色技术。首先涉及空间编目批量目标监视探测技术,包括空间目标监视相控阵雷达技术及空间目标监视伪码连续波雷达信号处理技术。其次涉及空间目标精密测量、增程信号处理和成像技术,包括空间目标雷达精密测量技术、中高轨目标雷达探测技术、空间目标雷达成像技术等。

（4）《平流层预警探测飞艇》分册讲述在海拔约20km的平流层，由于相对风速低、风向稳定，从而适合大型飞艇的长期驻空，定点飞行，并进行空中预警探测，可对半径500km区域内的地面目标进行长时间凝视观察。该书主要介绍预警飞艇的空间环境、总体设计、空气动力、飞行载荷、载荷强度、动力推进、能源与配电以及飞艇雷达等技术，特别介绍了几种飞艇结构载荷一体化的形式。

（5）《现代气象雷达》分册分析了非均匀大气对电磁波的折射、散射、吸收和衰减等气象雷达的基础，重点介绍了常规天气雷达、多普勒天气雷达、双偏振全相参多普勒天气雷达、高空气象探测雷达、风廓线雷达等现代气象雷达，同时还介绍了气象雷达新技术、相控阵天气雷达、双/多基地天气雷达、声波雷达、中频探测雷达、毫米波测云雷达、激光测风雷达。

（6）《空管监视技术》分册阐述了一次雷达、二次雷达、应答机编码分配、S模式、多雷达监视的原理。重点讨论广播式自动相关监视（ADS-B）数据链技术、飞机通信寻址报告系统（ACARS）、多点定位技术（MLAT）、先进场面监视设备（A-SMGCS）、空管多源协同监视技术、低空空域监视技术、空管技术。介绍空管监视技术的发展趋势和民航大国的前瞻性规划。

（六） 目标和环境特性，是雷达设计的基础。该方向的研究对雷达匹配目标和环境的智能设计有重要的参考价值。本套丛书对此专题遴选了4个分册：

（1）《雷达目标散射特性测量与处理新技术》分册全面介绍有关雷达散射截面积（RCS）测量的各个方面，包括RCS的基本概念、测试场地与雷达、低散射目标支架、目标RCS定标、背景提取与抵消、高分辨力RCS诊断成像与图像理解、极化测量与校准、RCS数据的处理等技术，对其他微波测量也具有参考价值。

（2）《雷达地海杂波测量与建模》分册首先介绍国内外地海面环境的分类和特征，给出地海杂波的基本理论，然后介绍测量、定标和建库的方法。该书用较大的篇幅，重点阐述地海杂波特性与建模。杂波是雷达的重要环境，随着地形、地貌、海况、风力等条件而不同。雷达的杂波抑制，正根据实时的变化，从粗犷走向精细的匹配，该书是现代雷达设计师的重要参考文献。

（3）《雷达目标识别理论》分册是一本理论性较强的专著。以特征、规律及知识的识别认知为指引，奠定该书的知识体系。首先介绍雷达目标识别的物理与数学基础，较为详细地阐述雷达目标特征提取与分类识别、知识辅助的雷达目标识别、基于压缩感知的目标识别等技术。

(4)《雷达目标识别原理与实验技术》分册是一本工程性较强的专著。该书主要针对目标特征提取与分类识别的模式，从工程上阐述了目标识别的方法。重点讨论特征提取技术、空中目标识别技术、地面目标识别技术、舰船目标识别及弹道导弹识别技术。

（七） 数字技术的发展，使雷达的设计和评估更加方便，该技术涉及雷达系统设计和使用等。本套丛书遴选了3个分册：

(1)《雷达系统建模与仿真》分册所介绍的是现代雷达设计不可缺少的工具和方法。随着雷达的复杂度增加，用数字仿真的方法来检验设计的效果，可收到事半功倍的效果。该书首先介绍最基本的随机数的产生、统计实验、抽样技术等与雷达仿真有关的基本概念和方法，然后给出雷达目标与杂波模型、雷达系统仿真模型和仿真对系统的性能评价。

(2)《雷达标校技术》分册所介绍的内容是实现雷达精度指标的基础。该书重点介绍常规标校、微光电视角度标校、球载BD/GPS(BD为北斗导航简称)标校、射电星角度标校、基于民航机的雷达精度标校、卫星标校、三角交会标校、雷达自动化标校等技术。

(3)《雷达电子战系统建模与仿真》分册以工程实践为取材背景，介绍雷达电子战系统建模的主要方法、仿真模型设计、仿真系统设计和典型仿真应用实例。该书从雷达电子战系统数学建模和仿真系统设计的实用性出发，着重论述雷达电子战系统基于信号/数据流处理的细粒度建模仿真的核心思想和技术实现途径。

（八） 微电子的发展使得现代雷达的接收、发射和处理都发生了巨大的变化。本套丛书遴选出涉及微电子技术与雷达关联最紧密的3个分册：

(1)《雷达信号处理芯片技术》分册主要讲述一款自主架构的数字信号处理(DSP)器件，详细介绍该款雷达信号处理器的架构、存储器、寄存器、指令系统、I/O资源以及相应的开发工具、硬件设计，给雷达设计师使用该处理器提供有益的参考。

(2)《雷达收发组件芯片技术》分册以雷达收发组件用芯片套片的形式，系统介绍发射芯片、接收芯片、幅相控制芯片、波速控制驱动器芯片、电源管理芯片的设计和测试技术及与之相关的平台技术、实验技术和应用技术。

(3)《宽禁带半导体高频及微波功率器件与电路》分册的背景是，宽禁带材料可使微波毫米波功率器件的功率密度比Si和GaAs等同类产品高10倍，可产生开关频率更高、关断电压更高的新一代电力电子器件，将对雷达产生更新换代的影响。分册首先介绍第三代半导体的应用和基本知识，然后详细介绍两大类各种器件的原理、类别特征、进展和应用：SiC 器件有功率二极管、MOSFET、JFET、BJT、IBJT、GTO 等；GaN 器件有 HEMT、MMIC、E 模 HEMT、N 极化 HEMT、功率开关器件与微功率变换等。最后展望固态太赫兹、金刚石等新兴材料器件。

本套丛书是国内众多相关研究领域的大专院校、科研院所专家集体智慧的结晶。具体参与单位包括中国电子科技集团公司、中国航天科工集团公司、中国电子科学研究院、南京电子技术研究所、华东电子工程研究所、北京无线电测量研究所、电子科技大学、西安电子科技大学、国防科技大学、北京理工大学、北京航空航天大学、哈尔滨工业大学、西北工业大学等近 30 家。在此对参与编写及审校工作的各单位专家和领导的大力支持表示衷心感谢。

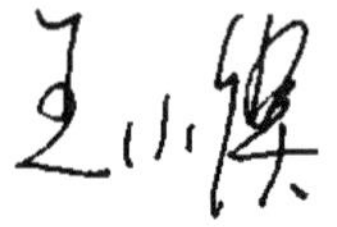

2017 年 9 月

前　言

阵列信号处理在雷达、声纳、通信、地质勘查、射电天文、生物医学等诸多领域已经得到了广泛的应用。空间中的电磁信号是矢量的，完备的电磁信号由三个电场分量和三个磁场分量构成。然而，现有的传统阵列配置的标量天线，只利用了其中的一维信息，即复幅度，而未能接收并处理富含更多信息的信号极化特性。因此，传统阵列在未来应用要求更高的环境中面临以下的挑战：抗干扰能力差，当干扰信号和期望信号空间到达角接近时不能从极化特征上加以区分，可能引起极化失配；不具有较高的分辨能力（利用极化状态进行联合估计），即极化多址能力。

以矢量形式存在的空间电磁波，其完备的电场和磁场信息为六维的复矢量。能够反映高于一个维度电磁波信息的传感器称为电磁矢量传感器（Electromagnetic Vector Sensor），由矢量传感器组成的阵列称为矢量传感器阵列（Vector Sensor Arrays）。利用该阵列不仅可以获得来波的方向信息，还可以甄别其极化差异。20 世纪 90 年代至今，国内外对于矢量传感器阵列展开了大量研究，它已经成为阵列信号处理领域中的一个重要分支。

电磁矢量传感器的架构最早由 Compton 于 1981 年提出。1991 年，Nehorai 对矢量传感器进行了系统性的建模，1994 年又对其进行了完善。后来，Nehorai、Compton、Li、Wong、Zoltowski 等人围绕矢量阵列模型展开了大量研究，明确了矢量传感器阵列不仅能很好地拓展传统的 MUSIC 和 ESPRIT 等经典算法，还具有其他的一些独具优势的对应形式，进而把矢量阵列的应用引入了声音测量和地震勘探等领域。

由于矢量阵列接收的数据具有内在的高维特性，上述的方法都是沿用矩阵的思路（即用长矢量表示接收的数据）来解决的。随着信号处理向高维发展，几何代数、张量、多元数等超复数域的引入已成为新的发展趋势。它们能够更好地利用接收数据的高维结构，使得分辨性能和计算量都有所改善，并可得到一些不同于上述传统处理框架和方法的特性。

本书基于作者在张量和几何代数（第 3 章）、矢量传感器阵列建模（第 3 章和第 5 章）、方向图分析与综合（第 4 章）、参数估计（第 5 章）、波束形成（第 6 章）和阵列布阵（第 7 章）上的研究成果，对该领域新的发展趋势与应用进行了较为全面地展示。书中的主要内容均为本书作者近 5 年的最新研究成果，逾 10

篇论文已经被 SCI 期刊和 EI 会议收录和发表。

本书旨在介绍矢量传感器阵列信号处理，特别是采用了新数学工具的参数估计方法。首先，介绍了极化、矢量传感器等基本概念，然后引入数学工具讨论了其对矢量阵列的处理方法。具体安排如下：

第 1 章介绍了矢量传感器阵列的特点、应用及研究现状等基本情况。第 2 章和第 3 章介绍了本书的一些基本理论。其中，第 2 章阐述了电磁波极化的基本概念、电磁矢量传感器阵列的接收模型。第 3 章介绍了两种高维数据常用的处理方法——张量和几何代数，其中基于作者研究及其拓展的几何代数共形阵列处理部分，国内的书籍中尚未发现相关的内容的介绍。第 4 章 ~ 第 7 章对参数估计、波束形成、阵列校正等问题进行了讨论。其中，第 4 章和第 5 章的几何代数方法是作者近 5 年在剑桥大学、电子科技大学研究期间的研究成果，第 5 章的张量方法和第 7 章的阵列校正部分是作者近 3 年在电子科技大学期间的研究成果。上述最新的研究成果覆盖了本书 70% 以上的内容。

本书编写，离不开高宇飞博士、谢伟博士、肖洪坤硕士、韩伟硕士、郝恩义硕士、卢铭迪硕士的积极参与和帮助，也得到了国防工业出版社张冬晔编辑多方面的协助和支持，在此向他们致以衷心的谢意。

这本专著包含作者对本领域最新科学研究状况的把握和认识，并将相关工作的新成果和新进展进行了较为充分和系统的展示，力求反映所属领域的基本理论和新近进展，做到学科先进性和工程适用性的统一。

我们希望这本专著，既能为广大科学工作者与工程技术人员的知识更新、继续学习、实际工作提供适合的和有价值的进修、自学或应用材料，也能为广大在校研究生的学习提供内容先进、论述系统的参考书。我们同时要感谢使用本书的广大科技工作者和工程人员的热情支持，敬请各位业界人士斧正！

万群于清水河畔

2017 年 3 月

目　录

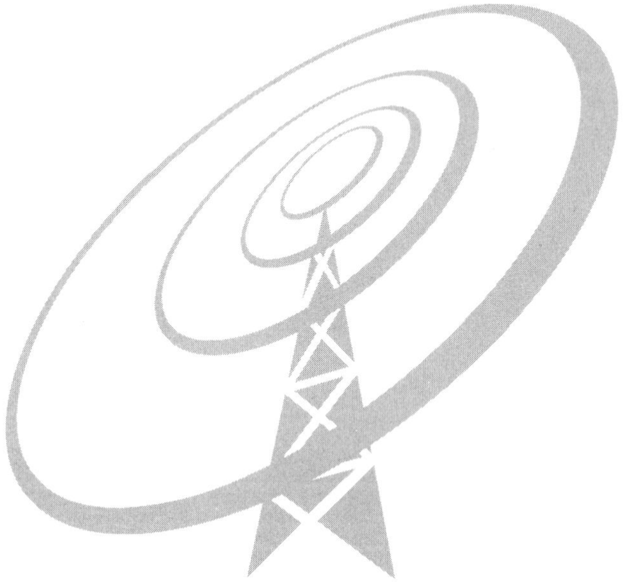

第1章 绪论

1.1 电磁矢量传感器阵列的特点

传统阵列信号处理模型中所使用的传感器均为标量形式，只能获得空间电磁信号一个场中单一分量的数据，实际上，空间电磁波本身具有3个磁场分量和3个电场分量。电磁矢量传感器[1,2]（Electro Magnetic Vector Sensor，EMVS）能够接收同一空间位置电磁波的所有6个分量，可以完备地表征电磁波的极化特性，由这样的阵元构成的阵列即为电磁矢量传感器阵列。

矢量传感器作为可以同时测量物理场（声场或电磁场）不同分量的传感器，对信号的波达方向（Directions Of Arrival，DOA）和极化（Polarization）状态都非常敏感，借助极化状态的差异，这种传感器能够辨别并且分离出波达方向接近，但极化状态不同的信号；而这类信号对于常规的标量传感器阵列而言，是难以辨别和分离的。

相对于传统的标量传感器阵列，电磁矢量传感器阵列的优势主要体现在以下几个方面：

(1) 矢量传感器可以完备地获取电磁信号电场和磁场的六维信息，由此带来了其所独具的极化分址能力；此外它还具有稳健的检测能力、较强的干扰抑制能力、较高的空间分辨能力和无空间欠采样模糊等特点。

(2) 矢量传感器的多路输入信号，为波达方向估计和波束形成提供了更多的自由度和灵活性，可以改善信噪比门限性能；在相同的阵列孔径下，可以得到更为尖锐的波束方向图，降低波束副瓣电平，进一步提高宽带波束形成的噪声抑制能力。

(3) 对于声音信号，特别是水下声场信号而言，单个矢量传感器所具有的无模糊定向能力，使其避免了标量传感器阵列应用中固有的左右舷模糊问题，利用该特性可以预先估计群目标，大幅度提高系统反应速度。

(4) 相对于相互分离的标量传感器，电磁矢量传感器对阵列孔径要求不高，因此,其物理尺寸更小、便携性更佳;此外,不同传感器各分量之间无需同步,具有本地协作性。

(5) 电磁矢量传感器能够感知入射电磁波完备的电磁场矢量信号,与标量传感器相比,在参数估计、信号检测、波束形成等后续信号处理环节中,其在速度、性能等指标上的折中权衡上有了更大的自由度。

以上主要优势,都源自于电磁矢量传感器阵列能提取信号的时间、空间和极化等多方面、多维度上的信息;对这些信息进行充分且有效地表征和利用是目前国内外学术界研究的热点。

与传统的标量传感器不一样,电磁矢量传感器由多个具有相同空间相位中心的子传感器组成,可以感应电磁波的全部或者部分电场、磁场矢量等信息。如图 1.1 所示,一个典型的电磁矢量传感器由三个正交的电振子和三个正交的磁振子所构成,它能够完备地接收空间中各电磁分量。

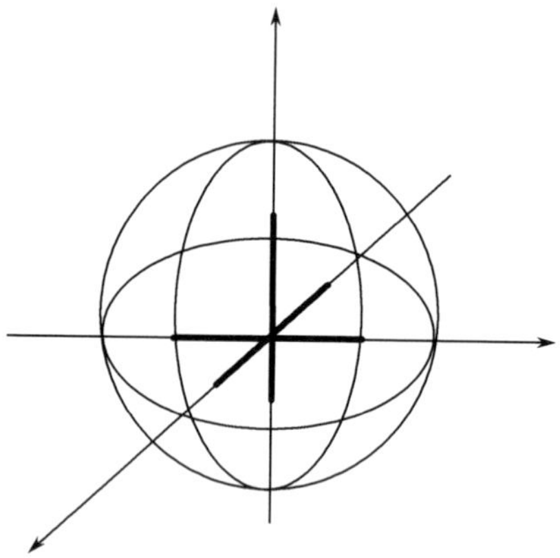

图 1.1　由三正交电偶极子和电流环天线构成的电磁矢量传感器

由于工艺限制,理论上所要求的各个基本振子几何中心须处于同一位置,这一点在实际应用中难以实现。另外,由于各个振子距离太近,它们之间存在较强的电磁耦合,极化隔离度不高;对于由阵列载体几何形状限制而形成的共形阵列而言,阵元之间的互耦(Mutual Coupling)效应更趋复杂。以上两点是电磁矢量传感器的物理构造对其实际应用所带来的主要限制。

对于多个矢量传感器组成的阵列而言,各阵元接收信号之间的相对相位同样包含了入射波的方向信息。这样,与具有相同空间分布的标量传感器阵列相比,矢量传感器阵列既可以看作多个子阵构成的阵列,又可以视为空域调制阵列。

若将组成电磁矢量传感器的 6 个分量看作独立的阵元,相同阵元数 N 下二者的对比参见表 1.1 所列。

表 1.1　标量阵列与矢量阵列性能对比

类别＼属性	有效孔径	极化稳定性	阵列流形的线性独立性	占地面积
标量传感器	大	弱	$6N$	大
矢量传感器	小	强	$3N$	小

矢量阵列占地面积小，从而更适用于需要稀疏布阵的应用场景：比如需要尽可能地缩小布阵面积，使得阵列更为隐蔽，场地范围有所限制（手机、特殊地形等）的应用环境。由于其极化方式稳定，可以使阵列在多径、工作平台不稳定等可能使极化发生不匹配的情况下，仍然能够正常地工作。

1.2　电磁矢量传感器阵列的研究方向和应用

1.2.1　电磁矢量传感器阵列的研究方向

目前，电磁矢量传感器阵列处理涵盖了以下主要的研究方向：

第一，利用矢量传感器可以同时获取空间和极化信息的特点，进行包括极化参数在内的多参数估计研究。目前较常见的是基于 MUSIC 算法和 ESPRIT 算法的子空间类算法[3,4]。其中，具有代表性的是 Rahamim 等人[4]提出的一种极化域上的解相干预处理技术，即“极化平滑算法”：相对于传统的标量阵列空间平滑算法，该算法的实现较为简单，并且适应传感器阵元任意空间分布的阵列结构；但是，该算法的平滑矩阵仍然保留了噪声协方差的特征，导致其在非均匀噪声环境下性能恶化。另具代表意义的是 Li[8,9] 和 Wong 等人[6]利用 ESPRIT 算法研究了电磁矢量阵列不同情形下的信号参量估计问题。基于极化敏感阵列（Polarization Sensitive Array）的信号多参数估计算法在近些年得到了迅速发展，国内有多位学者研究了完全极化、部分极化以及相关干扰情形下，阵列的抗干扰性能[2,37]。此外，在许多实际应用中，需要对到达角进行自适应估计，或者对运动目标进行跟踪。现有的子空间类跟踪算法[5,7]大都基于传统标量传感器阵列，而且主要针对非相干目标，且不适合在多径环境下运作；基于矢量传感器阵列，针对相干目标的自适应波达方向估计或跟踪的方法则鲜有论著。

第二，基于目标极化特性的目标跟踪和极化波形设计，其中主要包括单目标和多目标的极化追踪。关于杂波中多目标追踪的自适应极化波形设计问题，现有的对单目标追踪的方法是基于波形的最佳设计，从波形库选出最佳信号来实现的[10]。针对主动传感系统，自适应波形设计结合了用于序列贝叶斯滤波的目标追踪和最佳波形选择，其中一个重要特点就是利用发射信号极化状态提供的自由度来设计系统。基于极化信息的目标跟踪[11,12]，尤其是针对多目标情况，现有各种算法的焦点在于如何降低跟踪测量值分配处理过程的计算复杂度。

第三，由于多径传播导致的接收信号高度相关的问题。国内外学者先后提出了诸多解相干的算法：第一类方法是空间平滑算法[4]，该类算法能够有效恢复信号协方差矩阵因信号相关而丢失的秩。第二类方法是空间差分方法[13,14]，该类算法可以将不相关信号和相干信号的 DOA 分开进行估计，进而处理更多的信号。此外，还有一些方法[27,28]可以达到和最大似然类似的解相干效果，不过此类算法的迭代过程所需计算量较大，或需要较高的信噪比。在二维相干信号处理领域，引入了子阵划分、空间平滑、前后向空间平滑等思想。

第四，电磁矢量传感器阵列误差的校正及其影响。早期的阵列校正是通过阵列流形直接进行离散测量、内插、存储来实现的，但实现的代价较大，效果也并不理想。后来，通过对阵列扰动建模，将误差校正逐渐转化为参数估计问题。对于电磁矢量传感器阵列中的互耦问题，除需考虑阵元之间的相互影响，尤其是对位于阵列边缘的传感器的影响外，还需考察电磁信号各分量之间的耦合关系，这是电磁矢量传感器阵列所面临的特有问题。

第五，电磁矢量传感器阵列的波束形成。电磁矢量传感器阵列能够得到电磁信号的多维、多域的联合信息，可以更好地区分信号和干扰，而不仅仅只用一方面的信息进行区分和滤波。比如在矢量传感器条件下，利用“共极化”和“交叉极化”两种正交的极化方式，可以在两个区分度较大的空间上实现波束形成和极化复用。

1.2.2 电磁矢量传感器阵列的应用

电磁矢量传感器阵列诸多方面的优越性能，使得其在军事、民用等方面拥有广泛的应用前景。

军事方面，现代战场电磁环境日趋复杂恶劣，空间辐射源密集多变，综合威胁程度高，严重影响了雷达、侦查等电子系统的综合性能。战争的信息化趋势又对战场传感器系统信息获取以及处理能力提出了更高的要求。用电磁矢量传感器阵列天线代替普通的标量阵列天线，开发并利用电磁信号的极化信息，可以提高电子信息系统的综合性能：可以提高地基雷达抗干扰能力，提高雷达对空探测距离等指标，提高机载预警雷达抑制地物杂波和区分目标的能力；此外，将极化特征和空间到达角特性同时用于辐射源的分辨，还可以提高侦查系统信号分辨和识别的性能。

民用方面，随着全球通信事业的高速发展，通信业务的需求量越来越大，特别是第五代移动通信标准对通信技术提出了更高的要求。在复杂的移动通信环境和频带资源受限的条件下，达到移动通信的理想目标主要受三个因素的制约：多径衰落、时延扩展和多址干扰。第四代移动通信的核心技术仅仅利用时域、空域信息来对抗干扰和信号定位，并没有对信号的极化信息进行开发和利用。电磁矢量传感器阵列的应用将进一步克服共信道干扰和多径衰落干扰，扩大基站覆盖范围，提高通信质量。另外，从极化多址的角度上看，它还可以进一步缓解日益紧张的频谱资源。

目前，国外已有商用的电磁矢量传感器。例如，如图 1.2 所示，美国 Flam and Russell 公司生产的"SuperCART"天线阵（Super Resolution Compact Array Radio Location Technology），它由 3 个正交的偶极子和 3 个正交的矩形磁环供电构成，其工作频段为 2 ~30MHz[15]，可以感知完整的电磁矢量信息。如图 1.3 所示，日本总务省位于冲绳县石垣市白保地区的 DEURAS – H（Detect Unlicensed Radio Stations）短波侦测系统，由 9 个正交的交叉磁环天线组成。瑞典 LOIS（LOFAR in Scandinavia）项目中，建于南部韦克市的 Risinge 测试站则采用了电三极子和磁三极子（由 3 个相互正交的小圆环天线组成，工作频率为 10 ~ 240MHz）构成的天线。

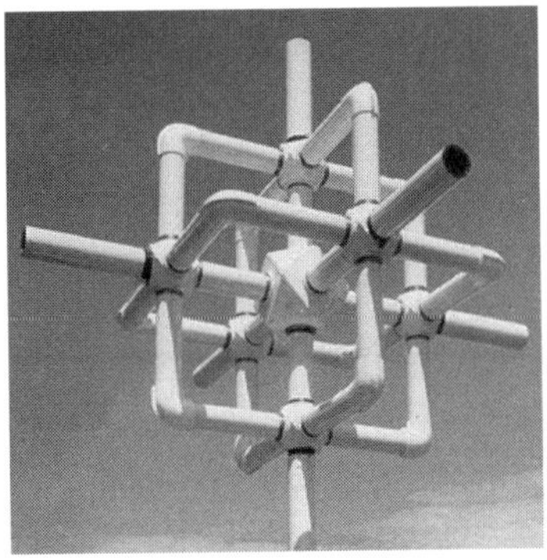

图 1.2　"SuperCART"天线阵

图 1.3　DEURAS – H（Detect Unlicensed Radio Stations）短波侦测系统

1.3　国内外相关研究现状

矢量阵列信号处理主要涉及阵列信号处理和极化信息处理两大领域。前者已经趋于成熟，而后者的研究也十分活跃，取得了丰富的理论成果。

信号处理领域的极化分集思想可以上溯至 20 世纪 50 年代[1,18,19]；1970 年，Huynen[18]扩展了最优极化的思想；Ioannidis 和 Hammers[19]针对分辨杂波目标的最优极化天线选择方法进行了研究；20 世纪 90 年代，Novak 等人[20,21]提出了一个最优极化天线检测器；此外，还扩展了积模型（Product Model）的使用，在全极化情况中，解释了非齐次杂波效应；许多研究者[22,28]发现将极化与其他信号特征（如方位、频率、码字）联系起来，可以提高雷达分辨率；Garren[27]等人研究了极化波形设计来提高目标检测率。

1981 年从 Compton[28]开始,众多学者对一种新的接收电磁信号的传感器构成的阵列产生了兴趣。这种传感器能感知空间中同一位置的 P 个电磁信号分量。当 $P=6$ 时,称为全电磁矢量传感器,由它所构成的阵列就是本书主要的研究对象。

继 Compton 之后,Nehorai 和 Paldi 等人[29]丰富和推广了电磁矢量传感器的概念以及相应的信号处理理论,并利用坡印廷矢量关系提出了针对单电磁矢量传感器的矢量叉乘波达方向估计方法。这种方法具有诸多优势:可以仅用一个快拍给出一个信号的方向估计,能够方便实时地应用;可以应用于多种形式的信号,如全极化波、部分极化波、宽带、非高斯等形式的信号。之后,电磁矢量传感器阵列参数估计逐渐引起人们的关注,其特有的共点极化分集接收能力使得隐含于信号结构的微观信息,在空间多信号源波达方向估计中得到了充分的利用[30,31]。

文献[32]研究了均匀的矩形平面阵对空间二维到达角(俯仰角和方位角)的估计问题。美国俄亥俄州立大学电子工程系 Li 等人[33]利用矢量阵元之间的多重旋转不变性,提出了多重比相法。与此同时,Wong[34]提出将单个电磁矢量传感器视为一个无角度模糊子阵,利用空域 ESPRIT 算法实现稀疏矢量传感器阵列窄带信号二维波达方向和极化参数的无模糊估计。文献[35]利用单个电磁矢量传感器时间域 ESPRIT 算法,最多可以处理 5 个窄带信号源,但要求各个信号的数字频率不同。文献[36]利用 MUSIC 算法估计信号到达角和极化状态角,并提出空域 - 极化波束空间的概念。文献[37]利用 ESPRIT 类算法研究了矢量传感器任意分布、且空间位置未知情况下信号空间到达角和极化状态角的估计问题,并给出了闭式解。文献[38]利用特征结构类算法研究了基于具有相同子阵结构的任意阵列信号波达方向估计问题。国内,徐友根等人[39]对基于电磁矢量传感器阵列的窄带相干信号源的波达方向和极化参数估计问题进行了研究。汪洪洋等人[40]研究了欠采样情况下基于单个电磁矢量传感器的波达方向和极化参数估计问题。

全电磁矢量传感器能够感知空间电磁信号,即 3 个电场分量和 3 个磁场分量,由阵列接收电场矢量构成的数据既有空间阵列的索引,又有极化方向上的索引,因此至少是二维数据。传统的方法是把它们排列成一个矢量,然后按照普通的数据处理方法进行处理,本书沿用已有名称称之为长矢量(Long Vectors, LV)方法。近年来,出现了一些新的数学工具用于更直接地处理这些高维数据——张量和超复数域工具,这也是本书将要重点呈现的内容。

多维数据分析起源于 1944 年 Cattell 的心理学分析,随后 Harsman 在化学领域对多维数据进行研究,提出了平行因子(PARAllel FACtor,PARAFAC)模型。

平行因子分解等张量分解方法能够实现高维数据各成分的盲估计，近十几年来引起信号处理领域学者们的关注。

2005 年，Miron 等人[41]首次将张量的概念引入到矢量传感器阵列当中，并提出了一种基于张量运算的矢量 MUSIC 信号波达方向估计方法。不过，该方法仍没能跨越矩阵思维。龚晓峰等人[42]于 2008 年提出了一种名为双模 - MUSIC 的方法，对电磁矢量传感器阵列输出的数据进行三阶张量建模，并利用“张量”子空间的双模正交性构造类 MUSIC 谱。该方法最大的特点是可以利用极化域平滑的思想对抗相干信号，但其最大的弱点在于最多只能估计 6 个信号。2010 年，文献[43]首次对电磁矢量传感器数据建立了高阶张量谱的概念，并利用平行因子分解方法对其进行处理，克服了双模 MUSIC 的问题。该方法充分发挥了高维数据分解的特性，具有以下几大优势：①不需要阵列空间配置、信号频率和信号是否为完全极化波等先验信息；②对于具有 N 个阵元的阵列，至少可以区分出 N 个信号的波达方向，当满足特定条件时可以区分最多 $N+2$ 个信号；③可以较好地对抗色噪声信号。

最近几年，围绕使用张量方法对电磁矢量传感器参数进行估计的研究越来越多[44,45]。在常规的平行因子分解方法之外还有其他一些张量方法应用于这个领域：

（1）Tucker 分解，Tucker 分解是一种高阶的主成分分析，它将一个张量表示成一个核心（Core）张量沿每一个维度（Mode）乘以一个因子矩阵。最初的 Tucker 模型假设因子矩阵为酉矩阵，这个思路直接推广至奇异值分解，但是对于 Tucker 分解来说，这个条件不是必需的。事实上，平行因子分解是 Tucker 分解在每一维度索引相同情况下的特例。

（2）INDSCAL（INdividual Differences in SCALing），即“度量个体差异”方法，INDSCAL 是平行因子分解的一个特别类型。INDSCAL 的前两个因子矩阵是相同的。

（3）DEDICOM（DEcomposition into DIrectional COMponents），即分解至方向组件方法，DEDICOM 是一组分解方法，它的核心思想是，假设我们有 I 个对象和一个描述它们非对称关系的矩阵 $\boldsymbol{X} \in \mathbb{R}^{I \times I}$。典型的因子分析方法要么不能计算一个矩阵是否在两个维度上相同，要么不能确定是否有对应的相互作用关系。DEDICOM 方法将 I 个对象分进 R 个潜在组件中，然后通过计算 $\boldsymbol{A} \in \mathbb{R}^{I \times R}$ 和 $\boldsymbol{R} \in \mathbb{R}^{R \times R}$ 描述它们的作用模式。

（4）PARAFAC - 2，该算法是平行因子分解方法的变体。本质上，PARAFAC - 2 松弛了平行因子分解的约束，平行因子分解把一个矩阵平行集作因子分解，而 PARAFAC - 2 仅仅在一个维度上进行这种因子分解，其余可以变化。这种方法的优势在于 PARAFAC - 2 不仅可以在松弛约束条件下解决常规三线性张量分解，而且可以在某一维度上聚集不同尺寸的矩阵。例如，它可以有效聚集具有相同列数但不同行数的矩阵。

张量方法在解决高维数据中的优势关键在于两点：盲估计特性和精度更高的低秩逼近。尤其是前者，在信号处理领域中意义重大。已经有很多学者在数学上和电磁矢量传感器阵列信号处理中对张量的平行因子分解的唯一性做了大量深入的研究[46,48]。刘向前等人[49]从参数估计的 CRB 性能上证明了张量分解对于参数估计性能的提升。正是这些基础性的研究推动着高维数据处理的发展。另一方面，在军事和民用领域，电磁环境日趋复杂，空间辐射源密集多变，多径衰落等问题一直是限制估计性能的主要因素。因此，使用张量方法对电磁矢量传感器阵列的参数进行估计更有其理论根据和实用价值。

但现有针对张量分解的研究还不是很成熟，存在多种情况下的分解方法。且电磁矢量传感器和张量在信号处理领域的引入时间尚且不长，二者的结合并不充分。目前有必要充分结合电磁矢量传感器的特点来挖掘张量方法的威力，同时促使电磁矢量传感器在参数估计上有更优越的性能。

除了张量代数以外，近年来，基于多元数和几何代数等其他超复数域的矢量阵列处理技术逐渐为人们所关注。2004 年，Bihan 和 Mars 等人[50]将四元数（Quaternion）引入矢量传感器阵列信号处理，并提出了四元数的奇异值分解方法（QSVD）。2006 年，文献[51]为二分量电磁矢量传感器阵列建立了四元数模型（Quaternion Model，Q - MODEL），并提出了基于四元数的多重信号分类算法（Quaternion Multiple Signal Classification，Q - MUSIC））。该类算法和基于长矢量模型的 LV - MUSIC 算法相比，表现出了更高的分辨率和更少的协方差估计运算量和存储量。2007 年，Miron 等人[50,51]为三分量电磁矢量传感器阵列建立了双四元数模型（或称复四元数模型（Bi - Quaternion Model，BQ - MODEL）），并提出了 DOA 估计的双四元数多重信号分类（Bi - Quaternion Multiple Signal Classification，BQ - MUSIC）算法。该算法对相关噪声和阵列模型误差表现出了较好的鲁棒性，并讨论了更强的正交约束和分辨率的关系。值得一提的是，Mars 等人在该文献预言了高维代数（尤其是几何代数）在信号处理的复合结构数据建模中的巨大潜力。

2008 年，龚晓峰等人[54]针对六分量全电磁矢量传感器阵列建立了四四元数模型（Quad - Quaternion Model，QQ - MODEL），并提出了四元数的多重信号分类（Quad - Quaternion Multiple Signal Classification，QQ - MUSIC）算法。该算法相比于 LV - MUSIC 和变形的 BQ - MUSIC 在存在阵元位置误差或阵元指向误差的情况下具有更高的估计精度、较好的鲁棒性，因此该算法在特定实际应用场合具有更大的应用价值。2011 年，文献[55]结合张量代数中的平行因子分解方法，提出了双四元数矩阵的新的特征分解方法（Biquaternion Matrix Diagonalization,BMD),并给出了无需空间谱搜索的 DOA 盲估计方法。

采用这些基于四元数代数结构的建模方式,阵列数据处理时的运算量和存储空间获得了不同程度的节省。QQ - MUSIC 采用了瑞利准则实现了电磁源极化参数和角度参数的解耦,可以在信号源极化参数未知的情况下实现对其 DOA 参数的盲估计。2010 年,蒋景飞等人[56]首次将几何代数引入矢量传感器阵列信号处理领域,为全电磁矢量传感器阵列建立了几何代数模型(G - MODEL),并在此模型下分析了输出信号的新型协方差矩阵。这种建模方式不仅有效降低了协方差矩阵估计所需的计算量和存储空间,而且使得协方差矩阵具有天然地去除噪声相关性的能力,即不同轴的电磁场噪声分量之间的相关性可以被完全或部分地消除。2010 年开始,邹麟和剑桥大学的 Lasenby 一起,利用几何代数处理旋转和矢量转换上的独特优势,提出了基于几何代数的共形阵列流形建模方法,并在三维几何代数空间中,对共形阵列的方向图分析与综合、波束形成以及参数估计等问题进行了研究。

矢量阵列自适应波束形成可以实现极化 - 空间域的滤波,使得阵列具有期望的极化 - 方向选择性,从而有效抑制与有用信号具有不同的极化 - 空间特征的干扰和噪声。文献[57]较早研究了由交叉偶极子或三极子天线所组成的自适应滤波和抗干扰性能,这些工作初步证实了矢量阵列的极化域滤波功能及其优越性,并揭示了两点:①矢量阵列可能突破空域采样定理,且在一定程度上克服了传统均匀标量阵列栅瓣问题;②仅利用信号和干扰间的极化差别就可完成对后者的有效抑制。大量研究表明,信号极化信息的利用对于滤波性能的改善相当有效[58,59]。文献[60,61]定量研究了基于单个电磁矢量传感器的完全/部分极化环境、电传感器噪声和磁传感器噪声功率相同和互异条件下最小方差滤波器的性能,进一步证明了利用信号 - 干扰的极化差异可以提高抗干扰性能这一事实。文献[62,63]研究了电磁矢量传感器阵列在宽频段信号盲波束形成中的应用。

在阵列校正方面也涌现出许多研究成果:文献[64]研究了电磁矢量传感器的阵元取向误差校正和几种空频极化域联合滤波方法,提出了两种电磁矢量传感器阵元取向误差校正方法,研究了基于偶极子组/电磁矢量传感器等矢量天线的极化,空域联合旁瓣对消方法,以及空频极化域联合进行滤波的稳健波束形成方法。文献[65]介绍了实际应用中电磁矢量传感器存在的原位误差,并提出了通过对存在偏差的极化角度域导向矢量进行一阶泰勒近似展开,利用辅助校正源进行原位误差校正的方法。文献[66]介绍了一种电磁矢量传感器阵列耦合误差的自校正方法。该方法通过附加一理想的电磁矢量传感器作为辅助阵元,和待校正电磁矢量传感器阵列构成接收阵列,来接收远场完全极化横电磁波信号,从而计算采样数据的自相关矩阵,通过子空间方法估计信号的真实电磁场矢量和存在误差时的电磁场矢量进而实现耦合误差的校正。邹安静等人[67]提出了针对电磁矢量传感器阵列误差自校正的方法，该方法针对存在方位依赖阵元幅相误差的矢量传感器阵列模型，可对任意极化状态多源信号的信源方位、极化参数和对应的阵元幅相误差进行无模糊联合估计。另外，文献[68]提出一种利用三个空间到达角已知的校正源校正阵列方向误差的方法，构建阵列方向误差模型，得到单个阵元的误差扰动矩阵，并推导出阵列数据校正矩阵。

综上所述，本书所涉及的矢量传感器阵列信号处理的理论结构可以由图1.4直观地展现出来。

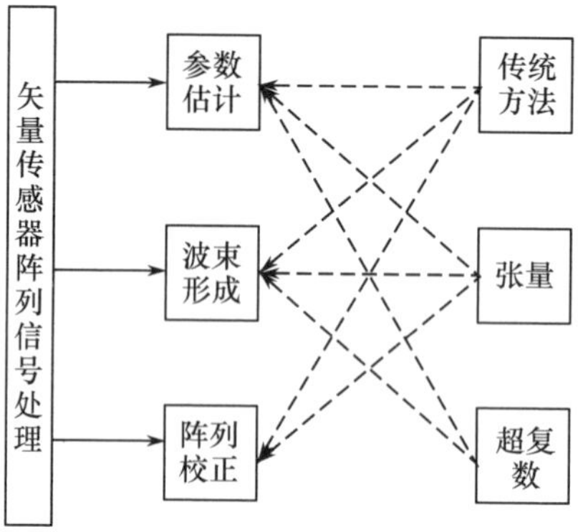

图1.4　矢量阵列信号处理研究内容的结构

1.4　本书结构与安排

本书旨在介绍矢量传感器阵列信号处理，特别是采用了新数学工具的参数估计方法。首先，介绍了极化、矢量传感器等基本概念，然后引入数学方法并讨论怎样利用它们对矢量阵列的数据进行处理。

第1章介绍了矢量传感器阵列的特点、应用及研究现状等基本情况。

第2章和第3章介绍了本书用到的一些基本理论。其中，第2章阐述了电磁波极化的基本概念，电磁矢量传感器阵列的信号接收模型。第3章介绍了两种高维数据常用的处理方法——张量和几何代数，对于其中的几何代数部分，本书进行了详细的介绍，并基于作者的研究对知识进行了拓展，国内的书籍中尚未发现相关内容的介绍。

第4章~第7章对参数估计、波束形成、阵列校正等问题进行了讨论。其中，第4章和第5章的几何代数方法是作者近5年在剑桥大学、电子科技大学研究期间的研究成果，第5章的张量方法、第6章稳健波束形成方法和第7章的阵列校正部分是作者近3年在电子科技大学期间的研究成果。上述最新的研究成果覆盖了本书70%以上的内容。

第2章 矢量传感器阵列与接收信号模型

2.1 电磁信号特性及其现有表示方法

2.1.1 电磁波的极化特性

“极化”一词普遍存在于光学及电磁学领域，“极化”又称“偏振”，用于描述波振动方向相对于传播方向的不对称性（也就是振动方向偏离传播方向的特性），因此，“极化”也是光和电磁波等三维横波所特有的属性。在电磁学理论中，均匀平面波的极化是一个非常重要的概念，它表征了空间给定点上电场强度矢量方向随时间变化的情况，一般用电场强度矢量的端点在空间运行的轨迹来表示。如果轨迹是直线，则称该波为线极化波；如果轨迹是圆，则称为圆极化波；如果轨迹是椭圆，则称为椭圆极化波。

2.1.2 电磁波的极化表征

在研究电磁波的极化表征方式前，需要先研究电磁波电场的分解。一般情况下，在笛卡儿坐标系中沿 z 方向传播的均匀完全极化平面波，其电场矢量在 x 方向和 y 方向都有分量存在。并且两个分量的振幅和相位不一定相同，而且可能随时变化，一般可以表示为

$$
\begin{aligned}
E_x(t,z) &= E_{xm}\cos(\omega t - kz - \varphi_x) \\
E_y(t,z) &= E_{ym}\cos(\omega t - kz - \varphi_y)
\end{aligned}
\tag{2.1}
$$

式中：$\omega = 2\pi f$ 为电磁波角频率；f 为电磁波频率；k 为传播波数；E_{xm} 和 φ_x 为电磁波在 x 方向上电场的幅度和相位；E_{ym} 和 φ_y 分别为电磁波在 y 方向电场的幅度和相位。

为便于分析，可以将上述电磁波的表示改写为复矢量形式

$$
\boldsymbol{e}(t,z) = \begin{bmatrix} E_x(t,z) \\ E_y(t,z) \end{bmatrix} = \boldsymbol{e} \cdot \exp[\mathrm{j}(\omega t - kz)] \tag{2.2}
$$

$$
\boldsymbol{e} = \begin{bmatrix} E_x \\ E_y \end{bmatrix} = \begin{bmatrix} E_{xm}\exp(\mathrm{j}\varphi_x) \\ E_{ym}\exp(\mathrm{j}\varphi_y) \end{bmatrix} \tag{2.3}
$$

一般情况下,电场分量的幅度和相位都不相等,这样就构成了常见的椭圆极化波。

如图 2.1 所示,任意一个极化椭圆,可以用它的椭圆倾角 τ、椭圆率角 ε 和椭圆尺寸 E 这三个几何参数唯一表征。椭圆倾角 τ 定义为椭圆长轴与 $+x$ 方向的夹角,并且规定 $\tau \in \left[-\frac{\pi}{2}, \frac{\pi}{2}\right]$。在椭圆的长半轴与短半轴构成的直角三角形中,最小内角 ε 定义为椭圆率角;对于椭圆率角 ε,一般规定左旋极化 ε 取正,右旋极化 ε 取负,因此 $\varepsilon \in \left[-\frac{\pi}{4}, \frac{\pi}{4}\right]$。旋向定义为:顺着传播方向看去,若电场矢量的旋向为顺时针,则该电磁波称为右旋极化波;若旋向为逆时针,称为左旋极化波。斜边长 E 定义为椭圆尺寸,椭圆尺寸 $E = \sqrt{E_{xm}^2 + E_{ym}^2}$,它反映了电磁波的能量信息。

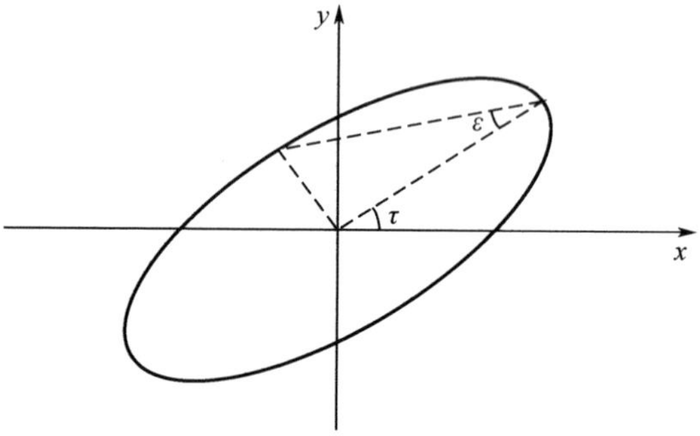

图 2.1 极化椭圆示意图

略去绝对相位信息后,电场矢量可表示为

$$\boldsymbol{e} = E\mathrm{e}^{\mathrm{j}\varphi}\boldsymbol{Q}\boldsymbol{\omega} \tag{2.4}$$

式中:$\boldsymbol{Q} = \begin{bmatrix} \cos\tau & \sin\tau \\ -\sin\tau & \cos\tau \end{bmatrix}$为旋转矩阵;$\boldsymbol{\omega} = \begin{bmatrix} \cos\varepsilon \\ \mathrm{j}\sin\varepsilon \end{bmatrix}$为椭圆率矢量。

不考虑电磁波的能量信息,参数对(τ, ε)与电磁波的极化状态是一一对应的,称为电磁波极化状态的几何描述子。

另一方面,椭圆的形状、倾角和旋向可以由两个方向电场幅度比$\frac{E_{ym}}{E_{xm}}$及其相位差 $\varphi_y - \varphi_x$ 等价表示。令 $\tan\gamma = \frac{E_{ym}}{E_{xm}}, r \in \left(0, \frac{\pi}{2}\right), \eta \in (-\pi, \pi], \eta = \varphi_y - \varphi_x$,同样地在不考虑电磁波的能量信息时,参数对$(\gamma, \eta)$与电磁波的极化状态也是一一对应的,称之为电磁波极化状态的相位描述子。

利用相位描述子,电场矢量可以表示为

$$\boldsymbol{e}=E\begin{bmatrix}\cos\gamma\\ \sin\gamma e^{j\eta}\end{bmatrix} \tag{2.5}$$

该式表明电磁波的极化信息取决于等相位面中两个正交方向信号的幅度比和相位差。

线极化波和圆极化波实际上是椭圆极化的特例：当电场分量 $E_{xm}=E_{ym}$，且两分量相位差为 $\eta=\frac{\pi}{2}$（即椭圆率角 $\varepsilon=\pm\frac{\pi}{4}$）时，椭圆极化波即退变为一个标准圆极化波；当电场分量的相位相同或相位差 $\eta=\pi$（即椭圆率角 $\varepsilon=0$）时，椭圆极化波即退变为线极化波。对于线极化波，虽然合成的电场强度随时间变化，但是电场矢量端点的轨迹与 x 轴的夹角始终为常数。

2.2　电磁波极化域——空域联合表征

对于空间传播的电磁信号而言，信号传播方向和极化状态是两种重要的特征，人们通过这两种特征可以获得传播信号和信号源的矢量信息。信号传播方向描述了信号源的空间位置，而对应的极化状态则描述了电磁波矢量的时变特征，是电磁波本身所固有的属性。极化是除时域、频域和空域信息以外又一可利用的重要信息，在雷达信号滤波、检测、增强、抗干扰、目标鉴别、识别等方面都有着巨大的应用潜力。理论上讲，目标、干扰和杂波在极化域中的差异构成了极化信息处理的基础；特别是当两个信号在时域、频域以及空域的特征都很接近而导致无法分辨时，可以利用两者在极化域中的差异来有效区分，从而提高目标的分辨能力。

为了简化分析过程，本节内容基于以下对电磁信号处理与分析所通用的假设：

(1) 传播媒介为均匀各向同性。

(2) 信号源为点信号源。

(3) 传感器接收到的电磁波为平面波。

(4) 传感器尺寸远小于半波长。

(5) 传播信号为窄带信号。

设传感器位于坐标原点，远场信号源发射电磁波传播方向为 $-\boldsymbol{k}$，空间到达角参数为(θ,φ)，其中 θ 为方位角，φ 为俯仰角，极化状态用相位描述子(γ,η)表征。单位矢量$(\boldsymbol{\theta},\boldsymbol{\varphi},-\boldsymbol{k})$构成了右手坐标系，如图 2.2 所示。

令 $\boldsymbol{v}_1,\boldsymbol{v}_2,\boldsymbol{u}$ 分别代表 $\boldsymbol{\theta},\boldsymbol{\varphi},-\boldsymbol{k}$ 在直角坐标系下的坐标矢量，依据球坐标系和直角坐标系的变换关系，可得

$$\boldsymbol{k}=[\cos\varphi\cos\theta\quad\cos\varphi\sin\theta\quad\sin\varphi]^{\mathrm{T}} \tag{2.6}$$

$$\boldsymbol{\theta}=[-\sin\theta\quad\cos\theta\quad 0]^{\mathrm{T}} \tag{2.7}$$

$$\boldsymbol{\varphi}=[\sin\varphi\cos\theta\quad\sin\varphi\sin\theta\quad\cos\varphi]^{\mathrm{T}} \tag{2.8}$$

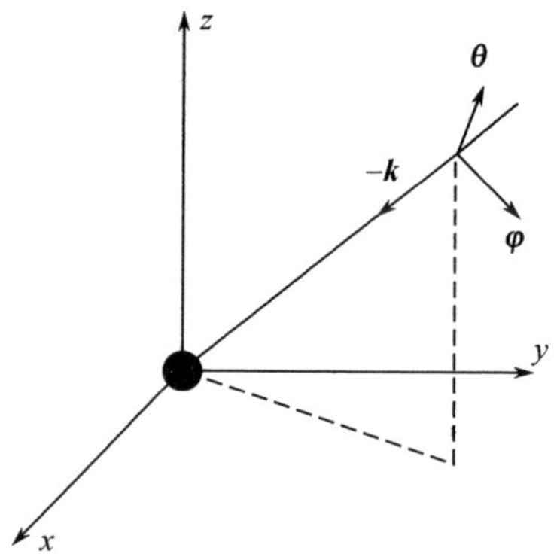

图 2.2　空间电磁波传播示意图

式中：T 为矢量或矩阵的转置。在坐标系（$\boldsymbol{\theta},\boldsymbol{\varphi},-\boldsymbol{k}$）中，电场矢量可表示为 $\boldsymbol{E}=[0\quad \boldsymbol{E}_\theta\quad \boldsymbol{E}_\varphi]^{\mathrm{T}}$。

因此在直角坐标系中，电场矢量可表示为

$$[\boldsymbol{E}_x\quad \boldsymbol{E}_y\quad \boldsymbol{E}_z]^{\mathrm{T}}=[\boldsymbol{u}\quad \boldsymbol{v}_1\quad \boldsymbol{v}_2][0\quad \boldsymbol{E}_\theta\quad \boldsymbol{E}_\varphi]^{\mathrm{T}}=[\boldsymbol{v}_2\quad \boldsymbol{v}_1][\boldsymbol{E}_\varphi\quad \boldsymbol{E}_\theta]^{\mathrm{T}} \tag{2.9}$$

根据坡印廷定理可得 $-\boldsymbol{k}\cdot\boldsymbol{e}=0,\ -\boldsymbol{k}\times\boldsymbol{e}=\mu\boldsymbol{h}$。其中 μ 为传输介质本征阻抗，$\boldsymbol{h}$ 为磁场矢量，$\boldsymbol{e}$ 为电场矢量，忽略阻抗影响，磁场矢量可表示为

$$\begin{aligned}\boldsymbol{h}&=-\boldsymbol{k}\times\boldsymbol{e}=-\boldsymbol{k}\times(\boldsymbol{v}_1\boldsymbol{E}_\theta+\boldsymbol{v}_2\boldsymbol{E}_\varphi)\\&=-\boldsymbol{E}_\theta(\boldsymbol{k}\times\boldsymbol{v}_1)-\boldsymbol{E}_\varphi(\boldsymbol{k}\times\boldsymbol{v}_2)\\&=\boldsymbol{E}_\varphi\boldsymbol{v}_1-\boldsymbol{E}_\theta\boldsymbol{v}_2\end{aligned} \tag{2.10}$$

因此，在直角坐标系中，磁场矢量可表示为

$$[\boldsymbol{H}_x\quad \boldsymbol{H}_y\quad \boldsymbol{H}_z]^{\mathrm{T}}=[\boldsymbol{u}\quad \boldsymbol{v}_1\quad \boldsymbol{v}_2][0\quad \boldsymbol{E}_\theta\quad \boldsymbol{E}_\varphi]^{\mathrm{T}}=[\boldsymbol{v}_1\quad -\boldsymbol{v}_2][\boldsymbol{E}_\varphi\quad \boldsymbol{E}_\theta]^{\mathrm{T}} \tag{2.11}$$

综上所述，电场和磁场在直角坐标系中可以表示为

$$\begin{bmatrix}\boldsymbol{E}_x\\\boldsymbol{E}_y\\\boldsymbol{E}_z\\\boldsymbol{H}_x\\\boldsymbol{H}_y\\\boldsymbol{H}_z\end{bmatrix}=\begin{bmatrix}\boldsymbol{v}_2 & \boldsymbol{v}_1\\\boldsymbol{v}_1 & -\boldsymbol{v}_2\end{bmatrix}\begin{bmatrix}\boldsymbol{E}_\varphi\\\boldsymbol{E}_\theta\end{bmatrix}=\begin{bmatrix}\sin\varphi\cos\theta & -\sin\theta\\\sin\varphi\sin\theta & \cos\theta\\\cos\varphi & 0\\-\sin\theta & -\sin\varphi\cos\theta\\\cos\theta & -\sin\varphi\sin\theta\\0 & -\cos\varphi\end{bmatrix}\begin{bmatrix}\cos\gamma\\\sin\gamma\mathrm{e}^{\mathrm{j}\eta}\end{bmatrix} \tag{2.12}$$

2.3　电磁矢量传感器阵列的测量与接收模型

将电磁矢量传感器按照一定方式在空间放置，就构成了电磁矢量传感器阵

列。利用阵列的几何结构(即阵列流形)进行空域采样,即可获取目标信号的空域信息,利用电磁矢量传感器自身的电磁辐射特性,可以获取目标信号的电磁矢量信息。

2.3.1 电磁矢量传感器阵列的信号获取

一个最简单且完备的电磁矢量传感器由 3 个电振子和 3 个磁振子(磁环)构成,这些电振子和磁环在空间同一点处正交放置,能获取信号所有 3 个相互正交的电场分量和 3 个相互正交的磁场分量。但是由于电场与传播方向垂直,3 个电场分量之间并不相互独立,同样,3 个磁场分量之间也不相互独立,另外,根据坡印廷定理,电场和磁场之间也不相互独立,具有约半数正交关系。因此,在不考虑干扰和噪声的理想条件下,同时获取所有的 6 个分量会有数据冗余。在实际工程应用中,可以根据需要选择一部分振子构成简化的矢量传感器,简化的传感器至少需要两个振子,否则也无法获取目标信号完备的极化信息。上述简化的电磁矢量传感器结构图如图 2.3 所示。

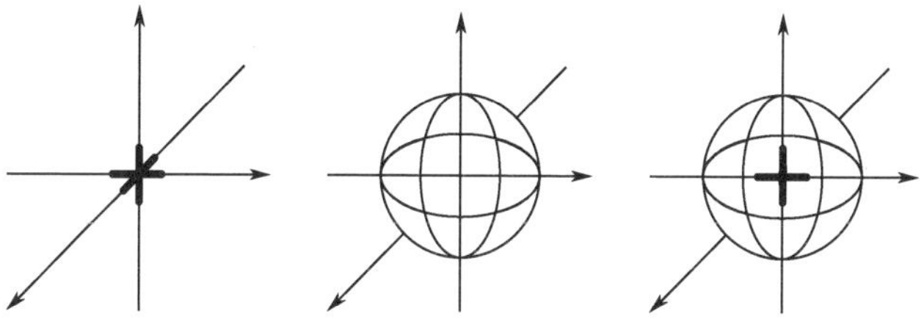

图 2.3 电磁矢量传感器结构图

设基带信号为 $s(t)$,则传感器收到的信号 $\boldsymbol{s}_{\mathrm{p}}(t)=\boldsymbol{s}(t)\boldsymbol{s}_{\mathrm{p}}$。对于完全极化波,电磁矢量传感器接收到的完备的信号为

$$\boldsymbol{s}_{\mathrm{p}}=\begin{bmatrix}\boldsymbol{E}_x\\\boldsymbol{E}_y\\\boldsymbol{E}_z\\\boldsymbol{H}_x\\\boldsymbol{H}_y\\\boldsymbol{H}_z\end{bmatrix}=\begin{bmatrix}\boldsymbol{v}_2 & \boldsymbol{v}_1\\\boldsymbol{v}_1 & -\boldsymbol{v}_2\end{bmatrix}\begin{bmatrix}\boldsymbol{E}_\varphi\\\boldsymbol{E}_\theta\end{bmatrix}=\begin{bmatrix}\sin\varphi\cos\theta & -\sin\theta\\\sin\varphi\sin\theta & \cos\theta\\\cos\varphi & 0\\-\sin\theta & -\sin\varphi\cos\theta\\\cos\theta & -\sin\varphi\sin\theta\\0 & -\cos\varphi\end{bmatrix}\begin{bmatrix}\cos\gamma\\\sin\gamma\mathrm{e}^{\mathrm{j}\eta}\end{bmatrix} \tag{2.13}$$

对于简化的电磁矢量传感器,其接收到的信号只需取相应振子所对应的电场或磁场分量即可。例如双正交电偶极子传感器,每个阵元相应地接收 x 方向和 y 方向电场分量,该阵元收到的信号矢量为

$$\boldsymbol{s}_{\mathrm{p}}=\begin{bmatrix}\boldsymbol{E}_x\\ \boldsymbol{E}_y\end{bmatrix}=\begin{bmatrix}\sin\varphi\cos\theta & -\sin\theta\\ \sin\varphi\sin\theta & \cos\theta\end{bmatrix}\begin{bmatrix}\cos\gamma\\ \sin\gamma\mathrm{e}^{\mathrm{j}\eta}\end{bmatrix} \tag{2.14}$$

2.3.2 电磁矢量传感器阵列的接收模型

阵列结构可以为任意的几何形状，如线阵、圆阵、面阵及任意共形阵等，最常见的是均匀线阵（Uniform Linear Array，ULA），它的几何结构简单，易于工程实现和后续信号处理，因此在工程实际中广泛应用。图 2.4 为以双正交偶极子阵元构成的几种常见的电磁矢量传感器阵列结构，在应用中可根据需要将其中的振子进行调换。

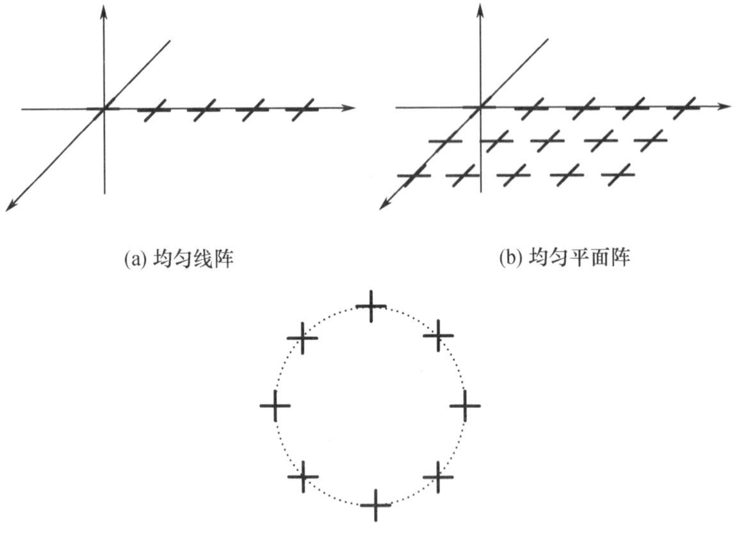

(a) 均匀线阵　(b) 均匀平面阵　(c) 均匀圆阵

图 2.4　常见的阵列流形结构

如图 2.4 所示，完全极化电磁波以平面波的形式沿波数矢量方向 $-\boldsymbol{k}$ 入射到阵列上，阵列由 N 个阵元在空间的任意排列构成，第 n 个阵元的位置坐标为 $\boldsymbol{I}_n=[x_n \quad y_n \quad z_n]^{\mathrm{T}}$，则以坐标原点为参考点，第 n 个阵元接收到信号相对于参考点的相位延迟为

$$\phi_n=\boldsymbol{k}\cdot\boldsymbol{I}_n \tag{2.15}$$

式中：· 为矢量的内积或点乘运算。

假设坐标原点处阵元接收的信号为 $\boldsymbol{s}_{\mathrm{p}}(t)=\boldsymbol{s}_{\mathrm{p}}s(t)$，则第 n 个阵元接收到的信号为

$$\boldsymbol{r}_n(t)=\boldsymbol{s}_{\mathrm{p}}(t)\mathrm{e}^{\mathrm{j}\phi_n} \tag{2.16}$$

整个阵列接收到的信号为

$$\boldsymbol{r}(t)=\begin{bmatrix} r_1(t) \\ r_2(t) \\ \vdots \\ r_N(t) \end{bmatrix}=\begin{bmatrix} \boldsymbol{s}_{\mathrm{p}}\boldsymbol{s}(t)\mathrm{e}^{\mathrm{j}\phi_1} \\ \boldsymbol{s}_{\mathrm{p}}\boldsymbol{s}(t)\mathrm{e}^{\mathrm{j}\phi_2} \\ \vdots \\ \boldsymbol{s}_{\mathrm{p}}\boldsymbol{s}(t)\mathrm{e}^{\mathrm{j}\phi_N} \end{bmatrix}=\sqrt{N}\boldsymbol{s}_{\mathrm{s}}\otimes\boldsymbol{s}_{\mathrm{p}}\boldsymbol{s}(t) \tag{2.17}$$

式中:“$\otimes$”表示矩阵的 Kronecker 积。

定义空域导向矢量为

$$\boldsymbol{s}_{\mathrm{s}}=\frac{1}{\sqrt{N}}[\mathrm{e}^{\mathrm{j}\phi_1} \quad \mathrm{e}^{\mathrm{j}\phi_2} \quad \cdots \quad \mathrm{e}^{\mathrm{j}\phi_n}]^{\mathrm{T}} \tag{2.18}$$

除以$\sqrt{N}$的目的是令空域导向矢量的范数归一化为 1,即 $\|\boldsymbol{s}_{\mathrm{s}}\|=1$。

以均匀线阵为例,阵元均匀排列在 y 轴,阵元间距为 d,则第 n 个阵元的坐标为$(0,(n-1)d,0)$,阵列波数矢量为

$$\boldsymbol{u}=-\frac{2\pi}{\lambda}\boldsymbol{k}=-\frac{2\pi}{\lambda}[\cos\varphi\cos\theta \quad \cos\varphi\sin\theta \quad \sin\varphi]^{\mathrm{T}} \tag{2.19}$$

第 n 个阵元相对参考点的相位之后为

$$\phi_n=-\frac{2\pi(n-1)d\cos\varphi\sin\theta}{\lambda} \tag{2.20}$$

令 $q=\exp\left\{-\mathrm{j}\dfrac{2\pi}{\lambda}d\cos\varphi\sin\theta\right\}$,则空域导向矢量可写为

$$\boldsymbol{s}_{\mathrm{s}}=\frac{1}{\sqrt{N}}[1 \quad q \quad \cdots \quad q^{N-1}]^{\mathrm{T}} \tag{2.21}$$

整个阵列的接收信号可改写为

$$\boldsymbol{r}(t)=\begin{bmatrix} r_1(t) \\ r_2(t) \\ \vdots \\ r_N(t) \end{bmatrix}=\begin{bmatrix} \boldsymbol{s}_{\mathrm{p}}\boldsymbol{s}(t) \\ \boldsymbol{s}_{\mathrm{p}}\boldsymbol{s}(t)q \\ \vdots \\ \boldsymbol{s}_{\mathrm{p}}\boldsymbol{s}(t)q^{N-1} \end{bmatrix}=\sqrt{N}\boldsymbol{s}_{\mathrm{s}}\otimes\boldsymbol{s}_{\mathrm{p}}\boldsymbol{s}(t) \tag{2.22}$$

式中:$\boldsymbol{s}=\boldsymbol{s}_{\mathrm{s}}\otimes\boldsymbol{s}_{\mathrm{p}}$表示为接收信号的极化域－空域联合导向矢量。

当存在 K 个信号源,并且存在独立的热噪声信号时,阵列的接收信号为各个信号源信号在阵列响应的叠加,可表示为

$$\boldsymbol{R}(t)=\sqrt{N}\sum_{k=1}^{K}\boldsymbol{s}_k s_k(t)+\boldsymbol{n}(t) \tag{2.23}$$

改写为矩阵形式有

$$\boldsymbol{R}(t)=\sqrt{N}[\boldsymbol{s}_1 \quad \boldsymbol{s}_2 \quad \cdots \quad \boldsymbol{s}_K]\begin{bmatrix} s_1(t) \\ s_2(t) \\ \vdots \\ s_K(t) \end{bmatrix}+n(t)=\sqrt{N}\boldsymbol{S}\boldsymbol{s}(t)+\boldsymbol{n}(t) \quad (2.24)$$

式中：$\boldsymbol{S}=[\boldsymbol{s}_1\ \boldsymbol{s}_2 \cdots \ \boldsymbol{s}_K]$表示联合域导向矢量矩阵；$\boldsymbol{s}(t)=[s_1(t)\ s_2(t)\ \cdots\ s_K(t)]^{\mathrm{T}}$为信号矩阵。

第3章 超复数域理论基础

3.1 概 述

全电磁矢量传感器能够完备地感知空间电磁信号3个电场分量和3个磁场分量的信息。因此由阵列接收电场矢量构成的数据既有空间阵列的索引,又有极化方向上的索引,至少是二维数据。传统处理方法将它们排列成一个矢量,然后按照常规的数据处理方法进行处理,本书沿用已有名称称之为长矢量方法(Long Vector,LV)。近年来,出现了一些新的数学工具用于更直接地处理这些高维数据——超复数(Hypercomplex),这也是本书新的处理方法的数学理论基础。基于张量代数和几何代数等超复数的矢量阵列处理技术逐渐为人们所关注。2004年,四元数(Quaternion)被引入矢量传感器阵列信号处理,并得到了基于四元数的奇异值分解方法(Quaternion Singular Value Decomposition,QSVD)。2006年,针对二分量电磁矢量传感器阵列建立了四元数模型(Quaternion Model,Q-MODEL),得到了基于四元数的多重信号分类算法(Quaternion Multiple Signal Classification,Q-MUSIC),该算法具有更高的分辨率和更少的协方差估计运算量和存储量。2007年,Mars等人为三分量电磁矢量传感器阵列建立了双四元数模型(又称复四元数模型,Bi-Quaternion Model,BQ-MODEL),并提出了DOA估计的双四元数MUSIC算法(Bi-Quaternion Multiple Signal Classification,BQ-MUSIC),该算法对相关噪声和阵列模型误差表现出了较好的鲁棒性,并揭示了更强的正交约束及其与分辨率的关系。特别值得一提的是,Mars等人在该文献中指出了双四元数和几何代数的一致性,并预言了高维代数(尤其是几何代数)在信号处理复合数据结构建模中的巨大潜力。本章将就超复数域所涉及的两个数学理论——张量和几何代数进行介绍,为后续章节介绍它们在矢量传感器阵列中处理和应用做好准备。

3.2 张量代数简介

3.2.1 张量的基本概念

张量由在某一参考坐标系中一定数目分量的集合所界定。当坐标变换时，这些分量按照一定的运算法则进行变换。张量有不同的“阶”和“结构”，可以由它们所遵循的不同的变换法则加以区分。其中，矢量是一阶张量；应力张量、应变张量是二阶张量；此外还有三阶、四阶等高阶张量。

粗略地说，一个 N 阶张量就是一个包括 N 个参数的对象。张量的“维”是指张量的模。特别地，矢量和矩阵可以分别看作是一阶和二阶的张量。因此，为了描述方便，本节中的论述仅针对三阶张量

$$\boldsymbol{A} \in \mathbb{R}^{I \times J \times K} \tag{3.1}$$

式中：I、J 和 K 为正整数，表明矢量空间的维数是 $I \times J \times K$。通常的任意维的张量的概念也与此类似。

张量是矢量和矩阵的推广，它是一个多维数组。张量维度的数量称为张量的阶：一阶张量就是矢量，二阶张量是矩阵，三阶以上称为高阶张量。通常一个 M 维或者 M 阶的张量，就是 M 个矢量的外积，记为 $\chi \in \mathbb{C}^{N_1 \times N_2 \times \cdots \times N_M}$，如图 3.1 所示，给出了一个三阶张量。

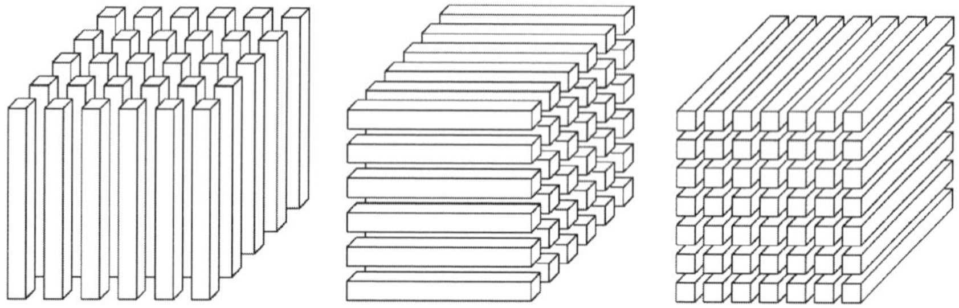

图 3.1　三阶张量示意图

其中每一列是该张量中的矢量，对于三阶张量来说，存在三个方向矢量束（Fiber）的划分，三阶张量中的矢量可用粗体小写字母加下标的形式来表示。

（1）维度 1（列）矢量为 $[\chi]_{:,j,k} = \boldsymbol{x}_{:,j,k}$。

（2）维度 2（行）矢量为 $[\chi]_{i,:,k} = \boldsymbol{x}_{i,:,k}$。

（3）维度 3（管）矢量为 $[\chi]_{i,j,:} = \boldsymbol{x}_{i,j,:}$。

三阶张量 χ 的切片矩阵可以按如下表示。

（1）水平切片为 $[\chi]_{i,:,:} = \boldsymbol{X}_{i,:,:}$。

(2) 侧向切片为$[\chi]_{:,j,:}=\boldsymbol{X}_{:,j,:}$。

(3) 前向切片为$[\chi]_{:,:,k}=\boldsymbol{X}_{:,:,k}$,可简记为$\boldsymbol{X}_k$。

张量在某一维度上的矩阵展开可以表示为$\boldsymbol{X}_{(n)}$,例如给定三阶张量$\chi\in\mathbb{R}^{3\times4\times2}$,有

$$\boldsymbol{X}_{:,:,1}=\begin{bmatrix}1&4&7&10\\2&5&8&11\\3&6&9&12\end{bmatrix},\boldsymbol{X}_{:,:,2}=\begin{bmatrix}13&16&19&22\\14&17&20&23\\15&18&21&24\end{bmatrix}$$

则有

$$\boldsymbol{X}_{(1)}=[\boldsymbol{X}_{:,:,1}\quad\boldsymbol{X}_{:,:,2}]=\begin{bmatrix}1&4&7&10&13&16&19&22\\2&5&8&11&14&17&20&23\\3&6&9&12&15&18&21&24\end{bmatrix}\in\mathbb{R}^{3\times(4\times2)}$$

$$\boldsymbol{X}_{(2)}=\begin{bmatrix}\boldsymbol{X}_{:,:,1}\\\boldsymbol{X}_{:,:,2}\end{bmatrix}^{\mathrm{T}}=\begin{bmatrix}1&2&3&13&14&15\\4&5&6&16&17&18\\7&8&9&19&20&21\\10&11&12&22&23&24\end{bmatrix}\in\mathbb{R}^{4\times(3\times2)}$$

$$\begin{aligned}\boldsymbol{X}_{(3)}&=[\mathrm{vec}(\boldsymbol{X}_{:,:,1})\quad\mathrm{vec}(\boldsymbol{X}_{:,:,2})]^{\mathrm{T}}\\&=\begin{bmatrix}1&2&3&4&5&6&7&8&9&10&11&12\\13&14&15&16&17&18&19&20&21&22&23&24\end{bmatrix}\in\mathbb{R}^{2\times(3\times4)}\end{aligned}$$

3.2.2　张量的代数运算

对于三阶张量有

$$\begin{aligned}\boldsymbol{X}&=\sum_{r=1}^{R}a_r\circ b_r\circ c_r\\&=[\![A,B,C]\!]\end{aligned}\tag{3.2}$$

式中:$\boldsymbol{A}=(a_1,a_2,\cdots,a_R)\in C^{I\times R}$; $\boldsymbol{B}=(b_1,b_2,\cdots,b_R)\in C^{J\times R}$;$\boldsymbol{C}=(c_1,c_2,\cdots,c_R)\in C^{K\times R}$;$[\![\cdot]\!]$为一种张量数据表示的标记方法。

$\boldsymbol{X}$可从不同的模(Mode)上展开成相应的矩阵(这里是三维展开成二维),分别为

$$\begin{aligned}\boldsymbol{X}_{(3)}&=(\boldsymbol{B}\odot\boldsymbol{A})\boldsymbol{C}^{\mathrm{T}}\in\mathbb{C}^{IJ\times K}\\\boldsymbol{X}_{(2)}&=(\boldsymbol{A}\odot\boldsymbol{C})\boldsymbol{B}^{\mathrm{T}}\in\mathbb{C}^{KI\times J}\\\boldsymbol{X}_{(1)}&=(\boldsymbol{C}\odot\boldsymbol{B})\boldsymbol{A}^{\mathrm{T}}\in\mathbb{C}^{JK\times I}\end{aligned}\tag{3.3}$$

式中:$\odot$表示 Khatri - Rao 乘积(也就是对应列作 Kronecker 乘积)。

对于二阶张量$\boldsymbol{X}=\boldsymbol{AB}^{\mathrm{T}}=\boldsymbol{AUU}^{\mathrm{H}}\boldsymbol{B}^{\mathrm{T}}=(\boldsymbol{AU})(\boldsymbol{BU}^{*})^{\mathrm{T}}$。这时,由于存在无穷多的坐标系,二阶张量的低秩逼近也不唯一。

对于三阶张量数据,由张量的矩阵展开形式可以看出,如果先对$\boldsymbol{X}_{(3)}$中的$\boldsymbol{C}$

作一种变换 $\boldsymbol{P}_3$（体现在 $\boldsymbol{C}^{\mathrm{T}}$ 上就是左乘 $\boldsymbol{P}_3$），那么（$\boldsymbol{A} \odot \boldsymbol{B}$）就需要右乘 $\boldsymbol{P}_3^{-1}$。然而为了保证（$\boldsymbol{A} \odot \boldsymbol{B}$）每列“秩一性”（Kronecker 乘积得来的）的形式，$\boldsymbol{P}_3^{-1}$ 只能是对角阵与交换矩阵的乘积，即对于 $\boldsymbol{A}$、$\boldsymbol{B}$、$\boldsymbol{C}$ 只存在幅度模糊和位置模糊（其中的位置模糊对性能没影响，只是所表示信号的序号不一样），如下所示

$$\begin{aligned}\boldsymbol{X}_{(3)} &= (\boldsymbol{B} \odot \boldsymbol{A})\boldsymbol{C}^{\mathrm{T}} \\ &= (\boldsymbol{B} \odot \boldsymbol{A})\boldsymbol{\Pi}\boldsymbol{\Lambda}\boldsymbol{\Lambda}^{-1}\boldsymbol{\Pi}^{-1}\boldsymbol{C}^{\mathrm{T}} \\ &= (\boldsymbol{B}\boldsymbol{\Pi}\boldsymbol{\Lambda}_1 \odot \boldsymbol{A}\boldsymbol{\Pi}\boldsymbol{\Lambda}_2)\boldsymbol{\Lambda}^{-1}\boldsymbol{\Pi}^{\mathrm{T}}\boldsymbol{C}^{\mathrm{T}} \\ &= (\boldsymbol{B}\boldsymbol{\Pi}\boldsymbol{\Lambda}_1 \odot \boldsymbol{A}\boldsymbol{\Pi}\boldsymbol{\Lambda}_2)(\boldsymbol{C}\boldsymbol{\Pi}\boldsymbol{\Lambda}^{-T})^{\mathrm{T}}\end{aligned} \tag{3.4}$$

式中：$\boldsymbol{P}_3^{-1} = \boldsymbol{\Pi}\boldsymbol{\Lambda}$；$\boldsymbol{\Lambda}_1 \odot \boldsymbol{\Lambda}_2 = \boldsymbol{\Lambda}$；$\boldsymbol{\Pi}$ 为交换矩阵（$\boldsymbol{\Pi}\boldsymbol{\Pi}^{\mathrm{T}} = \boldsymbol{I}$）。或者 $\boldsymbol{X}_{:,:,l} = \boldsymbol{A}\mathrm{diag}(c_{l1} \quad c_{l2} \quad \cdots \quad c_{lR})\boldsymbol{B}$，这里下标 R 为信号个数。该式对所有的 $l = 1, 2, \cdots, L$ 都成立。

同理，对于另两个模上的展开式也可以得到类似的结论。

唯一性还须满足以下一项常见的充分条件，很多应用背景都符合这一条件，即

$$\sum_{n=1}^{N} k_n \geqslant 2R + N - 1 \tag{3.5}$$

设 $\mathbb{R}^{I \times J \times K}$ 为普通的欧式空间几何，定义张量的标量乘积为

$$\langle \boldsymbol{A}, \boldsymbol{B} \rangle = \sum_{i=1}^{I} \sum_{j=1}^{J} \sum_{k=1}^{K} a_{ijk} b_{ijk} \tag{3.6}$$

两个张量 $\boldsymbol{A}$，$\boldsymbol{B}$ 正交是指它们的标量乘积等于零。

张量 $\boldsymbol{A}$ 的模定义为

$$\|\boldsymbol{A}\| = \sqrt{\langle \boldsymbol{A}, \boldsymbol{A} \rangle} \tag{3.7}$$

张量和矩阵的标量乘积与模的定义是相似的。

在实际处理中常将一个张量重新排列成一个矩阵，这个过程称为“张量矩阵化”。一个张量 $\boldsymbol{K}$ 的 n - 模矩阵化是指将 K 个 n 维参数排列成一个矩阵的列矢量而形成的矩阵，记作 $\boldsymbol{K}_{(n)}$。一般假设 $\boldsymbol{K}_{(n)}$ 的列矢量排列是一种正向循环的形式。需要指出的是 $\boldsymbol{A}$ 中的列矢量是 $\boldsymbol{A}$ 的 n 维参数。

目前从矩阵秩定义的角度出发，还没有一种方法可以明确地表征张量的秩。较为可行的方法是定义张量 $\boldsymbol{A}$ 的 n - 秩为 $\boldsymbol{A}$ 的 n - 模子空间的维数，即

$$\mathrm{rank}(\boldsymbol{A}) = \mathrm{rank}(\boldsymbol{A}_{(n)}) \tag{3.8}$$

式中：$\boldsymbol{A}_{(n)}$ 为 n - 模矩阵化张量 $\boldsymbol{A}$ 的矩阵，如无特别说明，rank 是指矩阵的秩。容易证明一个三阶张量不同的 n - 秩通常不同于某矩阵的秩。

下面给出后面将要用到的张量 - 矩阵乘法。

定义 3.1　张量的 n 维矩阵积（Mode - n Matrix Product）。

给定张量 $\chi \in \mathbb{R}^{I_1 \times I_2 \times \cdots \times I_N}$ 以及矩阵 $\boldsymbol{U} \in \mathbb{R}^{J \times I_n}$，有

$$[\chi \times_n \boldsymbol{U}]_{i_1,i_2,\cdots,i_{n-1},j,i_{n+1},\cdots,i_N} = \sum_{i_n=1}^{I_n} x_{i_1,i_2,\cdots,i_N} u_{j,i_n} \tag{3.9}$$

也可表述为 $y = \chi \times_n \boldsymbol{U} \Leftrightarrow \boldsymbol{Y}_{(n)} = \boldsymbol{U}\boldsymbol{X}_{(n)}$。

定义 3.2　张量的 n 维矢量积(Mode－n Vector Product)。

给定张量 $\chi \in \mathbb{R}^{I_1 \times I_2 \times \cdots \times I_N}$ 以及矢量 $\boldsymbol{v} \in \mathbb{R}^{I_n}$,有

$$[\chi \,\bar{\times}_n \boldsymbol{v}]_{i_1,i_2,\cdots,i_{n-1},i_{n+1},\cdots,i_N} = \sum_{i_n=1}^{I_n} x_{i_1,i_2,\cdots,i_N} v_{i_n} \tag{3.10}$$

3.3　几何代数简介

几何代数的思想源于 19 世纪 40 年代的 Grassmann 和 19 世纪 70 年代的 Clifford。19 世纪 60 年代 Hestenes 将 Clifford 代数发展成为具有数学和物理一致性的语言,并命名为“几何代数”(Geometric Algebra,GA)。几何代数是一个在实数域上定义了几何积(Geometric Product)运算的有限维矢量空间。几何代数中的元素为多矢量(Multivectors)。几何代数引入了两个新的概念。首先,它认为一个矢量是一维的子空间,类似地有高维子空间存在。然后定义了子空间的一般元素:双矢量(Bivector)、三矢量(Trivectors)和 k－面片(k－blade)。其中多矢量是多个不同级别面片的线性组合。其次,它定义了多矢量的几何积。因为几何积本身包含了内积和外积,它同时结合了正交和共线性的概念。通过几何积可以推导出多矢量的逆,从而得到了具有几何解释的除法运算。这使得几何积成为一个非常强大的算子,能够表达许多不同的几何关系和代数联系。

几何代数理论包含了过去 200 多年的许多数学工具,如标准的矢量分析,Grassmann 代数、Hamilton 四元数、复数,以及 Pauli 矩阵等。几何代数是一种统一的数学语言,提供了多矢量的表示方法和几何积的多矢量计算方法,从而有统一的高阶表示方法,并且使不同维数和度量空间中的计算可以通用。几何代数可以对空间几何体进行不依赖于坐标的关系计算,形成通用并易于计算的几何符号表示,同时可以方便地推广到高维空间中进行几何计算和分析。它将几何变换和几何实体结合在一个单一的框架内,为工程应用提供了有利的分析和解决方法。几何代数拥有强大的统一能力,可以将不同几何和代数相关的系统视为同一个“母代数”的特殊化。因此,几何代数可在多个完全不同的科学领域中使用。

近年来,几何代数已成功地运用于计算机图形学、计算机辅助设计、计算机动画、计算机视觉、彩色图像处理、光谱图像处理、模式分类、神经网络以及机器人系统等领域。

在电磁矢量信号处理领域,近年来复旦大学的蒋景飞和张建秋等率先利用

了三维欧氏几何代数，从保留信号分量间的正交关系和寻找模型物理意义的角度，对矢量传感器阵列的建模进行了研究，并在此模型下分析了阵列接收数据的存储、计算，对其所包含的信息进行了梳理和解读，此外还对其定位问题进行了探讨。

在任意几何结构的矢量传感器阵列信号处理领域，电子科技大学的邹麟同志和剑桥大学工程系的 Lasenby 一起，利用几何代数处理旋转和矢量转换上的独特优势，提出了基于几何代数的共形阵列流形建模方法，并对共形阵列的方向图分析与综合、波束形成以及参数估计等问题进行了研究。

3.3.1 几何代数基础

几何代数最初是由英国数学家 Clifford 在 19 世纪引入的，他将传统的矢量内积和德国数学家 Hermann Gunther Grassmann 引入的外积相结合，构成了单一的几何积(Geometric Product)，并且将其拓展至任意维数，从而构成了统一的、可扩展的代数工具体系。

在线性代数中，人们已经熟知矢量的几种“积”，即内积、叉积和混合积。给定两个一维矢量 $\boldsymbol{a}$ 和 $\boldsymbol{b}$，它们的内积“$\boldsymbol{a}\cdot\boldsymbol{b}$”为标量，且内积定义为

$$\boldsymbol{a}\cdot\boldsymbol{b}\triangleq|\boldsymbol{a}||\boldsymbol{b}|\cos\theta \tag{3.11}$$

式中：θ 为矢量 $\boldsymbol{a}$ 和 $\boldsymbol{b}$ 之间的夹角。如果两个矢量之间的内积为 0，则称两矢量正交。

传统的叉积运算只在三维空间中有意义，几何代数中的“外积”不但将几何概念代数化，还可以视为叉积的一个拓展。外积首先由 Grassmann 提出：两个一维矢量 $\boldsymbol{a}$ 和 $\boldsymbol{b}$ 的外积，表示为 $\boldsymbol{a}\wedge\boldsymbol{b}$。外积 $\boldsymbol{a}\wedge\boldsymbol{b}$ 表示一个有方向性的“平面块”，该平面块的面积为 $|\boldsymbol{a}||\boldsymbol{b}|\sin\theta$，其结果为一个新的有方向性的值，称为双矢量(bivector)，且

$$\begin{cases}\boldsymbol{B}=\boldsymbol{a}\wedge\boldsymbol{b}\\|\boldsymbol{B}|=|\boldsymbol{a}||\boldsymbol{b}|\sin\theta\end{cases} \tag{3.12}$$

注意到沿着 $\boldsymbol{a}$ 扫描 $\boldsymbol{b}$ 所得到的平行四边形($\boldsymbol{a}\wedge\boldsymbol{b}$)和沿着 $\boldsymbol{b}$ 扫描 $\boldsymbol{a}$ 所得的平行四边形($\boldsymbol{b}\wedge\boldsymbol{a}$)仅仅是方向不同，这可以表示为

$$-\boldsymbol{B}=-\boldsymbol{a}\wedge\boldsymbol{b}=\boldsymbol{b}\wedge\boldsymbol{a} \tag{3.13}$$

式(3.13)说明交换外积中矢量的顺序会将原来所得双矢量的方向反转，同时该式也说明外积运算不满足交换律，而是满足反交换律。

几何代数的核心在于引进了将内积与外积统一表达的几何积(又称 Clifford 积)，实现了标量运算和矢量运算、维度运算与几何运算的统一。几何积是构建几何代数空间的基础，在几何代数空间中的几乎所有算子和运算均是通过几何积来实现的。

对于给定的两个一维矢量 $\boldsymbol{a}$ 和 $\boldsymbol{b}$,其几何积定义为

$$\boldsymbol{ab}=\boldsymbol{a}\cdot\boldsymbol{b}+\boldsymbol{a}\wedge\boldsymbol{b} \tag{3.14}$$

式中:$\boldsymbol{a}\cdot\boldsymbol{b}$ 为 $\boldsymbol{a}$ 和 $\boldsymbol{b}$ 的内积,该运算的结果为一个标量;$\boldsymbol{a}\wedge\boldsymbol{b}$ 为外积,其结果为一个双矢量。内积与外积的维度运算表现为:内积是降维操作,且当 $\boldsymbol{a}\cdot\boldsymbol{b}=0$ 时,非零矢量 $\boldsymbol{a}$,$\boldsymbol{b}$ 正交;外积是升维操作,且当 $\boldsymbol{a}\wedge\boldsymbol{b}=0$ 时,$\boldsymbol{a}$ 与 $\boldsymbol{b}$ 平行。

由内积运算满足的交换律和外积运算满足的反交换律,可得

$$\boldsymbol{ba}=\boldsymbol{b}\cdot\boldsymbol{a}+\boldsymbol{b}\wedge\boldsymbol{a}=\boldsymbol{a}\cdot\boldsymbol{b}-\boldsymbol{a}\wedge\boldsymbol{b} \tag{3.15}$$

对比式(3.14)和式(3.15)可以看出:一般情况下,即外积不为零时,$\boldsymbol{ab}$ 和 $\boldsymbol{ba}$ 并不相等。

基于式(3.14)和式(3.15),可得到内积和外积的几何积定义式,即

$$\begin{cases}\boldsymbol{a}\cdot\boldsymbol{b}=\dfrac{1}{2}(\boldsymbol{ab}+\boldsymbol{ba})=\boldsymbol{b}\cdot\boldsymbol{a}\\ \boldsymbol{a}\wedge\boldsymbol{b}=\dfrac{1}{2}(\boldsymbol{ab}-\boldsymbol{ba})=-\boldsymbol{b}\wedge\boldsymbol{a}\end{cases} \tag{3.16}$$

式(3.16)表明内积和外积内蕴于几何积之中,基于几何积构建的代数系统是完备与封闭的;同时还表明几何积既非对称运算也非反对称运算。在运算优先级上,内积运算先于外积运算,外积运算先于几何积运算。

此外,几何代数的几何关系运算和维度运算与其所在空间以及坐标系统的选取无关,从而简化几何变换和几何关系的表达与运算。对通常的几何计算,利用几何积可以大量减少需要的几何算子个数,并能够在不改变原算法结构的前提下,实现向高维以及混合维度的扩展。

对于给定的矢量 $\boldsymbol{a}$,$\boldsymbol{b}$,$\boldsymbol{c}$,几何积满足分配律

$$\begin{cases}\boldsymbol{a}(\boldsymbol{b}+\boldsymbol{c})=\boldsymbol{ab}+\boldsymbol{ac}\\ (\boldsymbol{b}+\boldsymbol{c})\boldsymbol{a}=\boldsymbol{ba}+\boldsymbol{ca}\end{cases} \tag{3.17}$$

式(3.17)表明几何积满足左分配律和右分配律,但由于几何积不满足交换律,所以上述两式结果是不一样的。

几何积对标量乘法满足交换律和结合律,即

$$\lambda(\boldsymbol{ab})=(\lambda\boldsymbol{a})\boldsymbol{b}=\boldsymbol{a}(\lambda\boldsymbol{b})=(\boldsymbol{ab})\lambda \tag{3.18}$$

在几何代数中,维度的扩展是通过外积来进行升维实现的,即 r 级矢量(r-vector)为 r 个一维矢量的外积,即

$$\boldsymbol{A}_r=\boldsymbol{a}_1\wedge\boldsymbol{a}_2\cdots\wedge\boldsymbol{a}_r, r\geqslant2 \tag{3.19}$$

式中:$\boldsymbol{a}_1$,$\boldsymbol{a}_2$,$\cdots$,$\boldsymbol{a}_r$均为矢量。$r=2$ 时,$\boldsymbol{A}_2$为二级矢量,简称双矢量;$r=3$ 时,$\boldsymbol{A}_3$为三矢量;当 $r\geqslant3$ 时,$\boldsymbol{A}_r$ 表示 r 级矢量。此处的 r 为几何代数的级数(Grade)。

几何代数中的数学对象是由不同维度的几何对象构成的,几何对象可以通过幅度、方向及其几何意义进行表征。通常情况下,零矢量(即标量)、矢量、双

矢量和三矢量分别表示有向的点、线段、平面块和空间块，如图 3.2 所示。

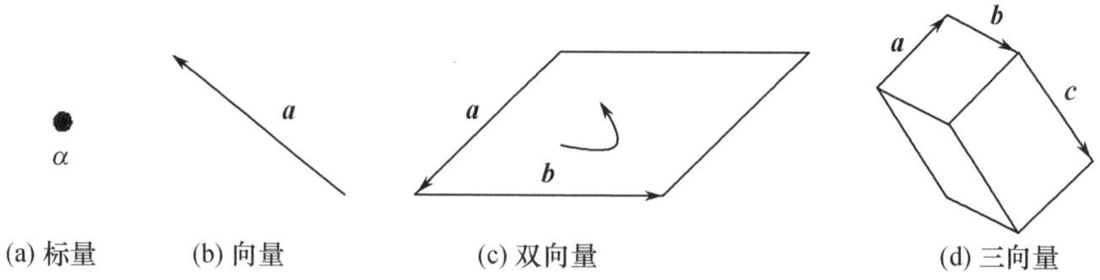

图 3.2　几何代数空间中的几何对象

几何代数允许不同级别的元素相加，相加之后构成含有混合级别的元素，可以表示为

$$\boldsymbol{A} = \sum_{r=0}^{n} \boldsymbol{A}_r \tag{3.20}$$

式中：$\boldsymbol{A}_r$ 为 r 级矢量，$\boldsymbol{A}$ 称为多矢量。对于任意的级别 r，$\langle \cdot \rangle_r$ 为几何代数的阶数运算，表示取出几何代数中级别为 r 的所有元素，因此 $\langle \boldsymbol{A} \rangle_r = \boldsymbol{A}_r$，可以通过多矢量的阶数运算解析其特定维度的对象。几何代数中的任何元素均可称为多矢量，因为它们皆可写成式(3.20)的形式。

多矢量是几何代数空间中同时包含多个不同维度子空间的基本数据结构，它用“+”号将不同维度对象（如矢量和双矢量等）进行连接，这与复数是类似的，此处“+”号不进行数值运算，仅用于连接不同维度对象。

对于多矢量的运算，加法满足交换律和结合律，乘法（几何积）满足结合律和分配律，注意几何积运算不满足交换律，其余的法则和传统的代数系统是一致的。

另外，若标量均为实数，则任意标量和多矢量之间的标量乘法满足交换律，即

$$\lambda \boldsymbol{A} = \boldsymbol{A} \lambda \tag{3.21}$$

3.3.2　三维矢量空间几何代数及其矩阵

考虑 $\{e_j\}$ $(j=1,2,\cdots,n)$ 为 n 维矢量空间 $\mathbb{V}_n$ 中的一组正交基，则存在与 $\mathbb{V}_n$ 对应的几何代数空间 $\mathbb{G}_n$，$\mathbb{G}_n$ 由 $n+1$ 级子空间构成，分别为标量（0 级矢量）子空间、一级矢量子空间，以及到 n 级矢量子空间。其中，标量子空间的基底为 $\{1\}$，一级矢量子空间基底为正交基 $\{\boldsymbol{e}_j\}$ $(j=1,2,\cdots,n)$，k 级矢量子空间的基底由 k 个不同的一级矢量子空间基底的外积构成。

三维欧几里得矢量空间的几何代数（Three Dimensional Vector Space Geometric Algebra, G3）由三维矢量空间 $\mathbb{V}_3$ 张成，其一级矢量子空间的正交基为 $\{\boldsymbol{e}_1, \boldsymbol{e}_2, \boldsymbol{e}_3\}$，并且有

$$\boldsymbol{e}_1\cdot\boldsymbol{e}_1=\boldsymbol{e}_2\cdot\boldsymbol{e}_2=\boldsymbol{e}_3\cdot\boldsymbol{e}_3=1 \tag{3.22}$$

$\mathbb{G}_3$空间中的几何对象为

$$\begin{matrix} 1, & \{\boldsymbol{e}_1,\boldsymbol{e}_2,\boldsymbol{e}_3\}, & \{\boldsymbol{e}_{23},\boldsymbol{e}_{31},\boldsymbol{e}_{12}\}, & \boldsymbol{e}_{123} \\ \text{scalar} & \text{3 vectors} & \text{3 bivectors} & \text{trivector} \end{matrix} \tag{3.23}$$

式中：为书写简化，定义了 $\boldsymbol{e}_{ij}\triangleq\boldsymbol{e}_i\wedge\boldsymbol{e}_j$，这里的 $i=1,2,3,j=1,2,3$；且 $\boldsymbol{e}_{123}\triangleq\boldsymbol{e}_1\wedge\boldsymbol{e}_2\wedge\boldsymbol{e}_3$，$\boldsymbol{e}_{123}$为$\mathbb{G}_3$空间中的伪标量。

$\mathbb{G}_3$空间中的任意多矢量为

$$\begin{aligned}\boldsymbol{A}&=a_0+\boldsymbol{e}_1a_1+\boldsymbol{e}_2a_2+\boldsymbol{e}_3a_3+\boldsymbol{e}_{23}a_4+\boldsymbol{e}_{31}a_5+\boldsymbol{e}_{12}a_6+\boldsymbol{e}_{123}a_7\\&=\langle\boldsymbol{A}\rangle_0+\langle\boldsymbol{A}\rangle_1+\langle\boldsymbol{A}\rangle_2+\langle\boldsymbol{A}\rangle_3\end{aligned} \tag{3.24}$$

式中：$a_i\in(i=0,1,\cdots,7)$为实数；$\langle\boldsymbol{A}\rangle_k(k=0,1,2,3)$为多矢量 $\boldsymbol{A}$ 的 k 级矢量子空间部分。对于 r 级矢量 $\boldsymbol{A}_r$，$\boldsymbol{A}_r$的反(Inverse)表示为 $\boldsymbol{A}_r^{\dagger}$，定义为

$$\boldsymbol{A}_r^{\dagger}=(-1)^{r(r-1)/2}\boldsymbol{A}_r \tag{3.25}$$

则 $\boldsymbol{A}$ 的反 $\boldsymbol{A}^{\dagger}$可以表示为

$$\begin{aligned}\boldsymbol{A}^{\dagger}&=a_0+\boldsymbol{e}_1a_1+\boldsymbol{e}_2a_2+\boldsymbol{e}_3a_3-\boldsymbol{e}_{23}a_4-\boldsymbol{e}_{31}a_5-\boldsymbol{e}_{12}a_6-\boldsymbol{e}_{123}a_7\\&=\langle\boldsymbol{A}\rangle_0+\langle\boldsymbol{A}\rangle_1-\langle\boldsymbol{A}\rangle_2-\langle\boldsymbol{A}\rangle_3\end{aligned} \tag{3.26}$$

因为$\{\boldsymbol{e}_1,\boldsymbol{e}_2,\boldsymbol{e}_3\}$是正交基，因而当 $i\neq j$ 时，有

$$\begin{aligned}&\boldsymbol{e}_i\cdot\boldsymbol{e}_j=0\\&\boldsymbol{e}_{ij}=\boldsymbol{e}_i\boldsymbol{e}_j=\boldsymbol{e}_i\wedge\boldsymbol{e}_j=-\boldsymbol{e}_{ji}\end{aligned} \tag{3.27}$$

几何积满足结合律和分配律，结合式(3.22)和式(3.27)，即可得到$\mathbb{G}_3$中的任意多矢量之间的乘法关系。

对于任意多矢量 $\boldsymbol{A}\in\mathbb{G}_3$，其幅度定义为

$$\|\boldsymbol{A}\|\triangleq\sqrt{\langle\boldsymbol{A}^{\dagger}\boldsymbol{A}\rangle_0}=\sqrt{\sum_{k=0}^{7}a_k^2} \tag{3.28}$$

考虑三维欧氏空间中的两个一级矢量 $\boldsymbol{a}$ 和 $\boldsymbol{b}$，容易验证如下的关系

$$\begin{cases}\boldsymbol{a}\wedge\boldsymbol{b}=\boldsymbol{e}_{123}\boldsymbol{a}\times\boldsymbol{b}\\\boldsymbol{a}\times\boldsymbol{b}=-\boldsymbol{a}\cdot(\boldsymbol{b}\boldsymbol{e}_{123})\\\boldsymbol{a}\cdot\boldsymbol{b}=-\boldsymbol{e}_{123}(\boldsymbol{a}\wedge(\boldsymbol{e}_{123}\boldsymbol{b}))\end{cases} \tag{3.29}$$

双四元数(Biquaternion,BQ)是一种八维的超复数，在信号处理领域多有应用，双四元数与本小节介绍的三维欧氏空间几何代数具有如下对应关系

$$\begin{matrix} & 1, & i, & j, & k, & I, & Ii, & Ij, & Ik\\ \Leftrightarrow & 1, & \boldsymbol{e}_{23}, & \boldsymbol{e}_{31}, & -\boldsymbol{e}_{12}, & \boldsymbol{e}_{123}, & -\boldsymbol{e}_1, & -\boldsymbol{e}_2, & \boldsymbol{e}_3\end{matrix} \tag{3.30}$$

式(3.30)中的一一对应关系说明，双四元数与$\mathbb{G}_3$实质上是描述同一空间的不同坐标基矢，它们具有空间一致性。

将$\mathbb{G}_3$中的多矢量作为元素构成的矩阵，定义为 G3 矩阵。对任意给定的 G3

矩阵 $\boldsymbol{A}\in\mathbb{G}_3^{m\times n}$，其形式为

$$\boldsymbol{A}\triangleq\boldsymbol{A}_0+\boldsymbol{e}_{12}\boldsymbol{A}_1+\boldsymbol{e}_{31}\boldsymbol{A}_2+\boldsymbol{e}_{23}\boldsymbol{A}_3+\boldsymbol{e}_{123}\boldsymbol{A}_4+\boldsymbol{e}_3\boldsymbol{A}_5+\boldsymbol{e}_2\boldsymbol{A}_6+\boldsymbol{e}_1\boldsymbol{A}_7 \tag{3.31}$$

式中：$\boldsymbol{A}_{\mathrm{p}}(p\in\{0,1,\cdots,7\})$ 为 $m\times n$ 的实数矩阵。由三维欧氏空间几何代数多矢量的特性可知，G3 矩阵满足普通的矩阵加法交换律、乘法分配律，不满足乘法交换律。其共轭转置矩阵表示为 $\boldsymbol{A}^{\mathrm{H}}$，且定义为

$$\boldsymbol{A}^{\mathrm{H}}=\boldsymbol{A}_0^{\mathrm{T}}-\boldsymbol{A}_1^{\mathrm{T}}\boldsymbol{e}_{12}-\boldsymbol{A}_2^{\mathrm{T}}\boldsymbol{e}_{31}-\boldsymbol{A}_3^{\mathrm{T}}\boldsymbol{e}_{23}-\boldsymbol{A}_4^{\mathrm{T}}\boldsymbol{e}_{123}+\boldsymbol{A}_5^{\mathrm{T}}\boldsymbol{e}_3+\boldsymbol{A}_6^{\mathrm{T}}\boldsymbol{e}_2+\boldsymbol{A}_7^{\mathrm{T}}\boldsymbol{e}_1 \tag{3.32}$$

对于任意 $\boldsymbol{A}\in\mathbb{G}_3^{n}$的方阵，若 $\boldsymbol{A}^{\mathrm{H}}=\boldsymbol{A}$，和复数矩阵类似地，$\boldsymbol{A}$ 被称为酉矩阵；若 $\boldsymbol{A}^{\mathrm{H}}\boldsymbol{A}=\boldsymbol{A}\boldsymbol{A}^{\mathrm{H}}=\boldsymbol{I}_n$，$\boldsymbol{A}$ 被称为单位阵；若存在 $\boldsymbol{B}\in\mathbb{G}_3^{n}$使得 $\boldsymbol{AB}=\boldsymbol{BA}=\boldsymbol{I}_n$，称 $\boldsymbol{A}$ 为可逆矩阵。

对于任意给定的 G3 矩阵 $\boldsymbol{A}(\boldsymbol{A}\in\mathbb{G}_3^{m\times n})$，若其形式可以表达为式(3.31)的形式，则其复数伴随矩阵(Complex Adjoin Matrix)定义为

$$\boldsymbol{\varPsi}_A=\begin{bmatrix}\boldsymbol{A}_0+\boldsymbol{A}_4\boldsymbol{e}_{123}+\boldsymbol{A}_1\boldsymbol{e}_{123}+\boldsymbol{A}_5 & -\boldsymbol{A}_2+\boldsymbol{A}_6\boldsymbol{e}_{123}-\boldsymbol{A}_3\boldsymbol{e}_{123}-\boldsymbol{A}_7\\ \boldsymbol{A}_2-\boldsymbol{A}_6\boldsymbol{e}_{123}-\boldsymbol{A}_3\boldsymbol{e}_{123}-\boldsymbol{A}_7 & \boldsymbol{A}_0+\boldsymbol{A}_4\boldsymbol{e}_{123}-\boldsymbol{A}_1\boldsymbol{e}_{123}-\boldsymbol{A}_5\end{bmatrix} \tag{3.33}$$

对于给定的几何代数矩阵 $\boldsymbol{A}\in\mathbb{G}_3^{m\times n}$，且其复数表示矩阵为 $\boldsymbol{\varPsi}_A$，则存在以下基本性质

$$\begin{cases}\boldsymbol{A}=\boldsymbol{E}_{2m}\boldsymbol{\varPsi}_A\boldsymbol{E}_{2n}^{\mathrm{H}}\\ \boldsymbol{\varPsi}_A=\boldsymbol{Q}_{2m}\begin{bmatrix}A & 0\\ 0 & A\end{bmatrix}\boldsymbol{Q}_{2n}\\ \boldsymbol{E}_{2K}=\dfrac{1}{2}[(1+\boldsymbol{e}_3)\boldsymbol{I}_K\quad(\boldsymbol{e}_{31}-\boldsymbol{e}_1)\boldsymbol{I}_K]\in G_3^{K\times 2K}(K=m,n)\\ \boldsymbol{Q}_{2K}=\dfrac{1}{2}\begin{bmatrix}(1+\boldsymbol{e}_3)\boldsymbol{I}_K & (\boldsymbol{e}_{31}-\boldsymbol{e}_1)\boldsymbol{I}_K\\ (-\boldsymbol{e}_{31}-\boldsymbol{e}_1)\boldsymbol{I}_K & (1-\boldsymbol{e}_3)\boldsymbol{I}_K\end{bmatrix}\in G_3^{2K\times 2K}\end{cases} \tag{3.34}$$

式中：$\boldsymbol{I}_K$为 $K\times K$ 的单位对角阵。将 $\boldsymbol{E}_{2K}$和 $\boldsymbol{Q}_{2K}$定义代入即可证明上述性质。

由于 $\boldsymbol{e}_{123}\boldsymbol{e}_{123}=-1$，而且 $\boldsymbol{A}_0\sim\boldsymbol{A}_7$为 $m\times n$ 的实数矩阵，因此，$\boldsymbol{\varPsi}_A$满足所有复数矩阵的运算规则，可以视为复数矩阵进行处理。

由 $\boldsymbol{E}_{2K}$和 $\boldsymbol{Q}_{2K}$的定义，可以得到以下基本性质

$$\begin{cases}\boldsymbol{E}_{2m}^{\mathrm{H}}\boldsymbol{E}_{2m}\boldsymbol{\varPsi}_A=\boldsymbol{\varPsi}_A\boldsymbol{E}_{2n}^{\mathrm{H}}\boldsymbol{E}_{2n}\\ \boldsymbol{E}_{2K}\boldsymbol{E}_{2K}^{\mathrm{H}}=\boldsymbol{I}_K\\ \boldsymbol{Q}_{2K}=\boldsymbol{Q}_{2K}^{\mathrm{H}}=\boldsymbol{Q}_{2K}^{-1}\end{cases} \tag{3.35}$$

对于给定的 G3 矩阵 $\boldsymbol{A},\boldsymbol{B}\in\mathbb{G}_3^{m\times n}$和 $\boldsymbol{C}\in\mathbb{G}_3^{n\times p}$，若其复数伴随矩阵由式(3.33)给出，由其复数伴随矩阵的定义及其性质，容易得到如下结论成立，即

(1) $\boldsymbol{A}=\boldsymbol{B}\Leftrightarrow\boldsymbol{\varPsi}_A=\boldsymbol{\varPsi}_B$。

(2) $\boldsymbol{\varPsi}_{A+B}=\boldsymbol{\varPsi}_A+\boldsymbol{\varPsi}_B$，$\boldsymbol{\varPsi}_{AC}=\boldsymbol{\varPsi}_A\boldsymbol{\varPsi}_C$。

(3) $\boldsymbol{\varPsi}_{A^{\mathrm{H}}}=(\boldsymbol{\varPsi}_A)^{\mathrm{H}}$。

（4）如果 $\boldsymbol{A}^{-1}$存在,则 $\boldsymbol{\Psi}_{\boldsymbol{A}^{-1}}=(\boldsymbol{\Psi}_{A})^{-1}$。

（5）如果 $\boldsymbol{A}=\boldsymbol{A}^{\mathrm{H}}$,则 $\boldsymbol{\Psi}_{A}=(\boldsymbol{\Psi}_{A})^{\mathrm{H}}$。

当式(3.31)中的实数矩阵 $\boldsymbol{A}_0\sim\boldsymbol{A}_7$退化为 $m\times1$ 的实数矢量时,$\boldsymbol{A}$ 即退化为 $m\times1$ 的 G3 矢量 $a\in\mathbb{G}_3^{m\times1}$,G3 矢量 $\boldsymbol{a}$ 的模定义为

$$\|\boldsymbol{a}\|\triangleq\sqrt{\langle\boldsymbol{a}^{\mathrm{H}}\boldsymbol{a}\rangle_0}\tag{3.36}$$

G3 矢量 $\boldsymbol{a},\boldsymbol{b}\in\mathbb{G}_3^{m\times1}$的正交定义为

$$\langle\boldsymbol{a}^{\mathrm{H}}\boldsymbol{b}\rangle_0=0\tag{3.37}$$

3.3.3　三维复空间几何代数及其矩阵

三维欧几里得空间的几何代数(Complex Threedimensional Vector Space Geometric Algebra, CG3)由三维欧氏空间$\mathbb{V}_3$张成。通常的 G3 是指每个几何对象的系数为实数,每个几何对象对应的子空间为实空间,如果将每个几何对象的系数扩展为复数,就可以得到三维欧几里得复空间的几何代数(CG3)。在 CG3 代数空间中,任意多矢量可以表示为

$$\begin{aligned}\boldsymbol{A}&=(a_{00}+\mathrm{j}a_{01})+\boldsymbol{e}_1(a_{10}+\mathrm{j}a_{11})+\boldsymbol{e}_2(a_{20}+\mathrm{j}a_{21})+\boldsymbol{e}_3(a_{30}+\mathrm{j}a_{31})\\&\quad+\boldsymbol{e}_{23}(a_{40}+\mathrm{j}a_{41})+\boldsymbol{e}_{31}(a_{50}+\mathrm{j}a_{51})+\boldsymbol{e}_{12}(a_{60}+\mathrm{j}a_{61})+\boldsymbol{e}_{123}(a_{70}+\mathrm{j}a_{71})\\&=\boldsymbol{a}_0+\boldsymbol{e}_1\boldsymbol{a}_1+\boldsymbol{e}_2\boldsymbol{a}_2+\boldsymbol{e}_3\boldsymbol{a}_3+\boldsymbol{e}_{23}\boldsymbol{a}_4+\boldsymbol{e}_{31}\boldsymbol{a}_5+\boldsymbol{e}_{12}\boldsymbol{a}_6+\boldsymbol{e}_{123}\boldsymbol{a}_7\end{aligned}\tag{3.38}$$

式中:$a_{pq}\in\mathbb{R}\,(p=0,1,\cdots,7,q=0,1)$为实数,$a_p\in\mathbb{C}\,(p=0,1,\cdots,7)$为复数,复数单位即传统复数域的复数单位 j。在 G3 代数体系中引入复数单位 j 后可以使 G3 空间得到对偶性扩展,并从八维代数扩展为十六维代数,从而表征更多的信息。在 CG3 空间中,复数单位 j 与$\mathbb{G}_3$空间中的几何对象$\{1,\boldsymbol{e}_1,\boldsymbol{e}_2,\boldsymbol{e}_3,\boldsymbol{e}_{23},\boldsymbol{e}_{31},\boldsymbol{e}_{12},\boldsymbol{e}_{123}\}$的运算可以概括为(其中 $p,q\in\{1,2,3\}$)

$$\begin{cases}\boldsymbol{e}_p\mathrm{j}=\mathrm{j}\boldsymbol{e}_p\\\boldsymbol{e}_{pq}\mathrm{j}=\mathrm{j}\boldsymbol{e}_{pq}\\\boldsymbol{e}_{123}\mathrm{j}=\mathrm{j}\boldsymbol{e}_{123}\end{cases}\tag{3.39}$$

即复数单位 j 与 G3 空间中的几何对象之间满足交换律。

多矢量 $\boldsymbol{A}$ 的反 $\boldsymbol{A}^{\dagger}$定义为

$$\begin{aligned}\boldsymbol{A}^{\dagger}&=(a_{00}-\mathrm{j}a_{01})+(a_{10}-\mathrm{j}a_{11})\boldsymbol{e}_1+(a_{20}-\mathrm{j}a_{21})\boldsymbol{e}_2+(a_{30}-\mathrm{j}a_{31})\boldsymbol{e}_3\\&\quad-(a_{40}-\mathrm{j}a_{41})\boldsymbol{e}_{23}-(a_{50}-\mathrm{j}a_{51})\boldsymbol{e}_{31}-(a_{60}-\mathrm{j}a_{61})\boldsymbol{e}_{12}-(a_{70}-\mathrm{j}a_{71})\boldsymbol{e}_{123}\\&=\overline{\boldsymbol{a}_0}+\overline{\boldsymbol{a}_1}\boldsymbol{e}_1+\overline{\boldsymbol{a}_2}\boldsymbol{e}_2+\overline{\boldsymbol{a}_3}\boldsymbol{e}_3-\overline{\boldsymbol{a}_4}\boldsymbol{e}_{23}-\overline{\boldsymbol{a}_5}\boldsymbol{e}_{31}-\overline{\boldsymbol{a}_6}\boldsymbol{e}_{12}-\overline{\boldsymbol{a}_7}\boldsymbol{e}_{123}\end{aligned}\tag{3.40}$$

式中:$\overline{a_{\mathrm{p}}}\in\mathbb{C}$ 为 a_{p}的复数共轭。对于任意多矢量 $\boldsymbol{A}\in\mathbb{CG}_3$,其幅度的定义为

$$\|\boldsymbol{A}\|\triangleq\sqrt{\langle\boldsymbol{A}^{\dagger}\boldsymbol{A}\rangle_0}=\sqrt{\sum_{k=0}^{7}(a_{k0}^2+a_{k1}^2)}\tag{3.41}$$

将三维复空间几何代数中的多矢量作为元素构成的矩阵,定义为 CG3 矩

阵。对任意给定的 CG3 矩阵 $\boldsymbol{A}\in\mathbb{CG}_3^{m\times n}$,其形式为

$$\boldsymbol{A}=\boldsymbol{A}_0+\boldsymbol{e}_{12}\boldsymbol{A}_1+\boldsymbol{e}_{31}\boldsymbol{A}_2+\boldsymbol{e}_{23}\boldsymbol{A}_3+\boldsymbol{e}_{123}\boldsymbol{A}_4+\boldsymbol{e}_3\boldsymbol{A}_5+\boldsymbol{e}_2\boldsymbol{A}_6+\boldsymbol{e}_1\boldsymbol{A}_7 \tag{3.42}$$

式中:$\boldsymbol{A}_{\mathrm{p}}=\boldsymbol{A}_{pr}+\mathrm{j}\boldsymbol{A}_{pi}\in\mathbb{C}^{m\times n}(p\in\{0,1,\cdots,7\})$为 $m\times n$ 的复数矩阵(复数单位为 j,$\boldsymbol{A}_{pr},\boldsymbol{A}_{pi}\in\mathbb{R}^{m\times n}$为对应的实部和虚部构成的矩阵)。由 CG3 代数空间中的多矢量特性可知,CG3 矩阵满足普通的矩阵加法交换律、乘法分配律,不满足乘法交换律。其共轭转置矩阵表示为 $\boldsymbol{A}^{\mathrm{H}}$,定义为

$$\boldsymbol{A}^{\mathrm{H}}=\boldsymbol{A}_0^{\mathrm{H}}-\boldsymbol{A}_1^{\mathrm{H}}\boldsymbol{e}_{12}-\boldsymbol{A}_2^{\mathrm{H}}\boldsymbol{e}_{31}-\boldsymbol{A}_3^{\mathrm{H}}\boldsymbol{e}_{23}-\boldsymbol{A}_4^{\mathrm{H}}\boldsymbol{e}_{123}+\boldsymbol{A}_5^{\mathrm{H}}\boldsymbol{e}_3+\boldsymbol{A}_6^{\mathrm{H}}\boldsymbol{e}_2+\boldsymbol{A}_7^{\mathrm{H}}\boldsymbol{e}_1 \tag{3.43}$$

式中:$\boldsymbol{A}_p^{\mathrm{H}}\in\mathbb{C}^{m\times n}$为 $\boldsymbol{A}_p$的复数共轭矩阵,且 $\boldsymbol{A}_p^{\mathrm{H}}=\boldsymbol{A}_{pr}-\mathrm{j}\boldsymbol{A}_{pi}$。

对于任意 $\boldsymbol{A}\in\mathbb{CG}_3^{n\times n}$的方阵,若 $\boldsymbol{A}=\boldsymbol{A}^{\mathrm{H}}$,则 $\boldsymbol{A}$ 被称为酉矩阵;若 $\boldsymbol{A}^{\mathrm{H}}\boldsymbol{A}=\boldsymbol{A}\boldsymbol{A}^{\mathrm{H}}=\boldsymbol{I}_n$,$\boldsymbol{A}$ 被称为单位阵;若存在 $\boldsymbol{B}\in\mathbb{CG}_3^{n\times n}$使得 $\boldsymbol{AB}=\boldsymbol{AB}=\boldsymbol{I}_n$,称 $\boldsymbol{A}$ 为可逆矩阵。

对于任意给定的 CG3 矩阵 $\boldsymbol{A}(\boldsymbol{A}\in\mathbb{G}_4^{m\times n})$,若其形式可以表达为式(3.42)的形式,则其复数伴随矩阵定义为

$$\boldsymbol{\Psi}_A=\begin{bmatrix}\boldsymbol{A}_0+\boldsymbol{A}_5 & -\boldsymbol{A}_2-\boldsymbol{A}_7 & \boldsymbol{A}_1+\boldsymbol{A}_4 & -\boldsymbol{A}_3+\boldsymbol{A}_6\\ \boldsymbol{A}_2-\boldsymbol{A}_7 & \boldsymbol{A}_0-\boldsymbol{A}_5 & -\boldsymbol{A}_3-\boldsymbol{A}_6 & -\boldsymbol{A}_1+\boldsymbol{A}_4\\ -\boldsymbol{A}_1-\boldsymbol{A}_4 & \boldsymbol{A}_3-\boldsymbol{A}_6 & \boldsymbol{A}_0+\boldsymbol{A}_5 & -\boldsymbol{A}_2-\boldsymbol{A}_7\\ \boldsymbol{A}_3+\boldsymbol{A}_6 & \boldsymbol{A}_1-\boldsymbol{A}_4 & \boldsymbol{A}_2-\boldsymbol{A}_7 & \boldsymbol{A}_0-\boldsymbol{A}_5\end{bmatrix} \tag{3.44}$$

对于任意给定的 CG3 矩阵 $\boldsymbol{A}\in\mathbb{G}_4^{m\times n}$,且其复数表示矩阵为 $\boldsymbol{\Psi}_A$,则存在以下基本性质

$$\boldsymbol{A}=\boldsymbol{E}_{4m}\boldsymbol{\Psi}_A\boldsymbol{E}_{4n}^{\mathrm{H}}$$

$$\boldsymbol{E}_{4K}=\frac{1}{2\sqrt{2}}[1+\boldsymbol{e}_3\quad \boldsymbol{e}_{31}-\boldsymbol{e}_1\quad -(\boldsymbol{e}_{123}+\boldsymbol{e}_{12})\quad \boldsymbol{e}_2+\boldsymbol{e}_{23}]\otimes\boldsymbol{I}_K \tag{3.45}$$

式中:$\boldsymbol{I}_K$为 $K\times K$ 的单位对角阵;$\boldsymbol{E}_{4K}\in\mathbb{CG}_3^{K\times 4K}$,$(K=m,n)$。上述性质通过定义进行计算即可证明。

由于 CG3 中的复数单位就是 j,因此 $\boldsymbol{A}_0\sim\boldsymbol{A}_7$为 $m\times n$ 的复数矩阵,因此 $\boldsymbol{\Psi}_A$ 也是复数矩阵。

由 $\boldsymbol{E}_{4K}$的表达式可以看出,它们满足以下性质

$$\begin{cases}\boldsymbol{E}_{4m}^{\mathrm{H}}\boldsymbol{E}_{4m}\boldsymbol{\Psi}_A=\boldsymbol{\Psi}_A\boldsymbol{E}_{4n}^{\mathrm{H}}\boldsymbol{E}_{4n}\\ \boldsymbol{E}_{4K}\boldsymbol{E}_{4K}^{\mathrm{H}}=\boldsymbol{I}_K\end{cases} \tag{3.46}$$

对于给定的 CG3 矩阵 $\boldsymbol{A},\boldsymbol{B}\in\mathbb{CG}_3^{m\times n}$和 $\boldsymbol{C}\in\mathbb{CG}_3^{n\times p}$,若其复数伴随矩阵由式(3.44)给出,由其复数伴随矩阵的定义及其性质,可得:

(1) $\boldsymbol{A}=\boldsymbol{B}\Leftrightarrow\boldsymbol{\Psi}_A=\boldsymbol{\Psi}_B$。

(2) $\boldsymbol{\Psi}_{A+B}=\boldsymbol{\Psi}_A+\boldsymbol{\Psi}_B$,$\boldsymbol{\Psi}_{AC}=\boldsymbol{\Psi}_A\boldsymbol{\Psi}_C$。

(3) $\boldsymbol{\Psi}_{A^{\mathrm{H}}}=(\boldsymbol{\Psi}_A)^{\mathrm{H}}$。

(4) 如果 $\boldsymbol{A}^{-1}$存在,则 $\boldsymbol{\Psi}_{\boldsymbol{A}^{-1}}=(\boldsymbol{\Psi}_A)^{-1}$。

(5) 如果 $\boldsymbol{A}=\boldsymbol{A}^{\mathrm{H}}$,则 $\boldsymbol{\Psi}_A=(\boldsymbol{\Psi}_A)^{\mathrm{H}}$。

当式(3.42)中的复数矩阵 $\boldsymbol{A}_0\sim\boldsymbol{A}_7$退化为 $m\times1$ 的复数矢量时,$\boldsymbol{A}$ 即退化为 $m\times1$ 的 CG3 矢量 $\boldsymbol{a}\in\mathbb{CG}_3^{m\times1}$,则 CG3 矢量 $\boldsymbol{a}$ 的模定义为

$$\|\boldsymbol{a}\|\triangleq\sqrt{\langle\boldsymbol{a}^{\mathrm{H}}\boldsymbol{a}\rangle_0}\tag{3.47}$$

两个 CG3 矢量 $\boldsymbol{a},\boldsymbol{b}\in\mathbb{CG}_3^{m\times1}$的正交定义为

$$\langle\boldsymbol{a}^{\mathrm{H}}\boldsymbol{b}\rangle_0=0\tag{3.48}$$

3.3.4 几何代数矩阵的右特征值分解

几何代数矩阵是超复数域矩阵,目前没有比较直接的特征值分解方法,本书利用几何代数矩阵的复数伴随矩阵完成其特征值分解。由于几何积具有不可交换性,因此几何代数矩阵可能有左右两类特征值,其定义和存在性均需要详细讨论。本小节主要讨论几何代数矩阵的右特征值及其右特征值分解,这种分解可以通过其复数伴随矩阵的右特征值分解来求解。

对于任意给定的几何代数矩阵 $\boldsymbol{A}\in\mathbb{G}^{m\times n}$,其右特征值可以定义为:如果 $\lambda\in\mathbb{G}$ 和非零矢量 $\boldsymbol{X}\in\mathbb{G}^{n\times1}$满足式(3.49),那么 λ 被称为矩阵 $\boldsymbol{A}$ 的右特征值,$\boldsymbol{X}\in\mathbb{G}^{n\times1}$为相应的右特征矢量,即

$$\boldsymbol{AX}\triangleq\boldsymbol{X}\lambda,\boldsymbol{X}\in\mathbb{G}^{n\times1},\lambda\in G\tag{3.49}$$

对于任意给定的几何代数方阵 $\boldsymbol{A}\in\mathbb{G}^{n\times n}$,其右特征值分解定义为

$$\boldsymbol{A}\triangleq\boldsymbol{UDU}^{\mathrm{H}}\tag{3.50}$$

式中:$\boldsymbol{U}$ 的每一列均为 $\boldsymbol{A}$ 的右特征矢量;$\boldsymbol{D}$ 为对角阵,其对角元素为 $\boldsymbol{A}$ 的右特征值。

对于任意给定的几何代数方阵 $\boldsymbol{A}\in\mathbb{G}^{n\times n}$,若其复数伴随矩阵 $\boldsymbol{\Psi}_A$存在,那么 $\boldsymbol{A}$ 的右特征值为 $\boldsymbol{\Psi}_A$的特征值。

对于同一特征值,$\boldsymbol{A}$ 的右特征矢量 $\boldsymbol{X}\in\mathbb{G}^{n\times1}$与 $\boldsymbol{\Psi}_A$的特征矢量 $\boldsymbol{Y}\in\mathbb{G}^{\alpha n\times1}$间存在如下关系

$$\boldsymbol{X}=\boldsymbol{E}_{\alpha n}\boldsymbol{Y}\tag{3.51}$$

式中:$\boldsymbol{E}_{\alpha n}$中的 α 为复数伴随矩阵和几何代数矩阵的尺寸比例系数,当 $\boldsymbol{A}\in\mathbb{G}_3^{n\times n}$时 $\alpha=2$,$\boldsymbol{E}_{2n}$的表达式如式(3.34)所示;当 $\boldsymbol{A}\in\mathbb{CG}_3^{n\times n}$时 $\alpha=4$,$\boldsymbol{E}_{4n}$的表达式如式(3.45)所示。

式(3.51)可以这样来证明:假设几何代数矩阵的复数伴随矩阵 $\boldsymbol{\Psi}_A$存在特征值和特征矢量,即存在 λ 和非零矢量 $\boldsymbol{Y}\in\mathbb{G}^{\alpha n\times1}$,满足 $\boldsymbol{\Psi}_A\boldsymbol{Y}\triangleq\boldsymbol{Y}\lambda$,那么

$$\boldsymbol{E}_{\alpha n}\boldsymbol{\Psi}_A\boldsymbol{Y}\triangleq\boldsymbol{E}_{\alpha n}\boldsymbol{Y}\lambda\tag{3.52}$$

由式(3.35)和式(3.46)中 $\boldsymbol{E}_{\alpha n}$ 的性质,可进一步得到

$$\boldsymbol{E}_{\alpha n}\boldsymbol{\Psi}_{A}\boldsymbol{Y}=\boldsymbol{E}_{\alpha n}\boldsymbol{E}_{\alpha n}^{\mathrm{H}}\boldsymbol{E}_{\alpha n}\boldsymbol{\Psi}_{A}\boldsymbol{Y}=\boldsymbol{E}_{\alpha n}\boldsymbol{\Psi}_{A}\boldsymbol{E}_{\alpha n}^{\mathrm{H}}\boldsymbol{E}_{\alpha n}\boldsymbol{Y}=\boldsymbol{A}(\boldsymbol{E}_{\alpha n}\boldsymbol{Y})=(\boldsymbol{E}_{\alpha n}\boldsymbol{Y})\lambda \tag{3.53}$$

由式(3.53)即可得到 $\boldsymbol{AX}\triangleq\boldsymbol{X}\lambda$ 且 $\boldsymbol{X}=\boldsymbol{E}_{\alpha n}\boldsymbol{Y}$。因此几何代数方阵 $\boldsymbol{A}\in\mathbb{G}^{n\times n}$ 的右特征值分解,可以通过其复数伴随矩阵 $\boldsymbol{\Psi}_{A}$ 的右特征值分解求得。

对于任意给定的几何代数方阵 $\boldsymbol{A}\in\mathbb{G}^{n\times n}$,如果 $\boldsymbol{A}$ 是一个几何代数中的酉矩阵,那么它的所有右特征值都是标量(实数)。其证明过程为由于 $\boldsymbol{A}=\boldsymbol{A}^{\mathrm{H}}\Leftrightarrow\boldsymbol{\Psi}_{A}=\boldsymbol{\Psi}_{A^{\mathrm{H}}}=(\boldsymbol{\Psi}_{A})^{\mathrm{H}}$,由于 $\boldsymbol{A}$ 是一个几何代数酉矩阵,可知 $\boldsymbol{\Psi}_{A}$ 是一个酉矩阵,由复数矩阵特征值分解的性质可得上述结论。

对于任意几何代数矩阵 $\boldsymbol{A}\in\mathbb{G}^{m\times n}$,则其复数表示矩阵 $\boldsymbol{\Psi}_{A}\in\mathbb{G}^{\alpha m\times\alpha n}$,几何代数矩阵和复数表示矩阵之间为可逆变化,因此 $\boldsymbol{A}$ 的秩可通过其复数伴随矩阵获得。定义为

$$\mathrm{rank}(\boldsymbol{A})\triangleq\frac{1}{\alpha}\mathrm{rank}(\boldsymbol{\Psi}_{A}) \tag{3.54}$$

由上述定义可知,对于秩为 K 的几何代数矩阵,其右特征值共有 αK 个。

3.4 小　　结

本章主要介绍了张量和几何代数基本理论,二者是本书后续各章节所使用的超复数域数学理论。为了更为合理地表征和利用矢量传感器阵列所表征的完备电磁信息,张量和几何代数建模处理方法,相对于传统的复数域长矢量方法具有其独特的优势。在后面的方向图综合、参数估计等问题中,本书将利用张量和几何代数工具对问题进行建模,从而得到解决问题的有效算法。

第4章 矢量传感器阵列方向图分析与综合

4.1 概　　述

本章首先给出了传统的阵列信号方向图分析和综合方法，从任意几何结构矢量传感器阵列的特殊性出发，指出了在具有复杂几何结构的共形阵列中，利用原有模型进行分析的困难之处，并对经典的欧拉旋转矩阵分析方法进行了总结；然后从第3章的几何代数理论方法出发，利用几何代数这一有力的数学工具，得到了具有有向极化阵元的任意几何结构矢量传感器阵列的三维方向图，并将该方法和传统的分析方法进行了对比；通过互耦补偿，该分析模型和文中后续的各种方法，可以拓展到考虑互耦情况下的实际应用场景中；最后，本章对基于几何代数的任意矢量传感器阵列分析和综合方法进行了仿真。本章全部内容均为本书作者最新的研究成果，在目前国内相关书籍和文献中尚属首例。

4.2 矢量传感器阵列方向图分析

4.2.1 传统阵列流形矢量传感器阵列的方向图

图4.1给出了一个含有 N 个阵元的任意阵列。在该阵列的全局坐标系下，各阵元位置为 $\boldsymbol{p}_i=[x_i \quad y_i \quad z_i]^{\mathrm{T}}(i=1,2,\cdots,N)$。

从图4.1可以知道，以阵元位置 $\boldsymbol{p}_1$ 所建立的坐标系表示全局坐标系，而对于第 i 个阵元 $\boldsymbol{p}_i$，则对应各自不同的坐标系，即局部坐标系。从图中还可以看出，无论是在全局坐标系下，还是在局部坐标系下，入射信号所对应的方位角 φ 和俯仰角 θ 是不一样的。

考虑图4.1所示场景。对于该阵列，有一个传播方向矢量为 $\boldsymbol{a}$，时域频率为 f 的远场窄带平面波入射到该阵列上，有

$$\boldsymbol{a}=[-\sin\theta\cos\varphi \quad -\sin\theta\sin\varphi \quad -\cos\theta]^{\mathrm{T}} \tag{4.1}$$

式中：φ 和 θ 分别为远场入射信号在全局坐标系下的和方位角和俯仰角。

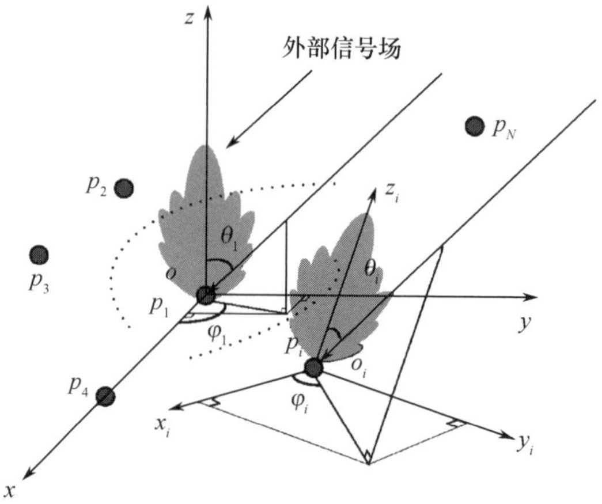

图 4.1　全局和局部坐标系下的 N 阵元阵列

对于在均匀媒介中传播的平面波，定义波数矢量 $\boldsymbol{k}$ 为

$$\boldsymbol{k} = -\frac{2\pi}{\lambda}[\sin\theta\cos\varphi \quad \sin\theta\sin\varphi \quad \cos\theta]^{\mathrm{T}} = \frac{2\pi}{\lambda}a \tag{4.2}$$

式中：λ 为信号频率 f 对应的波长。

因为入射信号为窄带信号，在略去相位因子和载波信息 $\mathrm{e}^{\mathrm{j}2\pi ft}$ 的情况下，可以得到该阵列的方向图为

$$\boldsymbol{F}(\varphi,\theta) = \sum_{i=1}^{N}[\boldsymbol{w}_i^{\mathrm{H}}\boldsymbol{f}_i(\varphi,\theta)\mathrm{e}^{-\boldsymbol{k}^{\mathrm{T}}p_i}] \tag{4.3}$$

式中：$\boldsymbol{F}(\varphi,\theta)$ 为整个阵列的方向图矢量，它由相互正交的矢量分量所组成；$\boldsymbol{w}_i$ 为每一个阵元对应的复数因子所组成的加权矢量；$\boldsymbol{f}_i(\varphi,\theta)$ 对应每一个阵元的辐射方向图矢量。本书所使用的阵元辐射方向图，将考虑其方向性和极化特性。

4.2.2　共形阵列信号模型的特殊性

在传统的标量传感器阵列中，即线阵和平面阵列的情况下，天线阵列的方向图满足式(4.3)中在单个天线辐射特性的基础上，由各阵元叠加而成的原理。一般地，在线性阵列或者平面阵列信号处理中，各阵元的辐射方向图通常被认为是全向的；并且，在这两种特殊阵列中，其全局坐标系和局部坐标系是一致的，因而通常情况下，将单元辐射方向图假设成为标量，线性阵列或者平面阵列的方向图可以表示为

$$F(\varphi,\theta) = f(\varphi,\theta)\sum_{i=1}^{N} w_i^{\mathrm{H}}\mathrm{e}^{-\boldsymbol{k}^{\mathrm{T}}p_i} \tag{4.4}$$

由于采用同样的天线阵元（也称为相似元），因而 $f(\varphi,\theta)$ 是一个标量，可以从求和运算中分离出来，整个阵列的方向图也可以简化为一个标量的形式。

采用均匀加权时，式(4.4)还可以进一步简化为

$$F(\varphi,\theta) = f(\varphi,\theta)\sum_{i=1}^{N}\mathrm{e}^{-\boldsymbol{k}^{\mathrm{T}}p_i} = \boldsymbol{f}^{\mathrm{H}}(\varphi,\theta)v(k) \tag{4.5}$$

式中：$\boldsymbol{f}(\varphi,\theta)$为元素全为$f(\varphi,\theta)$的列矢量，即

$$\boldsymbol{v}(\boldsymbol{k}) = \begin{bmatrix}\mathrm{e}^{-\boldsymbol{k}^{\mathrm{T}}p_1}\\ \mathrm{e}^{-\boldsymbol{k}^{\mathrm{T}}p_2}\\ \vdots\\ \mathrm{e}^{-\boldsymbol{k}^{\mathrm{T}}p_N}\end{bmatrix} \tag{4.6}$$

称为阵列的流形矢量。这时，总的方向图 $F(\varphi,\theta)$可以表示为

$$F(\varphi,\theta) = F_{\varepsilon}(\varphi,\theta)F_{a}(\varphi,\theta) \tag{4.7}$$

式中：第一项 $F_{\varepsilon}(\varphi,\theta)$是各阵元的单元辐射方向图，即$f(\varphi,\theta)$，简称元因子，它由各阵元自身的结、方向性和辐射特性所决定。在线阵和平面阵列信号处理中，一般认为各阵元具有相同的元因子。第二项 $F_{a}(\varphi,\theta)$称为阵列因子，简称阵因子，它只和阵元在阵列中所处的位置有关，与阵元无关。

式(4.7)说明，在由相似的阵元所组成的线阵或者平面阵列中，其方向图或方向图函数，可以表示成单元辐射方向图（元因子）和阵列因子（阵因子）的乘积，这就是方向图乘积定理。根据该定理，在采用相似元的线阵或者平面阵列中，只需改变包括几何结构，阵元排列方式，天线馈电的幅度和相位，阵元的数目等阵列的配置，就可以获得不同的方向图。

从图 4.1 和式(4.5)中可以知道，对于排列在 z 轴上，具有均匀间距 d 的均匀线阵(Uniform Linear Array，ULA)，阵元位置为

$$\boldsymbol{p}_i = \left[0 \quad 0 \quad \left(i-\frac{N+1}{2}\right)d\right]^{\mathrm{T}}, 1\leqslant i\leqslant N \tag{4.8}$$

其阵列的流形矢量为：

$$\boldsymbol{v}_{\mathrm{ULA}}(\boldsymbol{k}) = \begin{bmatrix}\exp\left[\mathrm{j}\dfrac{2\pi}{\lambda}\left(\dfrac{N+1}{2}\right)d\cos\theta\right]\\ \exp\left[\mathrm{j}\dfrac{2\pi}{\lambda}\left(\dfrac{N+1}{2}-1\right)d\cos\theta\right]\\ \vdots\\ \exp\left[-\mathrm{j}\dfrac{2\pi}{\lambda}\left(\dfrac{N+1}{2}\right)d\cos\theta\right]\end{bmatrix} \tag{4.9}$$

对于具有均匀矩形结构的平面阵列，即均匀矩形阵列(Uniform Rectangular Array，URA)：x 轴方向上有 M 行相似阵元，各行间距为 d_x，y 轴方向上有 N 列相似元，各行间距为 d_y。阵列中各阵元位置为

$$\boldsymbol{p}_{mn} = \left[\left(m-\frac{M+1}{2}\right)d_x \quad \left(n-\frac{M+1}{2}\right)d_y \quad 0\right]^{\mathrm{T}}, 1\leqslant m\leqslant M, 1\leqslant n\leqslant N \tag{4.10}$$

其阵列流形矢量为

$$\boldsymbol{v}_{\mathrm{URA}}(\boldsymbol{k}) = \mathrm{vec}[\boldsymbol{v}_1 \quad \boldsymbol{v}_2 \quad \cdots \quad \boldsymbol{v}_m \quad \cdots \quad \boldsymbol{v}_M], 1 \leqslant m \leqslant M \tag{4.11}$$

式中:vec[·]为矢量化函数,可将一个 $p \times q$ 的矩阵转化为 $pq \times 1$ 的矢量,其元素依照原矩阵的列顺序的排列。$\forall m \in [1, M]$ 有

$$v_m = \begin{bmatrix} -\mathrm{j}\dfrac{2\pi}{\lambda}\left[\left(m - \dfrac{M+1}{2}\right)d_x \sin\theta\cos\varphi - \dfrac{N-1}{2}d_y \sin\theta\sin\varphi\right] \\ -\mathrm{j}\dfrac{2\pi}{\lambda}\left[\left(m - \dfrac{M+1}{2}\right)d_x \sin\theta\cos\varphi - \dfrac{N-3}{2}d_y \sin\theta\sin\varphi\right] \\ \vdots \\ -\mathrm{j}\dfrac{2\pi}{\lambda}\left[\left(m - \dfrac{M+1}{2}\right)d_x \sin\theta\cos\varphi + \left(n - \dfrac{N+1}{2}\right)d_y \sin\theta\sin\varphi\right] \\ \vdots \\ -\mathrm{j}\dfrac{2\pi}{\lambda}\left[\left(m - \dfrac{M+1}{2}\right)d_x \sin\theta\cos\varphi + \dfrac{N-1}{2}d_y \sin\theta\sin\varphi\right] \end{bmatrix}, 1 \leqslant n \leqslant N \tag{4.12}$$

观察式(4.9)和式(4.12),线阵和面阵的阵列流形矢量都具有一些非常典型、可以加以提取和应用的特点,如对称性和 Vandermonde 特性等。在传统的阵列信号处理中,基于这些有利的特性,人们已经在波束形成,方向图赋形,特别是在波达方向估计等问题上得到了许多良好的算法。比如经典的 ESPRIT 算法[69,70],正是基于阵列流形的特殊结构和平移不变性得到的,其计算量相比谱峰搜索的 MUSIC 算法[71]等具有明显的优势。

但是,对于具有任意几何结构的矢量传感器阵列而言,在很多的实际应用中,阵元不仅不能假设为具有全向的辐射方向图,而且其极化的方式和互耦等问题也成为不能忽略的因素,因此从式(4.3)到式(4.4)的简化不能进行,上述结论也就不能直接加以利用。任意几何结构的矢量传感器阵列方向图的特殊性就在于:由于必须考虑阵元辐射的方向性和极化等因素,即便采用相似元,其元因子仍不能直接提出求和号以外,方向图乘积定理不再适用。更为特殊地,在图 4.2 中,给出了一个机翼上由非相似元组成的共形矢量传感器阵列,在这类阵列中,由于具有多种不同辐射特性的传感装置,因而必须对每一种不同的天线或者辐射单元逐一进行分析。

4.3 传统的矢量阵列传感器阵列方向图分析方法

4.2 节已经指出,对于共形矢量传感器阵列,只能利用叠加原理对不同的阵元加以逐一分析。传统上,一般是通过欧拉旋转矩阵(Euler Rotation Matri-

图 4.2　非相似元组成的共形矢量传感器阵列

ces)[72-75]，在各自的局部坐标系中计算出每个阵元所接收到的能量，然后通过式(4.3)进行叠加，最后得到整个阵列对接收信号的响应。本节将首先对传统的分析方法进行介绍和总结，以便在下一节中和本书介绍的基于几何代数的分析方法进行比较。

从图 4.1 可以知道，在全局球面坐标系中，对于来自于(φ,θ)方向的接收信号，首先需要将其方向矢量转化为全局笛卡儿坐标下的表达形式，利用球面坐标和直角坐标之间的转换关系，在全局坐标系和第 i 个局部坐标系之间有

$$\begin{cases} x=\rho\sin\theta\cos\varphi \\ y=\rho\sin\theta\sin\varphi \\ z=\rho\cos\theta \end{cases} \quad \begin{cases} x_i=\rho_i\sin\theta_i\cos\varphi_i \\ y_i=\rho_i\sin\theta_i\sin\varphi_i \\ z_i=\rho_i\cos\theta_i \end{cases} \tag{4.13}$$

式中：由于只需确定信号的方向，一般取$\rho=\rho_i=1$；φ_i和θ_i分别为入射信号在第 i 个局部坐标系下的方位角和俯仰角。

接下来，要将全局坐标系下各分量分别转化为第 i 个局部直角坐标系下的表示形式，传统的方法是利用欧拉旋转矩阵来解决这一问题，即使用三个正交矩阵$\boldsymbol{R}_x$，$\boldsymbol{R}_y$，$\boldsymbol{R}_z$来实现全局坐标系和局部坐标系的转变，其中矩阵

$$\boldsymbol{R}_x=\begin{bmatrix} 1 & 0 & 0 \\ 0 & \cos\alpha_x & -\sin\alpha_x \\ 0 & \sin\alpha_x & \cos\alpha_x \end{bmatrix} \tag{4.14}$$

表示绕全局坐标系 x 轴旋转所作的变换；α_x是指在右手螺旋法则下，面向 x 轴负方向，在 yoz 平面上旋转得到的新坐标系 y(或 z)轴与原坐标系 y(或 z)轴之间的夹角，$-\pi<\alpha_x\leqslant\pi$，顺时针旋转为正，反之为负。同理

$$\boldsymbol{R}_y=\begin{bmatrix} \cos\alpha_y & 0 & -\sin\alpha_y \\ 0 & 1 & 0 \\ \sin\alpha_y & 0 & \cos\alpha_y \end{bmatrix} \tag{4.15}$$

表示绕全局坐标系 y 轴旋转所作的变换；α_y是指在右手螺旋法则下，面向 y 轴负方向，在 xoz 平面上旋转得到的新坐标系 x(或 z)轴与原坐标系 x(或 z)轴之间的夹角，$-\pi<\alpha_y\leqslant\pi$，顺时针旋转为正，反之为负。同理

$$\boldsymbol{R}_z=\begin{bmatrix}\cos\alpha_z & -\sin\alpha_z & 0\\ \sin\alpha_z & \cos\alpha_z & 0\\ 0 & 0 & 1\end{bmatrix} \tag{4.16}$$

表示绕全局坐标系 z 轴旋转所作的变换；α_z是指在右手螺旋法则下，面向 z 轴负方向，在 xoy 平面上旋转得到的新坐标系 x(或 y)轴与原坐标系 x(或 y)轴之间的夹角，$-\pi<\alpha_z\leqslant\pi$，顺时针旋转为正，反之为负。

由式(4.14)～式(4.16)可知，全局坐标系到局部坐标系下的转化关系为

$$\begin{bmatrix}x_i\\ y_i\\ z_i\end{bmatrix}=\boldsymbol{R}_x\boldsymbol{R}_y\boldsymbol{R}_z\begin{bmatrix}x\\ y\\ z\end{bmatrix} \tag{4.17}$$

由于天线辐射单元的方向图一般由其方位角和俯仰角所确定，利用直角坐标和球面坐标的转换关系可知

$$\begin{cases}\varphi_i=\begin{cases}\arctan\left(\dfrac{y_i}{x_i}\right), & x_i>0\\ \pi+\arctan\left(\dfrac{y_i}{\boldsymbol{x}_i}\right), & x_i<0\end{cases}\\ \theta_i=\arccos z_i\end{cases} \tag{4.18}$$

由式(4.18)，可以确定在各阵元天线的局部坐标系下辐射方向图，即

$$\boldsymbol{f}_i(\varphi_i,\theta_i)=f_{i\mid\varphi}(\varphi_i,\theta_i)\boldsymbol{e}_{\varphi_i}+f_{i\mid\theta}(\varphi_i,\theta_i)\boldsymbol{e}_{\theta_i} \tag{4.19}$$

式中：$\boldsymbol{f}_i(\varphi_i,\theta_i)$为局部坐标系下阵元的辐射方向图矢量；$f_{i\mid\varphi}(\varphi_i,\theta_i)$和$f_{i\mid\theta}(\varphi_i,\theta_i)$分别为 φ_i和 θ_i两个正交方向上的方向图；$\boldsymbol{e}_{\varphi_i}$和 $\boldsymbol{e}_{\theta_i}$分别为局部坐标系下 φ_i和 θ_i两方向上的单位矢量。

至此，得到了各阵元在各自局部坐标系下的方向图矢量。接下来，利用单位矢量球面坐标和直角坐标系之间的转换关系，即

$$\begin{cases}\boldsymbol{e}_{x_i}=-\sin\varphi_i\boldsymbol{e}_{\varphi_i}+\cos\theta_i\cos\varphi_i\boldsymbol{e}_{\theta_i}\\ \boldsymbol{e}_{y_i}=\cos\varphi_i\boldsymbol{e}_{\varphi_i}+\cos\theta_i\cos\varphi_i\boldsymbol{e}_{\theta_i}\\ \boldsymbol{e}_{z_i}=-\sin\theta_i\boldsymbol{e}_{\theta_i}\end{cases} \tag{4.20}$$

式中：$\boldsymbol{e}_{x_i}$、$\boldsymbol{e}_{y_i}$和 $\boldsymbol{e}_{z_i}$分别为局部直角坐标系下，各正交方向上的单位矢量。

由于式(4.14)～式(4.16)所表示的旋转变化是可逆的，因此，通过

$$\begin{bmatrix} x \\ y \\ z \end{bmatrix} = \boldsymbol{R}_z^{-1}\boldsymbol{R}_y^{-1}\boldsymbol{R}_x^{-1}\begin{bmatrix} x_i \\ y_i \\ z_i \end{bmatrix} \tag{4.21}$$

可以求得全局坐标系下表示的各阵元方向图矢量。

最后，利用单位坐标之间的转换关系

$$\begin{cases} \boldsymbol{e}_\varphi = -\sin\varphi\boldsymbol{e}_x + \cos\varphi\boldsymbol{e}_y \\ \boldsymbol{e}_\theta = \cos\theta\cos\varphi\boldsymbol{e}_x + \cos\theta\sin\varphi\boldsymbol{e}_y - \sin\theta\boldsymbol{e}_z \end{cases} \tag{4.22}$$

可以得到全局坐标系下，整个阵列的方向图矢量，其中，$\boldsymbol{e}_\varphi$和$\boldsymbol{e}_\theta$是全局球面坐标系下赤道面和子午面上的单位方向矢量；$\boldsymbol{e}_x$、$\boldsymbol{e}_y$和$\boldsymbol{e}_z$是全局直角坐标系下各正交分量方向上的单位矢量。

综上所述，可将传统的基于欧拉旋转矩阵的矢量传感器阵列分析方法总结为以下六步。

步骤1　$(\varphi,\theta)\Rightarrow(x,y,z)$：在全局坐标系下，将入射信号的方向矢量通过式(4.13)，求得其在直角坐标系中的表示形式。

步骤2　$(x,y,z)\Rightarrow(x_i,y_i,z_i)$：利用3个欧拉旋转正交矩阵，即式(4.14)~式(4.16)，实现全局直角坐标系到各阵元所在的局部坐标系之间的转换。

步骤3　$(x_i,y_i,z_i)\Rightarrow(\varphi_i,\theta_i)$：通过式(4.18)得到局部坐标系下各阵元方向图矢量的方位角和俯仰角，进而得到各阵元辐射方向图矢量，即式(4.19)。

步骤4　$\boldsymbol{f}_i(\varphi_i,\theta_i)\Rightarrow\boldsymbol{f}_i(x_i,y_i,z_i)$：通过式(4.20)得到各阵元局部坐标系下，阵元辐射方向图矢量的直角坐标分量表示形式。

步骤5　$\boldsymbol{f}_i(x_i,y_i,z_i)\Rightarrow\boldsymbol{f}_i(x,y,z)$：将各阵元的方向图矢量，由欧拉旋转矩阵的逆变换(式(4.21))，转化为全局直角坐标系下的表示形式。

步骤6　$\boldsymbol{f}_i(x,y,z)\Rightarrow\boldsymbol{f}_i(\varphi,\theta)$：利用式(4.22)得到各阵元方向图矢量，最终叠加得到整个矢量传感器阵列的方向图矢量

$$\boldsymbol{F}(\varphi,\theta) = F_\varphi(\varphi,\theta)\boldsymbol{e}_\varphi + F_\theta(\varphi,\theta)\boldsymbol{e}_\theta \tag{4.23}$$

式中：$\boldsymbol{F}(\varphi,\theta)$即为共形阵列的方向图矢量；$F_\varphi(\varphi,\theta)$和$F_\theta(\varphi,\theta)$分别为$\boldsymbol{e}_\varphi$和$\boldsymbol{e}_\theta$方向分量。

有关欧拉旋转方法的更多介绍，请参见文献[74－76]。

从以上的总结可以看出，欧拉旋转及其矩阵表示方法不能直观和形象地展示整个处理过程；如果共形阵列的几何结构不规则或者较为复杂，整个转换和计算过程将会使计算量大大增加，尤其是处理过程中还需要对式(4.18)进行符号判断，在现有的欧拉旋转文献中，为了减小运算量，常直接将φ_i取为$\arctan(y_i/x_i)$，这和实际情况严重不符。而且，随着取样点数的增加，计算量急剧增加。更为重要的是，阵元的辐射方向图$\boldsymbol{f}_i(\varphi_i,\theta_i)$是一个矢量，其幅度和方向并不会因

为不同的坐标系发生变化，因而在整个转换过程中，将其反复地分解为各分量进行计算是没有必要的。4.4 节将在第 3 章几何代数理论的基础上，得到基于几何代数方法的共形矢量传感器阵列分析方法，这一方法不但能较为直观和形象地体现这一复杂的矢量转换过程，还避免了其中不必要的矢量分解，并且适用于任意复杂结构的共形矢量传感器阵列。

4.4 基于几何代数的分析方法

为了便于阐述且不失一般性，考虑如图 4.3 所示的一个 $D \times E$ 的柱面共形阵。

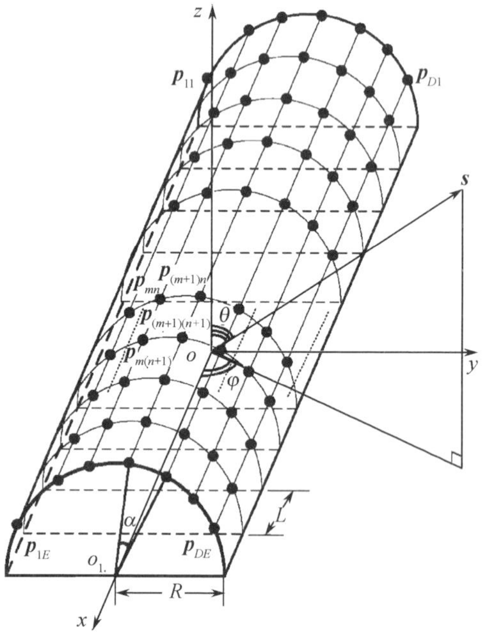

图 4.3　$D \times E$ 圆柱共形阵

本节中讨论的分析方法适用于其他任意复杂几何结构的矢量传感器阵列，具有普适性。如图 4.3 所示，圆柱阵列在阵列表面上有 E 个等距的圆环，相邻两圆环之间间距为 L；每个圆环上有 D 个有向的极化阵元，相对 xoz 面对称。圆柱的半径为 R。全局坐标系如图所示，原点位于柱面阵母线中点所在圆截面的圆心。在同一圆环上，相邻两阵元之间的夹角为 α。

和 4.3 节一样，全局坐标系由标准正交基 $\{\boldsymbol{e}_x, \boldsymbol{e}_y, \boldsymbol{e}_z\}$ 构成，考虑一个窄带远场信号 $s(\varphi, \theta)$，以全局坐标系下的方位角 φ 和俯仰角 θ，入射至该圆柱共形阵。因此，入射信号方向的单位矢量 $\boldsymbol{s}$ 为

$$\boldsymbol{s} = \sin\theta\cos\varphi\boldsymbol{e}_x + \sin\theta\sin\varphi\boldsymbol{e}_y + \cos\theta\boldsymbol{e}_z \tag{4.24}$$

在全局坐标系下,第(m,n)个阵元所在处的位置矢量为$\boldsymbol{p}_{mn}$,即

$$\begin{aligned}\boldsymbol{p}_{mn} = &\left[\left(n - \frac{E+1}{2}\right)L\right]\boldsymbol{e}_x + \left\{R\cos\left[\frac{\pi}{2} - \left(m - \frac{D+1}{2}\right)\alpha\right]\right\}\boldsymbol{e}_y \\ &+ \left\{R\sin\left[\frac{\pi}{2} - \left(m - \frac{D+1}{2}\right)\alpha\right]\right\}\boldsymbol{e}_z, m = 1,2,\cdots,D \quad n = 1,2,\cdots,E\end{aligned} \tag{4.25}$$

对于第(m,n)个阵元,其对应的相位延迟即为$-\frac{2\pi}{\lambda}\boldsymbol{s}\cdot\boldsymbol{p}_{mn}$。

由式(4.3)可知,对于图 4.3 中给出的圆柱矢量传感器阵列,其阵列方向图可以写为

$$\boldsymbol{F}(\varphi,\theta) = \sum_{m=1}^{D}\sum_{n=1}^{E}\left[a_{mn}^{*}\boldsymbol{f}_{mn}(\varphi,\theta)\mathrm{e}^{-\mathrm{j}\frac{2\pi}{\lambda}\boldsymbol{s}\cdot\boldsymbol{p}_{mn}}\right] \tag{4.26}$$

式中:a_{mn}为各辐射阵元的加权系数;$\boldsymbol{f}_{mn}(\varphi,\theta)$为第$(m,n)$个阵元天线的辐射方向图。

要得到最后的阵列方向图,需要确定各阵元的局部坐标系下所对应的方位角φ_{mn}和俯仰角θ_{mn},才能确定信号所接收到辐射场能量,通过叠加得到整个阵列的方向图。本书中将利用几何代数中的转子(Rotor)这一工具来求取这两个关键参数,这也是几何代数在共形矢量传感器阵列信号处理中应用的重要体现之一。

一个单一的转子可以用来表示矢量的旋转。下面的内容将关注其合成的法则,即让转子$\boldsymbol{R}_1$将矢量$\boldsymbol{a}$变为矢量$\boldsymbol{b}$

$$\boldsymbol{b} = \boldsymbol{R}_1\boldsymbol{a}\tilde{\boldsymbol{R}}_1 \tag{4.27}$$

通过转子$\boldsymbol{R}_2$,再旋转矢量$\boldsymbol{b}$使其变为矢量$\boldsymbol{c}$,即

$$\boldsymbol{c} = \boldsymbol{R}_2\boldsymbol{b}\tilde{\boldsymbol{R}}_2 = \boldsymbol{R}_2\boldsymbol{R}_1\boldsymbol{a}\tilde{\boldsymbol{R}}_1\tilde{\boldsymbol{R}}_2 = \boldsymbol{R}_2\boldsymbol{R}_1\boldsymbol{a}(\boldsymbol{R}_2\boldsymbol{R}_1)^{\sim} \tag{4.28}$$

所以有

$$\boldsymbol{c} = \boldsymbol{R}\boldsymbol{a}\tilde{\boldsymbol{R}} \tag{4.29}$$

合成的转子为

$$\boldsymbol{R} = \boldsymbol{R}_2\boldsymbol{R}_1 \tag{4.30}$$

这就是转子的群结合律。由于两个转子的乘积是第三个转子,所以转子形成了一个群,即

$$\boldsymbol{R}_2\boldsymbol{R}_1(\boldsymbol{R}_2\boldsymbol{R}_1)^{\sim} = \boldsymbol{R}_2\boldsymbol{R}_1\tilde{\boldsymbol{R}}_1\tilde{\boldsymbol{R}}_2 = 1 \tag{4.31}$$

在三维空间中,多矢量$\boldsymbol{R}$只含有偶数级别的元素,并且满足$\boldsymbol{R}\tilde{\boldsymbol{R}} = 1$,这是其成为转子的充分条件。

如果希望矢量$\boldsymbol{e}_x$在平面$\boldsymbol{e}_x\boldsymbol{e}_y$旋转得到另一矢量,那么完成这一过程的转

子为

$$\boldsymbol{R}(\theta)=\mathrm{e}^{-\boldsymbol{e}_x\boldsymbol{e}_y\frac{\theta}{2}}=\mathrm{e}^{-I\boldsymbol{e}_z\frac{\theta}{2}} \tag{4.32}$$

即表示在平面 $\boldsymbol{e}_x\boldsymbol{e}_y$ 上的旋转，也可以理解成为绕 $\boldsymbol{e}_z$ 进行的旋转，这一点在式(4.32)中通过元素之间的对偶性得以体现。

如果将上述旋转过程描述为正向旋转 π/2，则转子应为

$$\boldsymbol{R}\left(\frac{\pi}{2}\right)=\mathrm{e}^{-\boldsymbol{e}_x\boldsymbol{e}_y\frac{\pi}{4}}=\frac{\sqrt{2}}{2}-\frac{\sqrt{2}}{2}\boldsymbol{e}_x\boldsymbol{e}_y \tag{4.33}$$

如果逆向旋转，那么相应的转子应为

$$\boldsymbol{R}\left(-\frac{3\pi}{2}\right)=\mathrm{e}^{\boldsymbol{e}_x\boldsymbol{e}_y\frac{3\pi}{4}}=-\frac{\sqrt{2}}{2}+\frac{\sqrt{2}}{2}\boldsymbol{e}_x\boldsymbol{e}_y=-\boldsymbol{R}\left(\frac{\pi}{2}\right) \tag{4.34}$$

由式(4.33)和式(4.34)可知，如果 $\boldsymbol{R}$ 和 $-\boldsymbol{R}$ 得到了相同的旋转结果，它们之间不同的符号可以被用来表示其旋转的方向。

转子的合成法则为展示转子的混合效应提供了一个简单的公式表示。考虑两个转子

$$\boldsymbol{R}_1=\mathrm{e}^{-\boldsymbol{B}_1\frac{\theta_1}{2}},\boldsymbol{R}_2=\mathrm{e}^{-\boldsymbol{B}_2\frac{\theta_2}{2}} \tag{4.35}$$

式中：$\boldsymbol{B}_1$ 和 $\boldsymbol{B}_2$ 均为单位双矢量，两转子的乘积为

$$\begin{aligned}\boldsymbol{R}&=\boldsymbol{R}_2\boldsymbol{R}_1\\&=\left(\cos\frac{\theta_2}{2}-B_2\sin\frac{\theta_2}{2}\right)\left(\cos\frac{\theta_1}{2}-B_1\sin\frac{\theta_1}{2}\right)\\&=\cos\frac{\theta_2}{2}\cos\frac{\theta_1}{2}-B_1\cos\frac{\theta_2}{2}\sin\frac{\theta_1}{2}-B_2\cos\frac{\theta_1}{2}\sin\frac{\theta_2}{2}\\&\quad+\boldsymbol{B}_2\boldsymbol{B}_1\sin\frac{\theta_2}{2}\sin\frac{\theta_1}{2}\end{aligned} \tag{4.36}$$

若令 $\boldsymbol{R}=\mathrm{e}^{-\boldsymbol{B}\frac{\theta}{2}}$，其中 $\boldsymbol{B}$ 是一个新的双矢量，则应有以下对应关系

$$\cos\frac{\theta}{2}=\cos\frac{\theta_2}{2}\cos\frac{\theta_1}{2}+\langle B_2B_1\rangle_0\sin\frac{\theta_2}{2}\sin\frac{\theta_1}{2} \tag{4.37}$$

和

$$\begin{aligned}\boldsymbol{B}\sin\frac{\theta}{2}&=\boldsymbol{B}_1\cos\frac{\theta_2}{2}\sin\frac{\theta_1}{2}+\boldsymbol{B}_2\cos\frac{\theta_1}{2}\sin\frac{\theta_2}{2}\\&\quad-\langle\boldsymbol{B}_2\boldsymbol{B}_1\rangle_2\sin\frac{\theta_2}{2}\sin\frac{\theta_1}{2}\end{aligned} \tag{4.38}$$

上述两个旋转半角关系为计算两个转子的合成提供了依据。在表示上，只需将两个转子相乘即可。

在标准正交基$\{\boldsymbol{e}_x,\boldsymbol{e}_y,\boldsymbol{e}_z\}$张成的三维空间中，一个标准的参数化旋转过程可以通过欧拉角$\{\beta_x,\beta_y,\beta_z\}$来描述，这和4.3节介绍的传统方法是一致的。比

如,欲将最初的一组坐标系$\{\boldsymbol{e}_x,\boldsymbol{e}_y,\boldsymbol{e}_z\}$旋转到$\{\boldsymbol{e}'_x,\boldsymbol{e}'_y,\boldsymbol{e}'_z\}$上,首先可以绕着$\boldsymbol{e}_x$轴,即$\boldsymbol{e}_y\boldsymbol{e}_z$面,逆时针旋转$\beta_x$,相应的转子为

$$\boldsymbol{R}_x = \mathrm{e}^{-\boldsymbol{e}_y\boldsymbol{e}_z\frac{\beta_x}{2}} = \mathrm{e}^{-I\boldsymbol{e}_x\frac{\beta_x}{2}} \tag{4.39}$$

接下来,绕着$\boldsymbol{e}_y$轴,即$\boldsymbol{e}_x\boldsymbol{e}_z$面,逆时针旋转$\beta_y$,相应的转子为

$$\boldsymbol{R}_y = \mathrm{e}^{-\boldsymbol{e}_x\boldsymbol{e}_z\frac{\beta_y}{2}} = \mathrm{e}^{I\boldsymbol{e}_y\frac{\beta_y}{2}} \tag{4.40}$$

最后绕着$\boldsymbol{e}_z$轴,即$\boldsymbol{e}_x\boldsymbol{e}_y$面,逆时针旋转$\beta_z$,相应的转子为

$$\boldsymbol{R}_z = \mathrm{e}^{-\boldsymbol{e}_x\boldsymbol{e}_y\frac{\beta_z}{2}} = \mathrm{e}^{-I\boldsymbol{e}_z\frac{\beta_z}{2}} \tag{4.41}$$

值得注意的是,由于$\{\boldsymbol{e}_x,\boldsymbol{e}_y,\boldsymbol{e}_z\}$由右手螺旋法则构成正交坐标系,所以式(4.40)相比式(4.39)和式(4.41)在用伪标量表示时相差一个负号。所以,最后的转子为

$$\boldsymbol{R} = \boldsymbol{R}_z\boldsymbol{R}_y\boldsymbol{R}_x \tag{4.42}$$

上述的三个转子将这一过程直观而且简洁地表示了出来,相对上一节的矩阵表示而言,这种方式十分简单且清晰。

对于图 4.3 所示的圆柱共形阵,其第 n 个圆环所在截面上的全局坐标系和局部坐标系如图 4.4 所示。

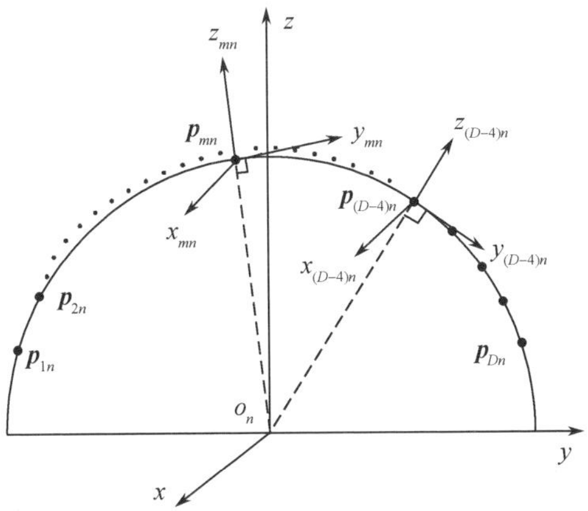

图 4.4　圆柱共形阵列的第 n 个圆环处横断面

从图 4.4 中可以知道,全局坐标系,即由中间较粗线条表示的坐标系,平移到第 n 个圆环处,其原点仍位于该圆环圆心;最左边的坐标系为第 m 条母线上阵元的局部坐标系,最右边的坐标系则为第$(D-4)$条母线上阵元的局部坐标系。所有的局部坐标系的 z 轴都是该处切平面的法线,其 x 轴和全局坐标系相同,按照右手螺旋法则构成相应的局部坐标系。

若从全局坐标系下,通过旋转得到位于$\boldsymbol{p}_{mn}$处的局部坐标系,只需要转子

$$\boldsymbol{R}_{mn}=\exp\left(I\boldsymbol{e}_x\frac{m-\frac{D+1}{2}}{2}\alpha\right),m=1,2,\cdots,D \tag{4.43}$$

即可实现从全局坐标到第(m,n)个阵元局部坐标系的转变。通过将R_{mn}对$\{\boldsymbol{e}_x,\boldsymbol{e}_y,\boldsymbol{e}_z\}$的变换，可以得到局部坐标系下的标准正交基$\{\boldsymbol{e}_{x_{mn}},\boldsymbol{e}_{y_{mn}},\boldsymbol{e}_{z_{mn}}\}$，即

$$\begin{cases}\boldsymbol{e}_{x_{mn}}=\boldsymbol{R}_{mn}\boldsymbol{e}_x\tilde{\boldsymbol{R}}_{mn}=\boldsymbol{e}_x\\ \boldsymbol{e}_{y_{mn}}=R_{mn}\boldsymbol{e}_y\tilde{\boldsymbol{R}}_{mn}=\cos\left[\left(m-\frac{D+1}{2}\right)\alpha\right]\boldsymbol{e}_y-\sin\left[\left(m-\frac{D+1}{2}\right)\alpha\right]\boldsymbol{e}_z\\ \boldsymbol{e}_{z_{mn}}=R_{mn}\boldsymbol{e}_z\tilde{\boldsymbol{R}}_{mn}=\sin\left[\left(m-\frac{D+1}{2}\right)\alpha\right]\boldsymbol{e}_y+\cos\left[\left(m-\frac{D+1}{2}\right)\alpha\right]\boldsymbol{e}_z\end{cases} \tag{4.44}$$

每个阵元所对应的法矢量即为

$$\boldsymbol{n}_{mn}=\boldsymbol{e}_{z_{mn}} \tag{4.45}$$

由于俯仰角的范围为$\left[0,\frac{\pi}{2}\right]$，那么局部坐标系下的俯仰角$\theta_{mn}$，可由信号入射单位矢量和法矢量的内积运算得到

$$\theta_{mn}=\arccos(\boldsymbol{s}\cdot\boldsymbol{n}_{nm}) \tag{4.46}$$

由4.3节的介绍可知，传统方法对于局部坐标系下方位角的求取，不仅需要将入射信号矢量转化到局部坐标系下，还需要将其转换到局部直角坐标系中进行象限的判断才能确定。几何代数为求取方位角φ_{mn}提供了非常简便、直观的方法。

首先，在局部坐标系$\{\boldsymbol{e}_{x_{mn}},\boldsymbol{e}_{y_{mn}},\boldsymbol{e}_{z_{mn}}\}$下，可以将入射信号单位矢量分解为和平面$\boldsymbol{e}_{x_{mn}}\wedge\boldsymbol{e}_{y_{mn}}$共面及正交的两个分量

$$\boldsymbol{s}=\boldsymbol{s}_{\mathrm{p}}+\boldsymbol{s}'_{\perp},\boldsymbol{s}_{\mathrm{p}}=\frac{1}{2}(\boldsymbol{s}+\boldsymbol{BsB}),\boldsymbol{s}_{\perp}=\frac{1}{2}(\boldsymbol{s}-\boldsymbol{BsB}) \tag{4.47}$$

式中：$\boldsymbol{B}=\boldsymbol{e}_{x_{mn}}\wedge\boldsymbol{e}_{y_{mn}}$。

由于球面坐标系下，矢量方位角的定义是：从x轴正向按逆时针旋转至该矢量在xoy平面上的投影所需要的角度。在此，也就是$\boldsymbol{e}_{x_{mn}}$逆时针旋转至$\boldsymbol{s}'_{\mathrm{p}}$所掠过的角度，即

$$\boldsymbol{s}'_{\mathrm{p}}=\mathrm{e}^{-B\varphi_{mn}}\boldsymbol{e}_{x_{mn}} \tag{4.48}$$

式中：$\boldsymbol{s}'_{\mathrm{p}}=\dfrac{\boldsymbol{s}_{\mathrm{p}}}{\sqrt{\boldsymbol{s}_{\mathrm{p}}\cdot\boldsymbol{s}_{\mathrm{p}}}}$为共面分量的归一化矢量。

那么，各局部坐标系下的方位角φ_{mn}为

$$\varphi_{mn}=[\ln(\boldsymbol{s}'_{\mathrm{p}}\boldsymbol{e}_{x_{mn}})]\boldsymbol{B}^{\sim} \tag{4.49}$$

式中：$\boldsymbol{s}'_{\mathrm{p}}=\dfrac{\boldsymbol{s}_{\mathrm{p}}}{\sqrt{\boldsymbol{s}_{\mathrm{p}}\cdot\boldsymbol{s}_{\mathrm{p}}}}$为共面分量的归一化矢量。通过这一方法得到的局部坐标系

下的方位角，免除了传统方法中需要对矢量分量进行符号判断的步骤；如果仅仅用内积运算求取该值，同样需要符号判断。

至此，通过转子得到了两个重要的参数 φ_{mn} 和 θ_{mn}，藉此即可确定天线阵元在局部坐标系下的方向图。将式(4.19)改写如下

$$\boldsymbol{f}_{mn}(\varphi_{mn},\theta_{mn})=f_{\varphi_{mn}}(\varphi_{mn},\theta_{mn})\boldsymbol{e}_{\varphi_{mn}}+f_{\theta_{mn}}(\varphi_{mn},\theta_{mn})\boldsymbol{e}_{\theta_{mn}} \tag{4.50}$$

上面介绍了如何利用转子求取 φ_{mn} 和 θ_{mn}，只需要历经从式(4.43)～式(4.49)的运算过程，即可求得各阵元局部坐标系下的 $\boldsymbol{f}_{mn}(\varphi_{mn},\theta_{mn})$。

4.3 节指出，$\boldsymbol{f}_n(\varphi_n,\theta_n)$ 是一个矢量，其幅度大小和方向不会因为坐标系的变化而改变，不取决于所采用的坐标系，因此可以避免第 3 章中传统方法的步骤 4 和步骤 5（即 4.2 节中归纳的欧拉旋转方法的步骤 4 和步骤 5）。几何代数再一次简化了这一转换过程，而实现这一过程的仍然是转子。

由式(4.22)可知，$\boldsymbol{e}_\varphi=-\sin\varphi\boldsymbol{e}_x+\cos\varphi\boldsymbol{e}_y$，对该式作如下变换

$$\begin{aligned}
\boldsymbol{e}_\varphi &= -\sin\varphi\boldsymbol{e}_x+\cos\varphi\boldsymbol{e}_y\\
&= -2\sin\frac{\varphi}{2}\cos\frac{\varphi}{2}\boldsymbol{e}_x+\left(\cos^2\frac{\varphi}{2}-\sin^2\frac{\varphi}{2}\right)\boldsymbol{e}_y\\
&= -2\left(\cos^2\frac{\theta}{2}+\sin^2\frac{\theta}{2}\right)\sin\frac{\varphi}{2}\cos\frac{\varphi}{2}\boldsymbol{e}_x\\
&\quad+\left(\cos^2\frac{\theta}{2}+\sin^2\frac{\theta}{2}\right)\left(\cos^2\frac{\varphi}{2}-\sin^2\frac{\varphi}{2}\right)\boldsymbol{e}_y\\
&= -2\cos^2\frac{\theta}{2}\sin\frac{\varphi}{2}\cos\frac{\varphi}{2}\boldsymbol{e}_x-2\sin^2\frac{\theta}{2}\sin\frac{\varphi}{2}\cos\frac{\varphi}{2}\boldsymbol{e}_x+\cos^2\frac{\theta}{2}\cos^2\frac{\varphi}{2}\boldsymbol{e}_y\\
&\quad-\cos^2\frac{\theta}{2}\sin^2\frac{\varphi}{2}\boldsymbol{e}_y+\sin^2\frac{\theta}{2}\cos^2\frac{\varphi}{2}\boldsymbol{e}_y-\sin^2\frac{\theta}{2}\sin^2\frac{\varphi}{2}\boldsymbol{e}_y\\
&=\cos^2\frac{\theta}{2}\cos^2\frac{\varphi}{2}\boldsymbol{e}_y-\cos^2\frac{\theta}{2}\sin\frac{\varphi}{2}\cos\frac{\varphi}{2}\boldsymbol{e}_x+\sin\frac{\theta}{2}\cos\frac{\theta}{2}\cos^2\frac{\varphi}{2}I\\
&\quad-\frac{1}{4}\sin\theta\sin\varphi\boldsymbol{e}_z-\cos^2\frac{\theta}{2}\sin\frac{\varphi}{2}\cos\frac{\varphi}{2}\boldsymbol{e}_x-\cos^2\frac{\theta}{2}\sin^2\frac{\varphi}{2}\boldsymbol{e}_y\\
&\quad+\frac{1}{4}\sin\theta\sin\varphi\boldsymbol{e}_z+\sin\frac{\theta}{2}\cos\frac{\theta}{2}\sin^2\frac{\varphi}{2}I-\sin\frac{\theta}{2}\cos\frac{\theta}{2}\cos^2\frac{\varphi}{2}I\\
&\quad+\frac{1}{4}\sin\theta\sin\varphi\boldsymbol{e}_z+\sin^2\frac{\theta}{2}\cos^2\frac{\varphi}{2}\boldsymbol{e}_y-\sin^2\frac{\theta}{2}\sin\frac{\varphi}{2}\cos\frac{\varphi}{2}\boldsymbol{e}_x\\
&\quad+\frac{1}{4}\sin\theta\sin\varphi\boldsymbol{e}_z-\sin\frac{\theta}{2}\cos\frac{\theta}{2}\sin^2\frac{\varphi}{2}I-\sin^2\frac{\theta}{2}\sin\frac{\varphi}{2}\cos\frac{\varphi}{2}\boldsymbol{e}_x-\sin^2\frac{\theta}{2}\sin^2\frac{\varphi}{2}\boldsymbol{e}_y\\
&=\left(\cos\frac{\theta}{2}\cos\frac{\varphi}{2}\boldsymbol{e}_y-\cos\frac{\theta}{2}\sin\frac{\varphi}{2}\boldsymbol{e}_x-\sin\frac{\theta}{2}\cos\frac{\varphi}{2}I-\sin\frac{\theta}{2}\sin\frac{\varphi}{2}\boldsymbol{e}_z\right)\\
&\quad\left(\cos\frac{\theta}{2}\cos\frac{\varphi}{2}+\cos\frac{\theta}{2}\cos\frac{\varphi}{2}\boldsymbol{e}_x\boldsymbol{e}_y-\sin\frac{\theta}{2}\cos\frac{\varphi}{2}\boldsymbol{e}_x\boldsymbol{e}_z-\sin\frac{\theta}{2}\sin\frac{\varphi}{2}\boldsymbol{e}_y\boldsymbol{e}_z\right)
\end{aligned}$$

$$=\left(\cos\frac{\theta}{2}\cos\frac{\varphi}{2}-\cos\frac{\theta}{2}\sin\frac{\varphi}{2}\boldsymbol{e}_x\boldsymbol{e}_y+\sin\frac{\theta}{2}\cos\frac{\varphi}{2}\boldsymbol{e}_x\boldsymbol{e}_z+\sin\frac{\theta}{2}\sin\frac{\varphi}{2}\boldsymbol{e}_y\boldsymbol{e}_z\right)\boldsymbol{e}_y$$

$$\left(\cos\frac{\theta}{2}\cos\frac{\varphi}{2}+\cos\frac{\theta}{2}\cos\frac{\varphi}{2}\boldsymbol{e}_x\boldsymbol{e}_y-\sin\frac{\theta}{2}\cos\frac{\varphi}{2}\boldsymbol{e}_x\boldsymbol{e}_z-\sin\frac{\theta}{2}\sin\frac{\varphi}{2}\boldsymbol{e}_y\boldsymbol{e}_z\right)$$

$$=\boldsymbol{R}_2\boldsymbol{R}_1\boldsymbol{e}_y\boldsymbol{R}_1^{\sim}\boldsymbol{R}_2^{\sim}$$

$$=\boldsymbol{R}\boldsymbol{e}_y\boldsymbol{R}^{\sim} \tag{4.51}$$

式中

$$\boldsymbol{R}_1=\exp\left(-\boldsymbol{I}\boldsymbol{e}_y\frac{\theta}{2}\right)=\cos\frac{\theta}{2}+\sin\frac{\theta}{2}\boldsymbol{e}_x\boldsymbol{e}_z$$

$$\boldsymbol{R}_2=\exp\left(-\boldsymbol{I}\boldsymbol{e}_z\frac{\varphi}{2}\right)=\cos\frac{\varphi}{2}-\sin\frac{\varphi}{2}\boldsymbol{e}_x\boldsymbol{e}_y$$

$$\boldsymbol{R}=\boldsymbol{R}_2\boldsymbol{R}_1 \tag{4.52}$$

由式(4.51),则有

$$\boldsymbol{e}_\varphi=\boldsymbol{R}\boldsymbol{e}_y\boldsymbol{R}^{\sim} \tag{4.53}$$

同理,由式(4.22)可知,$\boldsymbol{e}_\theta=\cos\theta\cos\varphi\ \boldsymbol{e}_x+\cos\theta\sin\varphi\boldsymbol{e}_y-\sin\theta\ \boldsymbol{e}_z$,对该式作如下变换

$$\boldsymbol{e}_\theta=\cos\theta\cos\varphi\boldsymbol{e}_x+\cos\theta\sin\varphi\boldsymbol{e}_y-\sin\theta\boldsymbol{e}_z$$

$$=\left(\cos^2\frac{\theta}{2}-\sin^2\frac{\theta}{2}\right)\left(\cos^2\frac{\varphi}{2}-\sin^2\frac{\varphi}{2}\right)\boldsymbol{e}_x+\left(\cos^2\frac{\theta}{2}-\sin^2\frac{\theta}{2}\right)2\sin\frac{\varphi}{2}\cos\frac{\varphi}{2}\boldsymbol{e}_y$$

$$-2\sin\frac{\theta}{2}\cos\frac{\theta}{2}\left(\cos^2\frac{\varphi}{2}+\sin^2\frac{\varphi}{2}\right)\boldsymbol{e}_z$$

$$=\left(\cos\frac{\theta}{2}\cos\frac{\varphi}{2}\boldsymbol{e}_x+\cos\frac{\theta}{2}\sin\frac{\varphi}{2}\boldsymbol{e}_y-\sin\frac{\theta}{2}\cos\frac{\varphi}{2}\boldsymbol{e}_z+\sin\frac{\theta}{2}\sin\frac{\varphi}{2}\boldsymbol{I}\right)$$

$$\left(\cos\frac{\theta}{2}\cos\frac{\varphi}{2}+\cos\frac{\theta}{2}\cos\frac{\varphi}{2}\boldsymbol{e}_x\boldsymbol{e}_y-\sin\frac{\theta}{2}\cos\frac{\varphi}{2}\boldsymbol{e}_x\boldsymbol{e}_z-\sin\frac{\theta}{2}\sin\frac{\varphi}{2}\boldsymbol{e}_y\boldsymbol{e}_z\right)$$

$$=\left(\cos\frac{\theta}{2}\cos\frac{\varphi}{2}-\cos\frac{\theta}{2}\sin\frac{\varphi}{2}\boldsymbol{e}_x\boldsymbol{e}_y+\sin\frac{\theta}{2}\cos\frac{\varphi}{2}\boldsymbol{e}_x\boldsymbol{e}_z+\sin\frac{\theta}{2}\sin\frac{\varphi}{2}\boldsymbol{e}_y\boldsymbol{e}_z\right)\boldsymbol{e}_x$$

$$\left(\cos\frac{\theta}{2}\cos\frac{\varphi}{2}+\cos\frac{\theta}{2}\cos\frac{\varphi}{2}\boldsymbol{e}_x\boldsymbol{e}_y-\sin\frac{\theta}{2}\cos\frac{\varphi}{2}\boldsymbol{e}_x\boldsymbol{e}_z-\sin\frac{\theta}{2}\sin\frac{\varphi}{2}\boldsymbol{e}_y\boldsymbol{e}_z\right)$$

$$=\left(\cos\frac{\varphi}{2}-\sin\frac{\varphi}{2}\boldsymbol{e}_x\boldsymbol{e}_y\right)\left(\cos\frac{\theta}{2}+\sin\frac{\theta}{2}\boldsymbol{e}_x\boldsymbol{e}_z\right)\boldsymbol{e}_x\left(\cos\frac{\theta}{2}-\sin\frac{\theta}{2}\boldsymbol{e}_x\boldsymbol{e}_z\right)$$

$$\left(\cos\frac{\varphi}{2}+\sin\frac{\varphi}{2}\boldsymbol{e}_x\boldsymbol{e}_y\right)$$

$$=\boldsymbol{R}_2\boldsymbol{R}_1\boldsymbol{e}_x\boldsymbol{R}_1^{\sim}\boldsymbol{R}_2^{\sim}$$

$$=\boldsymbol{R}\boldsymbol{e}_x\boldsymbol{R}^{\sim} \tag{4.54}$$

即

$$\boldsymbol{e}_\theta=\boldsymbol{R}\boldsymbol{e}_x\boldsymbol{R}^{\sim} \tag{4.55}$$

通过式(4.52)、式(4.53)和式(4.55),可以完成各单位矢量在直角坐标系和球面坐标系之间的相互转换,仅仅只需要一个合成的转子 R,就可以完成大量的矩阵运算,得到每个天线在全局坐标系下的方向图,从而避免繁琐的转换,减少计算量。

此外,在处理大型的共形阵列时,应当考虑各阵元之间的互耦(Mutual Coupling)给整个阵列方向图带来的影响。文献[76]指出,互耦现象会使天线阵元的辐射方向图产生严重的畸变。如果采用文献[77,78]中介绍的方法,可以将互耦的因素考虑在内改写式(4.3)为

$$F(\varphi,\theta) = \sum_{i=1}^{N} \boldsymbol{w}_i^{\mathrm{H}} \tilde{\boldsymbol{f}}_i(\varphi,\theta)\mathrm{e}^{-\boldsymbol{k}^{\mathrm{T}}p_i} \tag{4.56}$$

式中:$\tilde{\boldsymbol{f}}_i(\varphi,\theta)$为进行了互耦补偿后的阵元方向图,体现了阵元互耦给方向图带来的影响。一般地,该值难以通过解析的方式给出,但是可以通过实验以数值的形式给出[79]。因此,根据式(4.56),本文中介绍的各种方法可以拓展到处理考虑互耦时的情况。

综上所述,以上基于几何代数的共形阵列方向图分析方法,为处理几何结构更为复杂的阵列提供了一个通用的且有效的方法;其中,转子是处理这一问题最主要的数学工具。

下面将本节介绍的分析方法,在圆柱和圆锥两种的共形阵列上进行了仿真。

仿真场景设置如下:信号在媒质中传播的频率为 $f=3\times10^9$ Hz;波长 $\lambda=c/f$;c 为电磁波在媒质中的传播速度,在实验中,$c=3\times10^8$ m/s。通过波长 λ 就可以确定式(4.2)所定义的波数矢量。$\alpha=5°$,间距 $L=\lambda/2$,圆柱半径 L/α。

在实验中,天线阵元的辐射方向图采用最低阶圆贴片天线模型[72]

$$\begin{aligned}
f_{\varphi_{mn}}(\varphi_{mn},\theta_{mn}) &= [J_2(\pi\varepsilon\sin\theta_{mn}) + J_0(\pi\varepsilon\sin\theta_{mn})] \\
&\quad \cos\theta_{mn}(\sin\varphi_{mn} - \mathrm{j}\cos\varphi_{mn}),\varphi_{mn}\in[0,2\pi],\theta_{mn}\in\left[0,\frac{\pi}{2}\right] \\
f_{\theta_{mn}}(\varphi_{mn},\theta_{mn}) &= [J_2(\pi\varepsilon\sin\theta_{mn}) - J_0(\pi\varepsilon\sin\theta_{mn})] \\
&\quad (\cos\varphi_{mn},-\mathrm{j}\sin\varphi_{mn}),\varphi_{mn}\in[0,2\pi],\theta_{mn}\in\left[0,\frac{\pi}{2}\right] \\
f_{\varphi_{mn}}(\varphi_{mn},\theta_{mn}) &= f_{\theta_{mn}}(\varphi_{mn},\theta_{mn}) = 0,\text{其他}
\end{aligned} \tag{4.57}$$

式中:$J_0(\cdot)$和 $J_2(\cdot)$分别为零阶和二阶第一类贝塞尔函数;ε 为一个可变的参数,由天线的结构和工作状态所决定,这里 $\varepsilon=0.5$。

首先,在图 4.3 所示的一个 4×4 圆柱共形阵列上进行仿真实验,此共形阵列上各阵元所在位置 $\boldsymbol{p}_{mn}$ 为

$$\boldsymbol{p}_{mn} = \left[\left(n-\frac{5}{2}\right)L\right]\boldsymbol{e}_x + \left\{R\cos\left[\frac{\pi}{2}-\left(m-\frac{5}{2}\right)\alpha\right]\right\}\boldsymbol{e}_y$$

$$+\left\{R\sin\left[\frac{\pi}{2}-\left(m-\frac{5}{2}\right)\alpha\right]\right\}\boldsymbol{e}_z,m=1,2,3,4,n=1,2,3,4 \tag{4.58}$$

仿真中使用的全局坐标系和各阵元的局部坐标系如图 4.3 和图 4.4 所示。由于 4.2 节中介绍的传统方法计算繁琐,实用性较差,现有的文献中所画出的共形阵列方向图均局限于某一特殊的平面。然而,上一节中介绍的分析方法,简洁直观,大大简化了计算量,因而能够绘制出有向极化辐射阵元组成的共形阵列三维方向图。实验中,由于阵列辐射的区域仅限于上半球面,因而 $0\leqslant\theta\leqslant 90°$。

图 4.5 给出了该圆柱共形阵列的三维方向图。其中,x 轴表示从 0°到 360°的方位角,y 轴表示从 0°到 90°的俯仰角,z 轴垂直标度为 $20\lg|F(\varphi,\theta)|$。

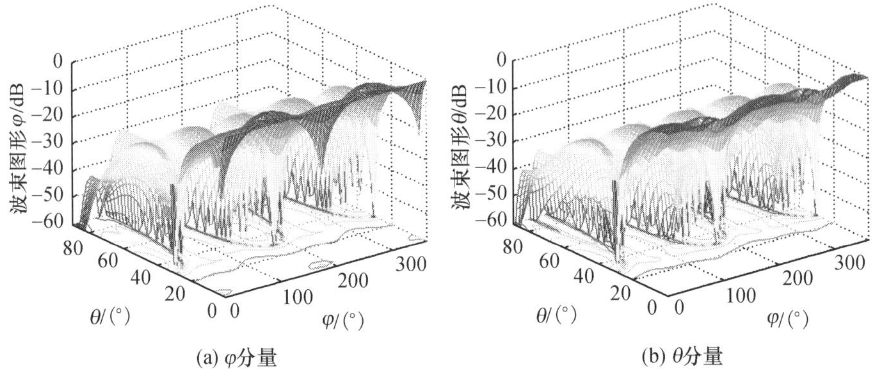

图 4.5　4×4 圆柱共形阵列三维方向图(见彩图)

此外,还可以通过方向余弦的形式画出方向图,即

$$\begin{cases}u_x=\sin\theta\cos\varphi\\u_y=\sin\theta\sin\varphi\end{cases} \tag{4.59}$$

图 4.6 给出了方向图等高线示意图。

从图 4.5 和图 4.6 中,可以观察到方向图的各种参数,比如半功率波束宽度,到第一个零点距离,到第一个旁瓣的距离,第一旁瓣高度,零点位置等。通过图 4.7 中方向图的剖面图,可以更为直观地对方向图进行观察。

从图 4.7 可以看出,对 φ 分量而言,其主瓣宽度在 90°时比 0°时要宽,即在 0°其主瓣宽度约为 5°,而在 90°时约为 15°;与主瓣宽度不同,90°时相应的其第一旁瓣电平要高出 0°时近 10dB。随着方位角的变化,零点的位置和深度也随之变化。

为了进一步说明本节的方法在各种共形矢量传感器阵列分析中的应用,在第二个实验中,采用如图 4.8 所示的一个 $D\times E$ 锥面共形阵。D 个有向极化阵元排列在 E 个不同半径的圆环上,圆环之间的间距均为 L,第一个圆环距离圆锥

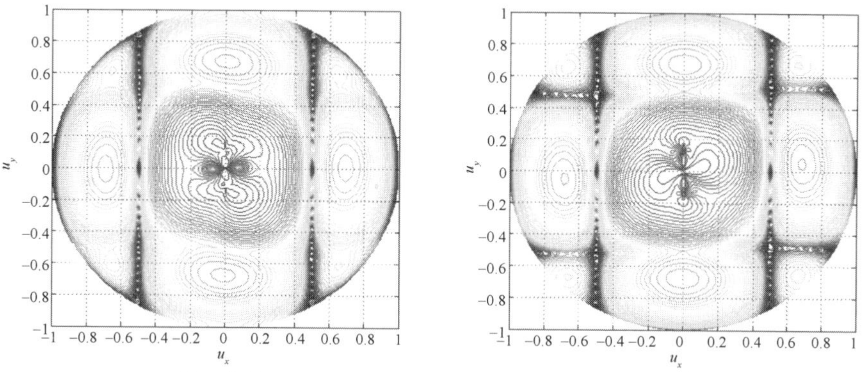

(a) φ分量　　(b) θ分量

图 4.6　4 ×4 圆柱共形阵列方向图等高线图(见彩图)

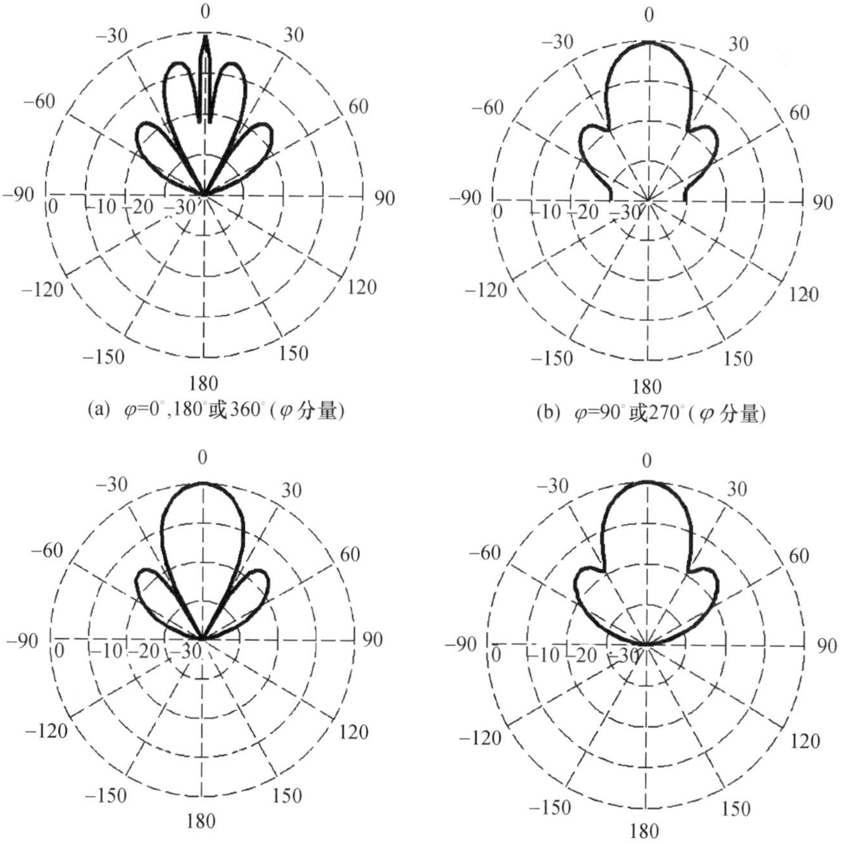

(a) φ=0°,180°或360°(φ 分量)　　(b) φ=90°或270°(φ 分量)

(c) φ=0°,180°或360°(θ 分量)　　(d) θ=90°或270°(θ 分量)

图 4.7　4 ×4 圆柱共形阵列三维方向图剖面图

顶点的距离为L';同一圆环上相邻两个阵元之间的夹角为α,圆锥母线与高的夹角为β。如图4.8所示,全局坐标系位于圆锥的顶点处;圆锥下部左边的坐标系是第一条母线上所有阵元的局部坐标系;右边的坐标系是第D条母线处的局部坐标系。各局部坐标系的z轴均为该处切平面的法线,x轴为从顶点出发的各阵元所在的母线,各局部坐标系根据右手螺旋法则构成。

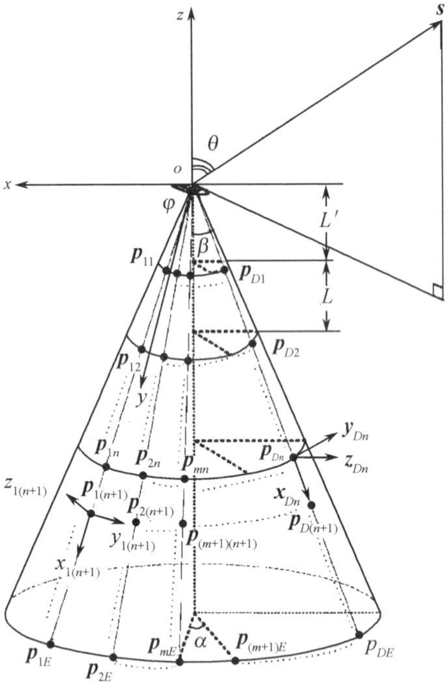

图4.8　$D\times E$圆锥形矢量传感器阵列

对于图4.8所示的圆锥矢量传感器阵列,其对应的转子应为

$$R'_{mn}=\exp\left(\boldsymbol{I}\boldsymbol{e}_y\frac{\frac{\pi}{2}-\beta}{2}\right)\exp\left(-\boldsymbol{I}\boldsymbol{e}_z\frac{\frac{\pi}{2}+\left(m-\frac{D+1}{2}\right)\alpha}{2}\right),m=1,2,\cdots,D \qquad (4.60)$$

仿真中,$D=E=4$,$L=L'=\lambda/2$,$\beta=\pi/3$,其余参数的选取和上述圆柱共形阵列一致。在图4.9给出了该圆锥共形阵列的三维方向图。其中,x轴表示从60°到120°的方位角,y轴表示从0°到120°的俯仰角,这和阵列辐射的范围是一致的。

在图4.10中,给出了各分量方向图在阵列边缘($\varphi=60°$)和阵列中心($\varphi=90°$)子午面上的剖面图。由于俯仰角从120°到180°的范围是阵列辐射的盲区,因此各剖面图中的俯仰角均为从0°到120°。

从图4.10中可以看出,在$\varphi=90°$阵列中心剖面处,其方位角分量主瓣指向

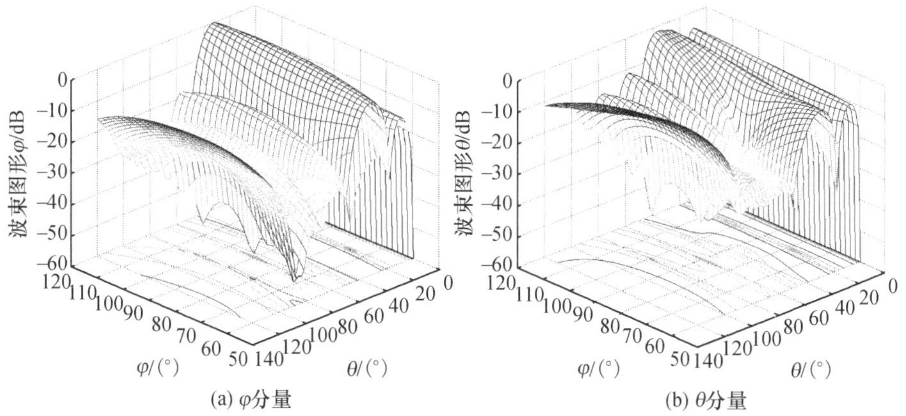

图 4.9　4×4 圆锥共形阵列三维方向图(见彩图)

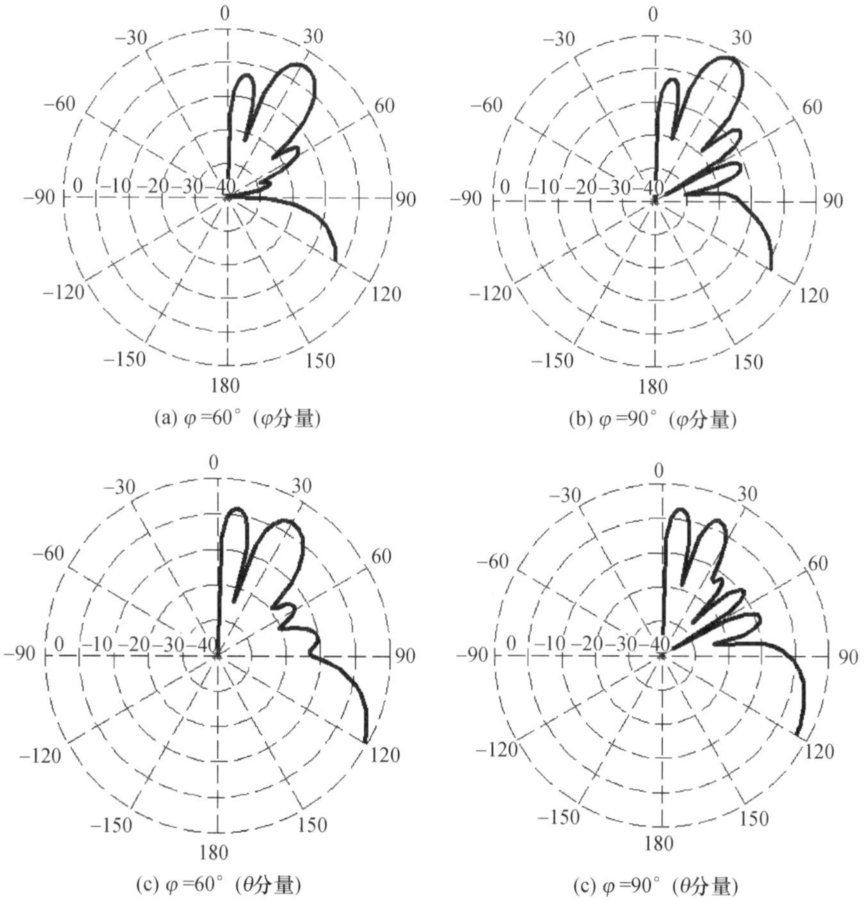

图 4.10　4×4 圆锥共形阵列三维方向图剖面图

$\theta=30°$处;而其正交分量上则没有明显的主瓣。

4.5 矢量传感器阵列方向图综合

本节将基于几何代数的阵列分析方法,利用各种优化技术,包括凸优化理论和交集逼近算法,对任意几何结构的矢量传感器阵列方向图综合问题进行深入探讨。本节中,每一小节都将先介绍赋形方法的原理,然后对其进行相应的仿真实验。

4.5.1 基于凸优化理论的方向图赋形

如果入射信号在空间上具有足够的距离,比如其到达角之间相差一定的度数,自适应阵列可以对这些利用相同载波频率进行传播的信号[80]进行辨识,传统的空分多址(Space Division Multiple Access,SDMA)[81-83]技术中的波束形成算法就是建立在上述前提之上的。在期望信号和其他干扰信号来自同一方向或者入射角度非常接近的情况下,经典的空分多址方法可能会失效,自适应阵列的性能也将会随之恶化。而此时,采用极化分集(Polarization Diversity)[84-86]将会使阵列信号处理的性能得到改善。

如果期望信号和干扰信号具有不同的极化特性,更为特殊的情况:如果二者所采用的极化方式是正交的,期望信号就可以从图4.11所示的滤波器中提取出

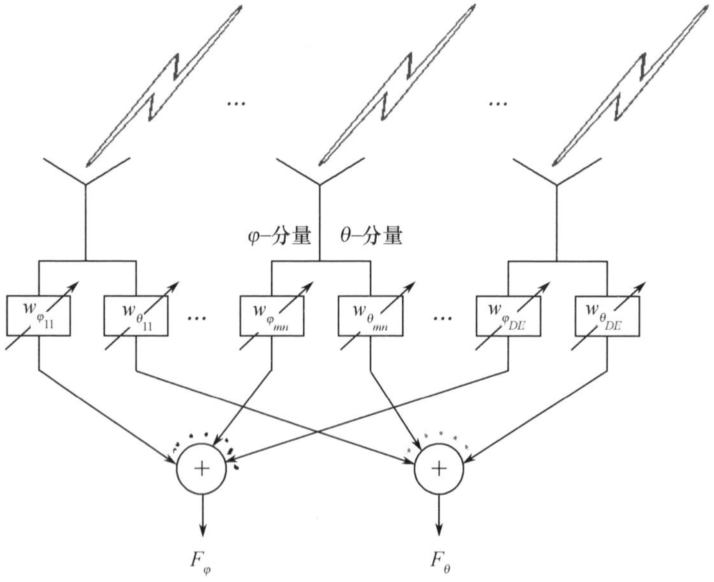

图4.11 空间-极化滤波结构图(见彩图)

来。通过这种滤波器,可以得到赤道面和子午面中两个正交的极化分量。这里采用右旋圆极化和左旋圆极化分别作为共极化分量和交叉极化分量[87]

$$\begin{cases} F_{\mathrm{RHCP}}(\varphi,\theta)=\dfrac{\sqrt{2}}{2}[-\mathrm{j}F_{\varphi}(\varphi,\theta)+F_{\theta}(\varphi,\theta)] \\ F_{\mathrm{LHCP}}(\varphi,\theta)=\dfrac{\sqrt{2}}{2}[\mathrm{j}F_{\varphi}(\varphi,\theta)+F_{\theta}(\varphi,\theta)] \end{cases} \tag{4.61}$$

现在,感兴趣的就是寻找优化的权值,使得期望信号所在角度区域内的共极化分量最大,同时抑制交叉极化分量,使其低于指定的水平限。这一优化问题实质上是一个凸问题,可以用凸优化(Convex Optimization)方法[88]来解决。

对于一个 N 维的复权矢量 $\boldsymbol{w}$,对应入射方向(φ,θ)的阵列的方向图可以表示为

$$\boldsymbol{F}(\varphi,\theta)=\boldsymbol{w}^{\mathrm{H}}\boldsymbol{f}(\varphi,\theta) \tag{4.62}$$

式中:$\boldsymbol{f}(\varphi,\theta)$为 N 维方向图函数矢量,其第 i 个元素对应着第 i 个天线的方向图,它由阵列流形有关的导向矢量和阵元的辐射方向图构成。波束形成问题因此可以归结为寻找权矢量 $\boldsymbol{w}$,使得方向图的幅度$|F(\varphi,\theta)|$在期望信号方向形成主瓣,在干扰信号方向形成零点。这里,利用凸优化方法,可以使优化后的阵列方向图在共极化分量里实现波束形成,同时全面抑制交叉极化分量,即

$$\begin{cases} |\boldsymbol{F}(\varphi,\theta)|=1, & (\varphi,\theta)\in S_0 \\ |\boldsymbol{F}(\varphi,\theta)|\leqslant\varepsilon, & (\varphi,\theta)\in S_1 \\ |\boldsymbol{F}(\varphi,\theta)|\leqslant\mu, & (\varphi,\theta)\in S_2 \end{cases} \tag{4.63}$$

式中:S_0和 S_1分别为共极化分量中期望信号和干扰信号所在波束区域;S_2为交叉极化分量中的波束区域;ε 和 μ 分别为对区域 S_1和 S_2波束方向图进行约束的上限。

因此,可以写出如下的目标函数,即

$$\underset{w}{\operatorname{argmin}}\max_{(\varphi,\theta)\in S}|\boldsymbol{w}^{\mathrm{H}}\boldsymbol{f}(\varphi,\theta)| \tag{4.64}$$

式中:S 为问题关注的区域,优化问题的约束性条件由式(4.63)给出。

近 20 年来,相关专家和研究者们针对各种各样的凸优化问题,提出了许多有效的算法,取得了重大进展[89]。这里,设计中将会使用内点法(Interior Point Method)来解决下面的二阶锥规划(Second - order - cone Programme, SOCP)问题[89,90]

$$\begin{aligned} &\min && \boldsymbol{a}^{\mathrm{T}}\boldsymbol{x} \\ &\text{s.t.} && \operatorname{norm}(\boldsymbol{A}_i\boldsymbol{x}+\boldsymbol{b}_i)\leqslant\boldsymbol{c}_i^{\mathrm{T}}\boldsymbol{x}+d_i, i=1,2,\cdots,N \end{aligned} \tag{4.65}$$

式中:$\boldsymbol{x}\in\mathbb{R}^n$为需要进行优化的变量,其他参数满足 $\boldsymbol{a}\in\mathbb{R}^n$,$\boldsymbol{A}_i\in\mathbb{R}^{p\times n}$,$\boldsymbol{b}_i\in\mathbb{R}^p$,$\boldsymbol{c}_i\in\mathbb{R}^n$和 $d_i\in\mathbb{R}$。norm(·)为取范数的运算,是一个凸函数。

不失一般性，针对共形阵列的极化分集，将考虑更为普遍的处理流程；这样，只需进行简单的修改，就可以处理更为复杂几何结构共形阵列的方向图赋形问题。

给定阵列几何结构、阵元的辐射方向图、期望方向图以及其他约束条件，一般的处理程序如下：

（1）利用转子计算出各阵元在全局坐标系下的方向图函数，其中包括阵元位置不同引起的相位延迟。

（2）由波束形状和角度区域的约束条件，建立对应的目标函数。如果问题是非凸的，可以利用线性近似或者迭代方法[90,91]，将问题从非凸的转化为凸问题。

（3）用凸优化算法计算优化的权值，实现方向图极化分集。

为了检验凸优化方法对共形阵列方向图的优化效果，仍采用如图 4.3 所示的 7×10 圆柱共形阵进行实验。其他条件和参数，以及期望和干扰信号和 4.2.2 节中所使用的是一致的。

对共极化分量的方向图，作如下的约束

$$\begin{cases}|F_{co}(\varphi_0,\theta_0)|=1\\|F_{co}(\varphi_i,\theta_i)|\leqslant -60\text{dB},1\leqslant i\leqslant 4\end{cases}\tag{4.66}$$

为了抑制交叉极化分量中的非期望信号，从而说明极化分集的优势，对交叉极化分量要求

$$|F_{\text{cross}}(\varphi,\theta)|\leqslant -40\text{dB}(\text{全角度区域})\tag{4.67}$$

为了解决凸优化问题，实验中使用 CVX（一个用于检验和解决凸优化的软件包）对问题进行求解[91]。

图 4.12 给出了凸优化以后共极化分量的方向图。从图中可以知道，主瓣指向期望信号方向 $(\varphi_0,\theta_0)=(180°,30°)$，四个干扰信号被很好地抑制，所有干扰所在位置均形成了低于 −80dB 的零陷，满足式（4.66）的约束限制，因此在共极化分量上，成功地实现了主瓣的期望指向。

对于交叉极化分量，从图 4.13 中可以知道，所有角度区域内的方向图电平值均满足式（4.67）的约束条件。

图 4.12 和图 4.13 表明，通过几何代数分析方法和凸优化方法结合，就可以在任意几何结构的矢量传感器阵列上有效地实现极化分集。

4.5.2 交集逼近的方向图综合方法

任意阵列的方向图综合可以被视为一般意义上的优化问题，即通过搜索得到满足方向图主瓣和旁瓣约束条件的阵元复激励权值。多种技术已经被用于改进这一优化过程：Vaskelaine[87] 通过最小二乘方法对一个椭圆形阵列进行了综

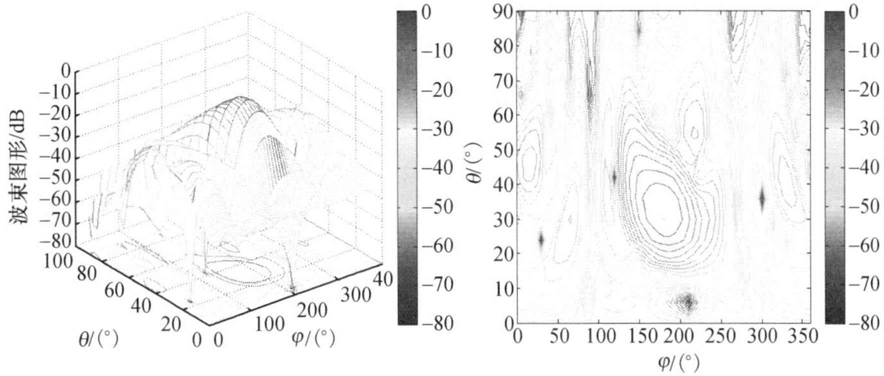

(a) 三维方向图　　　(b) 等高线图

图 4.12　凸优化 7×10 柱面阵共极化分量方向图(见彩图)

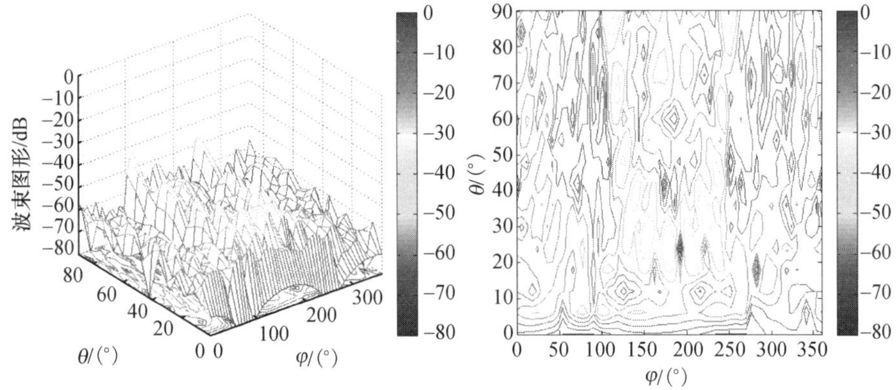

(a) 三维方向图　　　(b) 等高线图

图 4.13　凸优化 7×10 柱面阵交叉极化分量方向图(见彩图)

合,他[92]还利用迭代最小二乘方法仅对加权激励的相位进行调整,从而实现了对一个球面共形阵列的综合;Banach 和 Cunningham[93]讨论了非线性优化技术在此问题上的应用;模拟退火算法被 Ferreira 和 Ares[94]用于柱面阵列的方向图综合;Johnson 和 Rahmat - Samii[95]将基因算法引入了该问题的讨论;Bucci[96]和后来的 Botha 等[97]研究者利用投影算法对共形阵列进行综合;Steyskal[98]对一个现实的缠绕在类似于机翼表面上线阵,基于文献[96]中所介绍的方法进行了综合,说明了低旁瓣方向图的设计方法。Fondevila - Gomez[99]等人讨论了大型共形阵列方向图综合问题。

在本节中,将基于前面介绍的几何代数的分析方法,使用交集逼近方法进行方向图综合。在该方法的每一次迭代中,共极化和交叉极化方向图综合的问题可以减化为一个简单的投影过程,借此寻找可实现方向图和理想方向图之间的交集。这里所使用的方法是文献[72,96]中提出的稳健算法。经过一系列迭代,权值不断地调整,最终收敛于现实方向图集合和理想方向图集合的交集。下面,本节就对交集逼近算法进行详细的介绍。

从数学的观点出发,任何一种误差都可以在某一合理的函数空间之内表述成一段距离。在阵列方向图综合问题中,许多不同的误差函数已经用于优化阵列的加权值。在交集逼近算法[96]中,使用最小二乘代价函数

$$\min_{\boldsymbol{w}} \left| \boldsymbol{w}^{\mathrm{H}}\boldsymbol{v} - F_d(\varphi,\theta) \right|^2 \tag{4.68}$$

式中:$\boldsymbol{w}$ 为设计所希望优化的权值;$\boldsymbol{v}$ 为由阵元的极化方向图和阵列流形所共同决定的矢量;$F_d(\varphi,\theta)$ 为期望的理想方向图。

交集逼近方法最早由 Bucci 等人[96]将其用于方向图综合。如图 4.14 所示,之所以冠以"交集逼近"的称谓,实质上是由于问题的解被认为是两个集合的交集。其中一个集合 Ψ,是在给定阵列几何结构和阵元辐射方向图前提下,可以实现的所有方向图的集合

$$\Psi = \left\{ F_{\Psi}(\varphi,\theta) \;\middle|\; F_{\Psi}(\varphi,\theta) = \sum_{n=1}^{N} \left[\boldsymbol{w}_n^{\mathrm{H}} \boldsymbol{f}_n(\varphi,\theta) \mathrm{e}^{-k^{\mathrm{T}} p_n} \right] \right\} \tag{4.69}$$

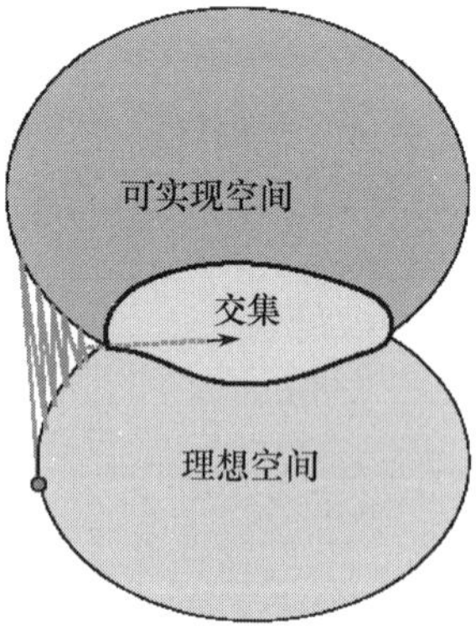

图 4.14　交集逼近方法示意图(见彩图)

另外一个集合 Λ,是满足各种不同限制,比如主瓣宽度、旁瓣电平和第一零点距离等指标的理想方向图,即

$$\Lambda = \{ F_{\Lambda}(\varphi,\theta) \mid F_{\mathrm{lower}}(\varphi,\theta) \leqslant |F_{\Lambda}(\varphi,\theta)| \leqslant F_{\mathrm{upper}}(\varphi,\theta) \} \tag{4.70}$$

式中:$F_{\mathrm{lower}}(\varphi,\theta)$ 和 $F_{\mathrm{upper}}(\varphi,\theta)$ 是非负函数,用以限定方向图的上下界。比如,一般可以通过一个"面罩"函数对期望方向图进行约束定义。

因此,问题的解集就是属于集合 Ψ 和 Λ 的交集的权矢量,即 $\Psi \cap \Lambda$。如何对这一交集进行搜索是一个经典的数学问题,解决方法是否最为有效,取决于使用何种投影算子。这里,使用最小二乘问题的解作为集合 Λ 到集合 Ψ 的投影算子;相应的门限约束性条件作为集合 Ψ 到集合 Λ 的投影。和 4.4 节一

样，这里仍然将右旋圆极化分量视为共极化分量，将左旋圆极化分量视为交叉极化分量。

下面给出交集逼近算法的迭代方法。

首先，集合 $\boldsymbol{\Psi}$ 到集合 Λ 的投影使用如下的门限准则，通过这些约束可以对实际中可实现的方向图进行修改：

①：if $|F_{\Psi}(\varphi,\theta)| < F_{\text{lower}}(\varphi,\theta)$

$$\text{then } F_{\Lambda}(\varphi,\theta)=\frac{F_{\Psi}(\varphi,\theta)F_{\text{lower}}(\varphi,\theta)}{|F_{\Psi}(\varphi,\theta)|}$$

②：if $F_{\text{lower}}(\varphi,\theta) < |F_{\Psi}(\varphi,\theta)| < F_{\text{upper}}(\varphi,\theta)$

$$\text{then } F_{\Lambda}(\varphi,\theta)=F_{\Psi}(\varphi,\theta)$$

③：if $|F_{\Psi}(\varphi,\theta)| > F_{\text{upper}}(\varphi,\theta)$

$$\text{then } F_{\Lambda}(\varphi,\theta)=\frac{F_{\Psi}(\varphi,\theta)F_{\text{upper}}(\varphi,\theta)}{|F_{\Psi}(\varphi,\theta)|} \tag{4.71}$$

从集合 Λ 到集合 $\boldsymbol{\Psi}$ 的投影，视为对如下最小二乘问题的求解过程，即

$$\min_{\boldsymbol{w}} |\boldsymbol{w}^{\mathrm{H}}v - F_{\Lambda}(\varphi,\theta)|^2 \tag{4.72}$$

式中

$$\begin{cases}\boldsymbol{w}^{\mathrm{H}}=[w_{\varphi}^{\mathrm{H}} \quad w_{\theta}^{\mathrm{H}}] \\ \boldsymbol{v}=\begin{bmatrix}-\mathrm{j}v_{\varphi} & \mathrm{j}v_{\varphi} \\ v_{\theta} & v_{\theta}\end{bmatrix} \\ v_{\varphi}=f_{\varphi}(\varphi,\theta)\mathrm{e}^{-\frac{2\pi}{\lambda}\boldsymbol{s}\cdot\boldsymbol{p}_{mn}} \\ F_{\Lambda}(\varphi,\theta)=[F_{\text{RHCP}}(\varphi,\theta) \quad F_{\text{LHCP}}(\varphi,\theta)] \\ =[F_{\text{co\_polarization}}(\varphi,\theta) \quad F_{\text{cross\_polarization}}(\varphi,\theta)]\end{cases} \tag{4.73}$$

问题的解为

$$\boldsymbol{w}=(\boldsymbol{v}\boldsymbol{v}^{\mathrm{H}})^{-1}\boldsymbol{v}F_{\Lambda}^{\mathrm{H}}(\varphi,\theta) \tag{4.74}$$

因此有 $F_{\Psi}(\varphi,\theta)=\boldsymbol{w}^{\mathrm{H}}\boldsymbol{v}$。

这里，值得注意的是，该算法经过若干次迭代以后，虽然可以满足式(4.70)的约束要求，但却可能不是优化问题的全局最优点，而是一个局部最优点。这可由图 4.15 看出：如果初始点选择为 w_0'，经过迭代，最后收敛到 w_{opt}'，显然这不是优化所希望得到的值，而仅仅是一个局部最优点；如果初始点选择为 w_0，那么通过迭代以后，可以得到全局最优点。所以，初始值的选择对于该算法也有较大的影响，即不同的初始值可能会收敛于不同的解。从方向图综合的角度来说，这些

不同的局部最优解一般来说仍然是可以接受的，即它们也可以满足式(4.70)的约束条件。在下一节的仿真中，将会通过具体的实验及其结果来加以说明。

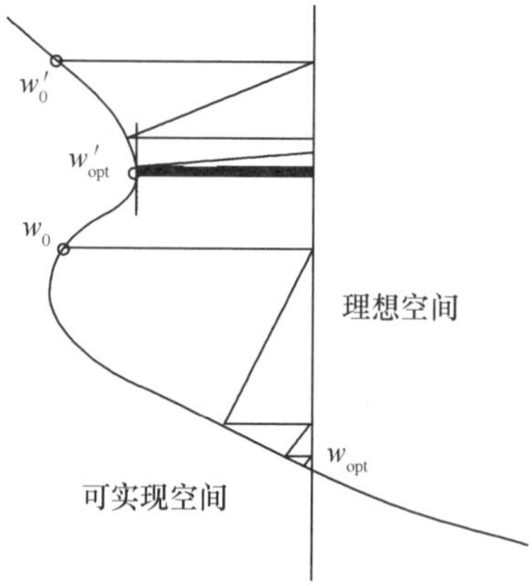

图 4.15　交集逼近方法的局部最优解

为了检验交集逼近算法的有效性和实用性，本节对该算法进行了仿真。仿真中，仍使用 7×10 圆柱共形阵。

实验中，分别选择了三个不同的初始值进行迭代：第一组初始权值是均匀加权的权矢量；第二组初始权值是满足 $\boldsymbol{w}_{\text{start}}^{\text{H}}\boldsymbol{v}=F_{\Lambda}(\varphi,\theta)$ 的最小二乘解；第三组初始权值是正态分布的复随机权矢量。每一组权矢量在进行迭代前均进行了归一化处理，经过迭代以后，得到了各自对应的最优化的权值。和前面的实验一样，优化后的波束方向图和等高线图，通过右旋圆极化和左旋圆极化分量方向图给出。实验中的迭代次数均为 20。

仿真中，对理想的方向图作如下的约束

$$
\begin{aligned}
&F_{\text{co-polarization}}(\varphi,\theta)=0\text{dB},0^\circ<\theta<10^\circ\\
&F_{\text{co-polarization}}(\varphi,\theta)=-20\text{dB},10^\circ<\theta<90^\circ\\
&F_{\text{cross-polarization}}(\varphi,\theta)=-20\text{dB},\text{其他角度}
\end{aligned}
\tag{4.75}
$$

即要求共极化分量的方向图具有 10°的主瓣宽度，共极化分量的旁瓣电平和交叉极化分量的电平均需低于 -20dB。

同 4.3 节一样，再一次使用式(4.59)中的方向余弦对方向图进行描述。

从图 4.16 到图 4.18，给出了三种不同初始权值情况下，通过交集逼近算法优化得到的三维方向图及其等高线图。从图中可以看出，由式(4.57)中给出的阵元方向图，经过优化以后得到的阵列方向图在 $\varphi=90^\circ$ 和 $\varphi=270^\circ$ 方向上分别有两个峰值；并且，从图 4.16 中可以看出，以均匀加权为初始值的优化结果，并没有达到预先设定的约束条件；然而，从图 4.17 和图 4.18 中可以看到，那两个峰值在最小二乘解为初始值和正态分布为初始值的情况下，被很好地抑制，同时并没有对共极化分量中的主瓣产生不良影响。

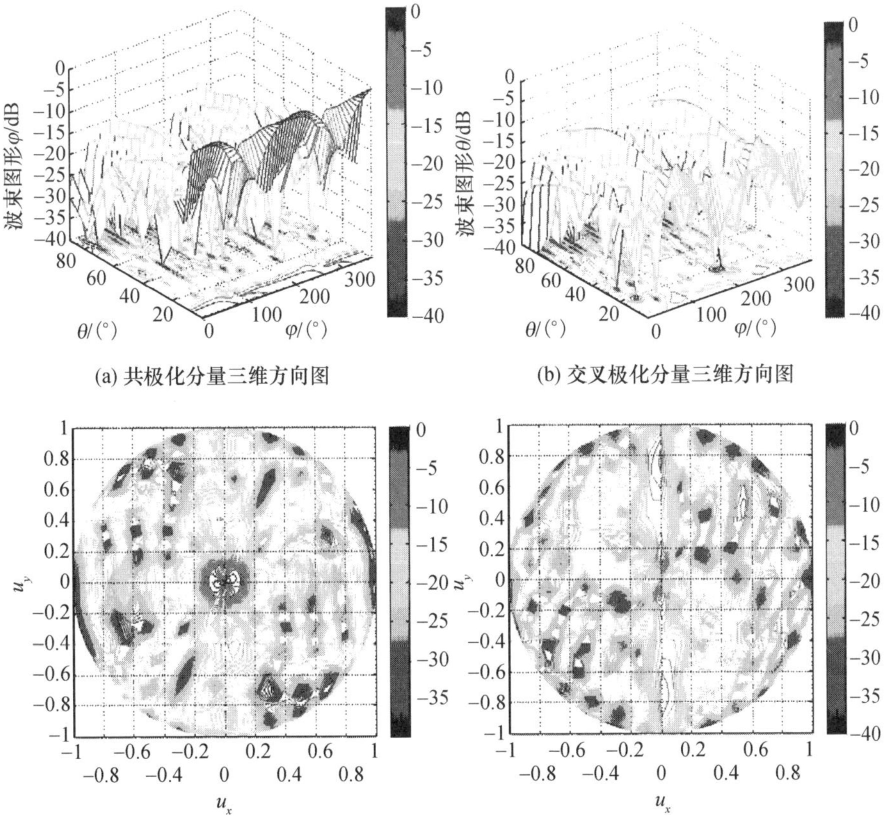

(a) 共极化分量三维方向图　(b) 交叉极化分量三维方向图

(c) 共极化分量等高线图(方向余弦)　(d) 交叉极化分量等高线图(方向余弦)

图 4.16　7×10 柱面阵交集逼近算法优化方向图(均匀权值为初始值)(见彩图)

从图 4.17 和图 4.18 中可以观察到,以最小二乘解和正态分布随机变量为初始值进行优化以后的方向图,在共极化分量 $\theta=0°$(对于所有方位角)上,形成了主瓣;该分量的旁瓣和交叉极化分量的电平值均低于 −20dB。这里,虽然仅在圆柱共形阵列上使用交集逼近算法进行了仿真实验,然而由于该算法不受阵列流形的影响和限制,因此可以将其推广到更为一般的矢量传感器阵列方向图的优化上。

正如本节指出的一样,对于交集逼近算法,不同的初始值会产生出不同的优化权值。从图 4.16 到图 4.18 可以知道,以最小二乘解和正态分布随机变量为初始值所产生的优化方向图,比均匀加权为初始值得到的方向图,更加符合期望方向图的要求。

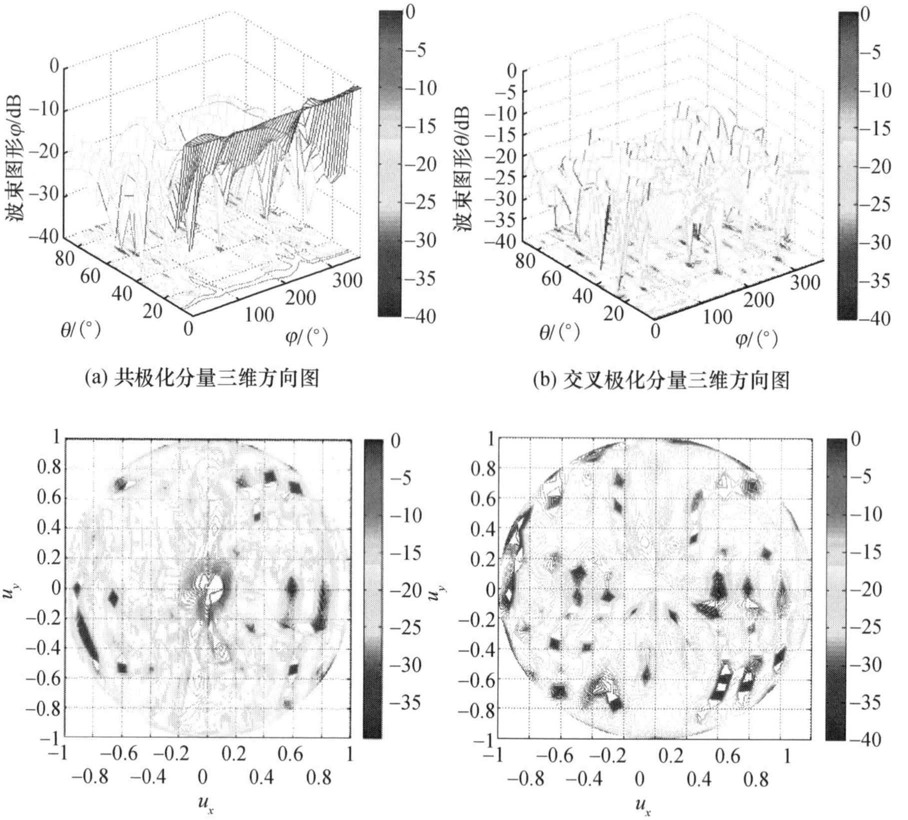

(a) 共极化分量三维方向图　(b) 交叉极化分量三维方向图

(c) 共极化分量等高线图（方向余弦）　(d) 交叉极化分量等高线图（方向余弦）

图 4.17　7×10 柱面阵交集逼近算法优化方向图(最小二乘解权值为初始值)

在图 4.19 中,给出了三种初始值迭代情况下,平均误差的变化情况。这里,平均误差定义为迭代产生的方向图和理想方向图之差的 Frobenius 范数在采样点集合中的平均值。从图中可以看出,在 20 次迭代后,三个迭代过程均快速地收敛。以最小二乘解和正态分布随机变量为初始值时,迭代过程中的平均误差,比均匀加权为初始值的迭代过程要小;二者在经过 20 次迭代以后,平均误差均低于 0.01。

另外一个值得注意的问题是,经过优化后,三种情况下的方向图具有不同的能量值:均匀加权为初始值的方向图最终能量值为 7.8958;最小二乘解为初始值的方向图最终能量值为 8.1698;正态分布复随机矢量为初始值的方向图最终能量值为 8.7378。

虽然通过均匀加权矢量为初始值得到的方向图具有最小的能量,然而从上

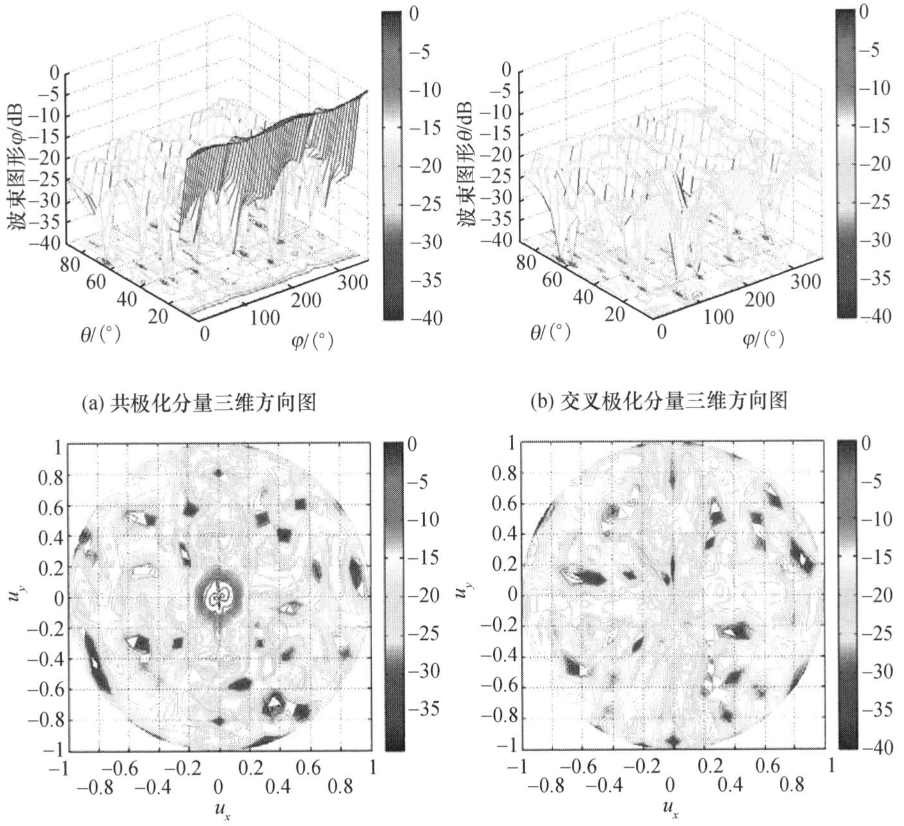

(a) 共极化分量三维方向图　　(b) 交叉极化分量三维方向图

(c) 共极化分量等高线图（方向余弦）　　(d) 交叉极化分量等高线图（方向余弦）

图4.18　7×10柱面阵交集逼近算法优化方向图(正态分布权值为初始值)

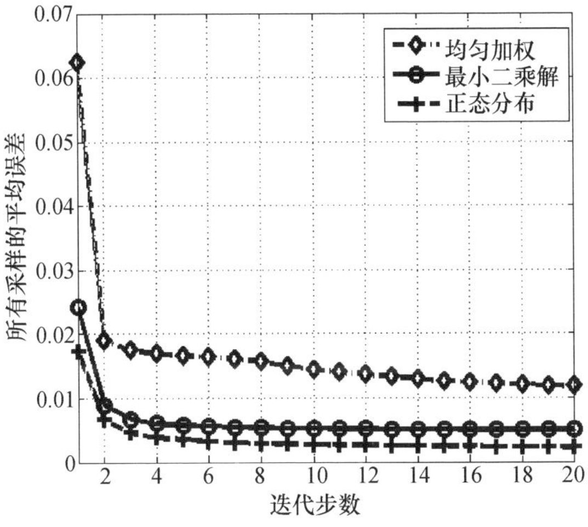

图4.19　期望方向图与迭代方向图的平均误差

面给出的实验结果可以看出,以它为起点优化得到方向图,和其他两种初始值相比,未能满足期望的约束条件。最小二乘解初始值优化得到的方向图既满足事先施加的限制条件,又能产生一个能量适中的方向图(由于能量限制是许多共形阵列载体的一个重要的关注点,因此阵列总的能量必须予以充分的考虑)。鉴于随机权值初始化潜在的不稳定性,均匀加权初始值优化结果不能很好地满足约束条件,因此,可以选择 $\boldsymbol{w}_{\text{start}}^{\mathrm{H}}\boldsymbol{v}=\mathrm{F}_{\Lambda}(\varphi,\theta)$ 的最小二乘解作为交集逼近算法的初始值。

4.6 最优极化方向图综合算法

与标量阵列相比,电磁矢量传感器阵列具有控制波束图极化状态和增加阵列孔径的优势。为了获得具有期望空间能量密度和极化状态的极化波束方向图,需要联合设计波形极化状态和空间能量方向图。然而,为了获得所期望的阵列性能,需要使用较多的天线单元,这将影响系统的硬件成本和处理速度。为了减少天线单元的个数,本节将压缩感知理论的稀疏重建思想应用到极化波束方向图综合问题。

4.6.1 问题描述

假定一个电磁矢量阵列由 L 个位于 $x_l:1\leqslant l\leqslant L(x_l\in\mathbb{R}^3)$ 上的发射阵元组成,阵列中的每一个天线都由正交偶极子构成,且天线由波长为 λ、复包络为 $s(t)$ 的信号驱动。定义第 l 个天线上的 m 个偶极子的电流(或权)为

$$\boldsymbol{w}_l=[\boldsymbol{w}_l^{(1)}\quad \boldsymbol{w}_l^{(2)}\quad \cdots\quad \boldsymbol{w}_l^{(m)}]^{\mathrm{T}},1\leqslant l\leqslant L \tag{4.76}$$

把整个阵列的权矢量写成一个矢量形式 $\boldsymbol{w}$,即

$$\boldsymbol{w}=[\boldsymbol{w}_1^{\mathrm{T}}\quad \boldsymbol{w}_1^{\mathrm{T}}\quad \cdots\quad \boldsymbol{w}_1^{\mathrm{T}}]^{\mathrm{T}} \tag{4.77}$$

给定 L 个天线的位置 x_l($1\leqslant l\leqslant L$),令单位矢量 $\boldsymbol{r}=[\cos\phi\cos\theta\quad \cos\phi\sin\theta\quad \sin\phi]^{\mathrm{T}}$ 表示 $\mathbb{R}^3$ 中的空间方向,其中 $-\pi/2\leqslant\theta\leqslant\pi/2$ 为方位角,$0\leqslant\phi\leqslant2\pi$ 为俯仰角,因此阵列响应可以表示为

$$\boldsymbol{a}(\boldsymbol{r})=[\mathrm{e}^{-\mathrm{j}\psi_1(r)}\quad \mathrm{e}^{-\mathrm{j}\psi_2(r)}\quad \cdots\quad \mathrm{e}^{-\mathrm{j}\psi_l(r)}]^{\mathrm{T}} \tag{4.78}$$

式中:$\psi_l(r)=k\boldsymbol{r}\cdot\boldsymbol{x}_l$;$k=2\pi/\lambda$ 为波数。

针对每一个 $\boldsymbol{r}$, 选择

$$\begin{cases}\boldsymbol{r}_H=[-\sin\theta\quad \cos\theta\quad 0]^{\mathrm{T}}\\ \boldsymbol{r}_V=[-\cos\theta\sin\phi\quad -\sin\theta\sin\phi\quad \cos\phi]^{\mathrm{T}}\end{cases} \tag{4.79}$$

针对沿 $\boldsymbol{r}$ 传播的平面波,电场正交于由 $(\boldsymbol{r}_H,\boldsymbol{r}_V)$ 张成平面里的 $\boldsymbol{r}$。采用的矢量天

线由正交电偶极子和磁偶极子构成,每一个矢量天线最多可以含有 6 个偶极子:沿着 x、y 和 z 轴的三个电偶极子和三个磁偶极子。在坐标系($\boldsymbol{r}_H,\boldsymbol{r}_V$)下,6 个偶极子在远场情况下具有如下响应[94]

$$\begin{cases}\boldsymbol{V}_x^{(E)}(\boldsymbol{r})=[-\sin\theta \quad -\cos\theta\sin\phi]\\ \boldsymbol{V}_x^{(M)}(\boldsymbol{r})=[-\cos\theta\sin\phi \quad \sin\theta]\\ \boldsymbol{V}_y^{(E)}(\boldsymbol{r})=[\cos\theta \quad -\sin\theta\sin\phi]\\ \boldsymbol{V}_y^{(M)}(\boldsymbol{r})=[-\sin\theta\sin\phi \quad -\cos\theta]\\ \boldsymbol{V}_z^{(M)}(\boldsymbol{r})=[\cos\phi \quad 0]\end{cases} \tag{4.80}$$

式中:$\boldsymbol{V}_x^{(E)}(\boldsymbol{r})$、$\boldsymbol{V}_y^{(E)}(\boldsymbol{r})$和 $\boldsymbol{V}_z^{(E)}(\boldsymbol{r})$分别表示指向 x 轴、y 轴和 z 轴的三个电偶极子的响应,相应地 $\boldsymbol{V}_x^{(M)}(\boldsymbol{r})$、$\boldsymbol{V}_y^{(M)}(\boldsymbol{r})$和 $\boldsymbol{V}_z^{(M)}(\boldsymbol{r})$分别为指向 x 轴、y 轴和 z 轴的三个磁偶极子的响应。按照所选择的第 i 个天线类型相应得到矢量天线响应 $\boldsymbol{V}_i(\boldsymbol{r})(i=1,2,\cdots,L)$。矢量阵列响应可表示为 $\boldsymbol{A}(\boldsymbol{r})=\boldsymbol{a}(\boldsymbol{r})\otimes\boldsymbol{V}(\boldsymbol{r})$,其中 $\boldsymbol{V}(\boldsymbol{r})=[\boldsymbol{V}_1(\boldsymbol{r})\boldsymbol{V}_2(\boldsymbol{r})\cdots\boldsymbol{V}_L(\boldsymbol{r})]^{\mathrm{T}}$。

因此,从阵列发射的归一化电磁场可以表示为

$$G(\boldsymbol{r})=\boldsymbol{w}^{\mathrm{H}}A(\boldsymbol{r})\boldsymbol{Q}(\alpha)\boldsymbol{W}(\beta) \tag{4.81}$$

式中:$\boldsymbol{Q}(\alpha)=\begin{bmatrix}\cos\alpha & \sin\alpha\\ -\sin\alpha & \cos\alpha\end{bmatrix}$和 $\boldsymbol{W}(\beta)=\begin{bmatrix}\cos\beta\\ \mathrm{j}\sin\beta\end{bmatrix}$为波形极化,角度 α 和 β 分别为极化椭圆的椭圆倾角和椭圆率角。

令从阵列发射的归一化电场为 $\boldsymbol{E}(\boldsymbol{r})=\boldsymbol{w}^{\mathrm{H}}A(\boldsymbol{r})$。为了控制波形极化,利用分别沿 H 和 V 方向的 $\boldsymbol{E}(r,H)$和 $\boldsymbol{E}(r,V)$分解 $\boldsymbol{E}(\boldsymbol{r})$,则

$$E(r,H)=\boldsymbol{w}^{\mathrm{H}}\boldsymbol{A}(r,H),E(r,V)=\boldsymbol{w}^{\mathrm{H}}\boldsymbol{A}(r,V) \tag{4.82}$$

沿 $\boldsymbol{r}$ 方向,$\boldsymbol{E}(r,H)$和 $\boldsymbol{E}(r,V)$之间的比率决定了波形极化状态,令 $\boldsymbol{Q}(\alpha)\boldsymbol{W}(\beta)=[g_1(\alpha,\beta) \quad g_2(\alpha,\beta)]^{\mathrm{T}}$ 则辐射能量可以表示为 $\|G(r)\|^2=\|E(r,H)g_1(\alpha,\beta)+E(r,V)g_2(\alpha,\beta)\|^2$。

本节主要目标是设计天线权矢量 $\boldsymbol{w}$,使阵列波束图性能满足如下条件:

(1) 在指向 $\boldsymbol{r}_0$方向的主波束具有期望的能量、极化状态和波束宽度。

(2) 尽可能地抑制感兴趣区域(定义为 S_r)内的旁瓣电平。

(3) 阵列使用尽可能少的天线阵元或天线元素。

4.6.2　算法描述

步骤 1　寻找一个稀疏权矢量。

考虑一个阵元间隔为 1/8 信号波长的均匀矢量阵列,阵列中每一个天线包含相同个数和空间指向的偶极子。然后根据抑制最大旁瓣电平的设计原则,同

时保证主波束能量和极化状态的优化准则选择一个权矢量，该权矢量可以通过求解如下凸问题得到

$$\begin{cases}\text{Minimizes } \| \boldsymbol{w} \|_1 \\ \text{Subject to } \| G(r_s) \|_2^2 \leqslant \tau;\ \forall r_s \in S_r \\ E(r_0) = \begin{bmatrix} \cos\alpha & -\sin\alpha \\ \sin\alpha & \cos\alpha \end{bmatrix} \begin{bmatrix} \cos\beta \\ \mathrm{j}\sin\beta \end{bmatrix} \\ G(r) = \boldsymbol{w}^{\mathrm{H}} \boldsymbol{A}(\boldsymbol{r}) \boldsymbol{Q}(\alpha) \boldsymbol{W}(\beta),\ \forall \boldsymbol{r} \end{cases} \tag{4.83}$$

式中：τ 为一个使由式(4.83)中权矢量所构成的波束图尽可能接近期望波束图的特定参数。为了描述方便，令式(4.83)中获得的权矢量 $\boldsymbol{w}$ 为原始权矢量。通过将此初始矢量中较小元素置零得到一个稀疏权矢量 $\boldsymbol{w}_s$。

步骤 2　创建一个稀疏矢量传感器阵列。

根据稀疏权矢量 $\boldsymbol{w}_s$ 非零元素位置设置天线或天线单元位置，以此创建稀疏矢量传感器阵列。

步骤 3　优化稀疏权矢量。

为了进一步提高稀疏权矢量所对应的极化波束方向图的性能，基于最小化综合波束方向图和期望波束方向图之差的准则，再次利用凸规划获得最优权矢量，该优化问题可以表示为

$$\begin{cases}\text{Minimizes max } \| \mathrm{F}(r_s) \|^2 \\ \text{Subject to } E(r_0) = \begin{bmatrix} \cos\alpha & -\sin\alpha \\ \sin\alpha & \cos\alpha \end{bmatrix} \begin{bmatrix} \cos\beta \\ \mathrm{j}\sin\beta \end{bmatrix} \\ G(r) = \boldsymbol{w}^{\mathrm{H}} \boldsymbol{A}(\boldsymbol{r}) \boldsymbol{Q}(\alpha) \boldsymbol{W}(\beta),\ \forall \boldsymbol{r} \end{cases} \tag{4.84}$$

从式(4.84)可以计算出最优权矢量。

以上三个步骤，可以从均匀电磁矢量传感器阵列中获得的最优稀疏矢量传感器阵列及相应极化波束图。与传统方法相比，所提方法获得的矢量阵列使用了更少的天线来逼近期望波束图，同时式(4.83)和式(4.84)都是凸的，可以直接采用凸优化工具包进行求解。

4.6.3　仿真实验及性能分析

本小节给出两个设计的仿真实例，首先展示了 p 维均匀矢量阵列，针对每一个 p，按照表 4.1 中的符号"√"选择偶极子，每一行中的符号"√"表明每一个天线中的某个偶极子单元被使用。为了表明不同维度上均匀矢量阵列中获得的稀疏矢量阵列性能(这里仅考虑 $p=3,6$ 的情况)，首先引入期望阵列的性能要求，即主波束指向$[\theta,\phi]=[45°,45°]$，且主波束宽度针对方位角和俯仰角均为 7°，

主波束极化状态为$[\alpha,\beta]=[-30°,45°]$。

表4.1 $p=3,6$ 时的矢量天线偶极子成分

	$V_x^{(E)}$	$V_y^{(E)}$	$V_z^{(E)}$	$V_x^{(M)}$	$V_y^{(M)}$	$V_z^{(M)}$
$p=3$	√	√	√	—	—	—
$p=6$	√	√	√	√	√	√

关于 $p=3$ 的情况,图4.20展示了一个由16个天线组成的三维矢量阵列的综合波束图,天线位置为

$$\{x_n:1\leqslant n\leqslant 16\}=\left\{\left[(m-3.5)\frac{\lambda}{2}\quad 0\quad 0\right]^{\mathrm{T}}:1\leqslant m\leqslant 3\right\}\cup \left\{\left[0\quad (m-3.5)\frac{\lambda}{2}\quad 0\right]^{\mathrm{T}}:5\leqslant m\leqslant 6\right\}\cup \left\{\left[0\quad (m-3.5)\frac{\lambda}{2}\quad 0\right]^{\mathrm{T}}:1\leqslant m\leqslant 4\right\}\cup\left\{\left[0\quad (m-3.5)\frac{\lambda}{2}\quad 0\right]^{\mathrm{T}}:m=6\right\}\cup \left\{\left[0\quad 0\quad (m-3.5)\frac{\lambda}{2}\right]^{\mathrm{T}}:1\leqslant m\leqslant 6\right\} \tag{4.85}$$

式中:第3、第8、第13和第14个天线中仅含有一个偶极子;第11和第16个天线中分别含有两个偶极子;其他天线均分别包含指向 x 轴、y 轴和 z 轴方向的三个电偶极子。从图4.20可以看出,当阵列孔径相同时,相对最大旁瓣的主波束能量增益为11.89dB,其性能与参考波束图[94]性能相当。此外,参考波束图[94]是使用一个由18个天线构成的矢量阵列所得到的,其天线阵元位置为

$$\{x_n:1\leqslant n\leqslant 18\}=\left\{\left[(m-3.5)\frac{\lambda}{2}\quad 0\quad 0\right]^{\mathrm{T}}:1\leqslant m\leqslant 6\right\}\cup \left\{\left[0\quad (m-3.5)\frac{\lambda}{2}\quad 0\right]^{\mathrm{T}}:1\leqslant m\leqslant 6\right\}\cup \left\{\left[0\quad 0\quad (m-3.5)\frac{\lambda}{2}\right]^{\mathrm{T}}:1\leqslant m\leqslant 6\right\} \tag{4.86}$$

每一个矢量天线均含有指向 x 轴、y 轴和 z 轴的三个电偶极子,因此所提算法共节省2个天线和10个电偶极子,即共节约16个偶极子。

图4.21给出了基于稠密均匀矢量阵列得到的空间能量波束图,其中均匀矢量阵列中的每一个天线均含有 $p=6$ 个天线偶极子。针对以上两种仿真场景,左边子图显示的是关于 θ 和 ϕ 的二维能量波束图,右边子图中的每一条曲线显示的均是 θ 固定时关于 ϕ 的能量波束图切面。图4.21可以看出相对最大旁瓣的主波束能量增益为11.94dB,几乎与参考波束图的一样,但所提方法节省了32个偶极子。

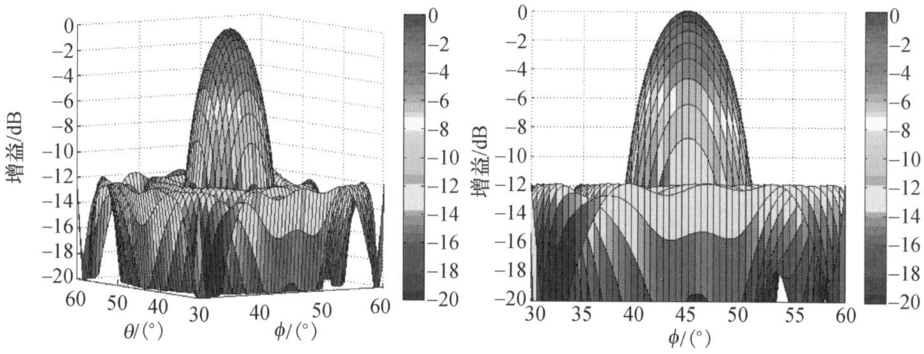

(a) 二维波束图　　(b) θ 固定时关于 ϕ 的能量波束图切面

图 4.20　均匀矢量阵列 $p=3$ 情况下获得的最优主波束能量增益(见彩图)

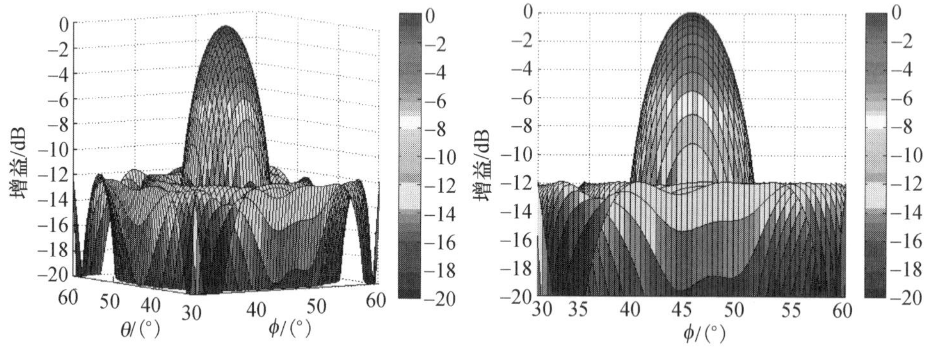

(a) 二维波束图　　(b) θ 固定时关于 ϕ 的能量波束图切面

图 4.21　均匀矢量阵列 $p=6$ 情况下获得的最优主波束能量增益(见彩图)

从仿真结果可以看出,凸规划和最优稀疏权矢量的组合可以有效减少电磁矢量传感器阵列接收单元使用量。

4.7　小　　结

本章首先给出了传统的阵列信号处理模型;分析了在具有复杂几何结构的共形阵列中,利用原有模型进行分析的困难之处及模型自身需要改进之处;接着,对经典的欧拉旋转矩阵分析方法进行了总结。从第 3 章的理论方法出发,利用几何代数这一的数学工具,得到了具有有向极化阵元的任意几何结构共形阵列的三维方向图,并将该方法和传统的分析方法进行了对比:新方法可以准确地计算出局部坐标系中的方位角和俯仰角;并且通过合成的转子实现了矢量在各坐标系中的转换过程，避免了繁琐晦涩的矩阵转换；最后，本章将提出的方法在柱面和锥面共形阵列上进行了仿真实验。

此外，对于任意流形的矢量传感器阵列，本章还介绍了基于凸优化理论，凸规划和最优稀疏权矢量结合，实现了矢量阵列的极化分集方法。

第5章 矢量传感器阵列参数估计

5.1 概　　述

在雷达、声纳、地震系统、电子侦察、医学诊断或医疗和射电天文等领域,波达角的估计是一类重要问题,通常被称为定向(Direction Finding,DF)估计或波达方向(DOA)估计。由于其应用的广泛性和最佳估计的复杂性,该问题在最近几十年获得了大量深入的研究,然而现有的大多数理论与应用都是基于标量天线阵列展开讨论的。自从 Compton 将极化这一矢量特性引入到阵列传感器以后,基于矢量传感器阵列的参数估计也拉开了帷幕。20 世纪 90 年代, Nehorai 和 Li 等学者在这方面进行了较为深入地研究,将标量阵列的 DOA 参数估计方法移植到矢量阵列上,并给出了相应的性能分析。2000 年左右,张量方法被引入到矢量传感器阵列的参数估计中。与空间到达角估计相比,信号极化状态的估计受到的关注程度较小,研究重点集中在极化对信号到达角估计性能的影响上。相对这些高维数据处理方法,传统的方法将高维阵列流形排列成矢量,故又称为长矢量方法。本章将就长矢量方法、张量方法、几何代数在矢量传感器阵列参数估计中的应用展开讨论。5.3 节和 5.4 节的主要内容均为本书作者最新的研究成果,在目前国内相关文献中尚属首例。

5.2　基于传统方法的估计及其性能分析

传统的矢量传感器参数估计方法将接收到的数据按长矢量进行排列,利用标量阵列 MUSIC 等算法直接进行处理。近年来,国内外学者在这方面进行了大量研究,其方法、应用背景、性能等各不相同,比如多重比相法、单电磁矢量传感器矢量叉积方法、波束空间 MUSIC 方法、多维 ESPRIT 方法,以及对于部分极化信号的一些 DOA 估计方法。本节就三种比较典型的方法展开讨论。

5.2.1　极化域 - 空域 MUSIC 联合谱估计

矢量阵列的波束扫描矢量与空间到达角和极化状态角均有关,它是极化矢

量与阵列流形矢量的 Kronecker 乘积，即

$$\boldsymbol{a}_{\mathrm{s,p}}(\theta,\varphi,\gamma,\eta)=\boldsymbol{a}_{\mathrm{p}}(\theta,\varphi,\gamma,\eta)\otimes\boldsymbol{a}_{\mathrm{s}}(\theta,\varphi) \tag{5.1}$$

$\boldsymbol{a}_{\mathrm{s}}(\theta,\varphi)$为阵列流形矢量，即

$$\boldsymbol{a}_{\mathrm{s}}(\theta,\varphi)=[1 \quad q \quad q^2 \quad L \quad q^{N-1}]^{\mathrm{T}} \tag{5.2}$$

式中：$q=\exp\left(\mathrm{j}\,\dfrac{2\pi}{\lambda}d\sin\theta\sin\varphi\right)$为相邻阵元之间的空间相位延迟；$\boldsymbol{a}_{\mathrm{p}}(\theta,\varphi,\gamma,\eta)$为极化矢量

$$\begin{aligned}\boldsymbol{a}_{\mathrm{p}}(\theta,\varphi,\gamma,\eta)&=\begin{bmatrix}\cos\theta\cos\varphi & -\sin\varphi\\ \cos\theta\sin\varphi & \cos\varphi\end{bmatrix}\begin{bmatrix}\sin\gamma\mathrm{e}^{\mathrm{j}\eta}\\ \cos\gamma\end{bmatrix}\\ &=\boldsymbol{W}(\theta,\varphi)\cdot\boldsymbol{p}(\gamma,\eta)\end{aligned} \tag{5.3}$$

对于 K 个信号源，若各阵元上及每个阵元内各分量之间存在相互独立的高斯白噪声，则阵列的接收模型为

$$\boldsymbol{x}(t)=\sum_{k=1}^{K}\boldsymbol{s}_k\cdot\boldsymbol{s}_k(t)+\boldsymbol{n}(t) \tag{5.4}$$

不失一般性，固定 $\varphi=\eta=90°$，即将信号到达方向限制在 yoz 平面（若要进行二维到达角的估计——也就是同时估计入射信号的俯仰角和方位角，尽管线阵情况下电磁矢量传感器能够估计，但四维搜索的运算量过大），矢量阵列扫描矢量简化为

$$\boldsymbol{a}_{\mathrm{s,p}}(\theta,\gamma)=\boldsymbol{a}_{\mathrm{p}}(\theta,\gamma)\otimes\boldsymbol{a}_{\mathrm{s}}(\theta) \tag{5.5}$$

式中

$$\boldsymbol{a}_{\mathrm{s}}(\varphi)=[1 \quad \mathrm{e}^{\mathrm{j}\frac{2\pi}{\lambda}d\sin\varphi} \quad \cdots \quad \mathrm{e}^{\mathrm{j}\frac{2\pi(N-1)}{\lambda}d\sin\varphi}]^{\mathrm{T}} \tag{5.6}$$

$$\boldsymbol{a}_{\mathrm{p}}(\gamma)=[-\cos\gamma \quad \mathrm{j}\cos\theta\sin\gamma]^{\mathrm{T}} \tag{5.7}$$

因此，极化域不像空域和时域那样具有单独的分辨能力。可以定义两信号在空间－极化联合域中的距离为

$$d_{\mathrm{ps}}(s_1,s_2)=\begin{cases}\sqrt{\Delta\theta^2+\Delta\gamma^2}, & \Delta\theta\neq 0\\ 0, & \Delta\theta=0\end{cases} \tag{5.8}$$

假设有 M 个独立的同频信号源入射到矢量阵列上，当信号源数目未知时需要进行源数估计（利用 AIC 准则或 MDL 准则）。阵元数目为 N，$\boldsymbol{A}$ 为阵列信号导向矢量矩阵，$\boldsymbol{A}=[\boldsymbol{a}_1(\theta_1,\gamma_1) \quad \boldsymbol{a}_2(\theta_2,\gamma_2) \quad \cdots \quad \boldsymbol{a}_M(\theta_M,\gamma_M)]$，阵列输出协方差矩阵定义为 $\boldsymbol{R}_x$，对其进行如下特征分解

$$\boldsymbol{R}_x=\boldsymbol{U}\boldsymbol{\Lambda}\boldsymbol{U}^{\mathrm{H}}=\sum_{i=1}^{2N}\lambda_i\boldsymbol{u}_i\boldsymbol{u}_i^{\mathrm{H}} \tag{5.9}$$

式中：$\boldsymbol{\Lambda}=\mathrm{diag}\{\lambda_1,\lambda_2,\cdots,\lambda_M,\lambda_{M+1},L,\lambda_{2N}\}$，最小的 $2N-M$ 个特征值均为阵列接收噪声强度，即 $\lambda_{M+1}=\cdots=\lambda_{2N}=\sigma^2$。$M$ 个大的特征值对应的特征矢量张成

了信号子空间$\langle \boldsymbol{S} \rangle = \mathrm{span}\{\boldsymbol{U}_S\}$，$2N-M$个小特征值对应的特征矢量构成噪声子空间$\langle \boldsymbol{N} \rangle = \mathrm{span}\{\boldsymbol{U}_N\}$，式中$\boldsymbol{U}_S = [\boldsymbol{u}_1\ \boldsymbol{u}_2 \cdots \boldsymbol{u}_M]$；$\boldsymbol{U}_N = [\boldsymbol{u}_{M+1} \cdots \boldsymbol{u}_{2N}]$。阵列信号矢量张成的子空间与信号子空间相同，并且与噪声子空间正交，二者之间的关系为

$$\begin{cases} \mathrm{span}\{\boldsymbol{A}\} = \mathrm{span}\{\boldsymbol{U}_S\} \\ \mathrm{span}\{\boldsymbol{A}\} \perp \mathrm{span}\{\boldsymbol{U}_N\} \end{cases} \tag{5.10}$$

定义 MUSIC 零谱为阵列扫描波束矢量在噪声子空间投影的长度平方，即

$$\begin{aligned} Z_{\mathrm{MUSIC}}(\theta,\gamma) &= \boldsymbol{a}(\theta,\gamma)^{\mathrm{H}} \boldsymbol{U}_N \boldsymbol{U}_N^{\mathrm{H}} \boldsymbol{a}(\theta,\gamma) \\ &= \| \boldsymbol{a}(\theta,\gamma) \|^2 - \sum_{i=1}^{M} | \boldsymbol{a}(\theta,\gamma)^{\mathrm{H}} \boldsymbol{u}_i |^2 \end{aligned} \tag{5.11}$$

由式(5.11)可以看出，空间到达角对极化接收的影响，因此$\| \boldsymbol{a}(\theta,\gamma) \|^2 \leqslant 1$。并且对于任意空间到达角和任意极化的信号，$Z_{\mathrm{MUSIC}}(\theta,\gamma) \geqslant 0$。特别地，对于$M$个信号，有$\boldsymbol{a}(\theta_m,\gamma_m) \in \mathrm{span}\{\boldsymbol{E}_S\}$，MUSIC 零谱在信号位置上取得局部极小值。

实际应用中，阵列的协方差矩阵往往仅能够通过一系列采样数据$\{x_k\}_{k=1}^{K}$进行最大似然估计，即

$$\hat{\boldsymbol{R}}_x = \frac{1}{K} \sum_{k=1}^{K} \boldsymbol{x}_k \boldsymbol{x}_k^{\mathrm{H}} \tag{5.12}$$

式中K为采样点数。然后，对估计得到的阵列协方差矩阵进行特征分解

$$\hat{\boldsymbol{R}}_x = \sum_{i=1}^{2N} \hat{\lambda}_i \hat{u}_i \hat{u}_i^{\mathrm{H}} \tag{5.13}$$

得到估计的信号子空间特征矢量$\hat{\boldsymbol{U}}_S$和噪声子空间特征矢量$\hat{\boldsymbol{U}}_N$，计算估计的零谱为

$$\hat{Z}_{\mathrm{MUSIC}}(\theta,\gamma) = \| \boldsymbol{a}(\theta,\gamma) \|^2 - \sum_{i=1}^{M} | \boldsymbol{a}(\theta,\gamma)^{\mathrm{H}} \hat{\boldsymbol{u}}_i |^2 \tag{5.14}$$

根据最优化搜索的方法得到估计零谱的M个极小值，这些极小值的位置$(\hat{\theta}_m,\hat{\gamma}_m)$为信号源到达角和极化角的估计。为了方便起见，通常用零谱的倒数来搜索其M个极大值。

定义 MUSIC 联合谱为零谱的倒数，即

$$\begin{aligned} P_{\mathrm{MUSIC}}(\theta,\gamma) &= \frac{1}{\| \boldsymbol{a}(\theta,\gamma)^{\mathrm{H}} \hat{\boldsymbol{U}}_N \|^2} \\ &= \frac{1}{\| \boldsymbol{a}(\theta,\gamma) \|^2 - \sum_{i=1}^{M} | \boldsymbol{a}(\theta,\gamma)^{\mathrm{H}} \hat{\boldsymbol{u}}_i |^2} \end{aligned} \tag{5.15}$$

式中：$\| \cdot \|$为 Frobenius 范数。

在 MUSIC 联合谱中，利用了全部的噪声特征矢量，因此 MUSIC 联合谱非常

平滑,且信号矢量位置上峰值非常尖锐。

为了验证联合谱的性能,下面给出了仿真实验及其结果。仿真条件如下:由全极化阵元构成的均匀直线阵(如上所述,固定 $\varphi=90°, \eta=90°$)。阵元数 $M=8$,阵元间距 $d=\dfrac{\lambda}{2}$,噪声方差 $\sigma^2=1$,所有信号的信噪比为 SNR = 0dB,采样点数 $N=10$,信号空间到达角 $\theta\in[0,60°]$,极化状态角 $\gamma\in[0,90°]$。同时为了验证联合谱分辨的特性,来波参数按下面三种情况设置:

(1) 到达角与极化角均不相同(图5.1),即 $(\theta_1,\gamma_1)=(15°,45°)$,$(\theta_2,\gamma_2)=(30°,10°)$。

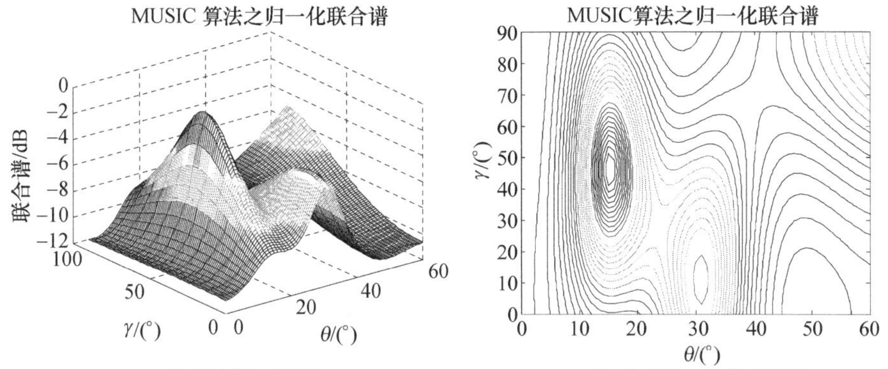

(a) 联合谱三维图　　(b) 联合谱二维等高线图

图5.1 到达角与极化角均不相同时的联合谱(见彩图)

(2) 到达角不同,极化角相同(图5.2)即 $(\theta_1,\gamma_1)=(15°,45°)$、$(\theta_2,\gamma_2)=(30°,45°)$。

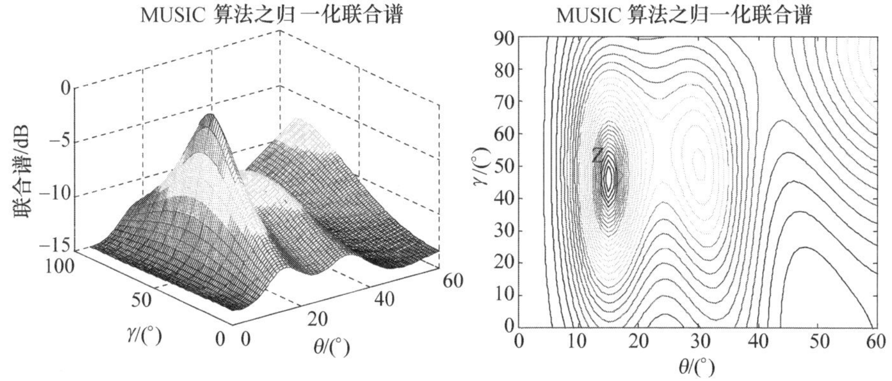

(a) 联合谱三维图　　(b) 联合谱二维等高线图

图5.2 到达角不同,极化角相同时的联合谱

（3）到达角相同，极化角不同（图 5.3），即$(\theta_1,\gamma_1)=(15°,45°)$、$(\theta_2,\gamma_2)=(15°,10°)$。

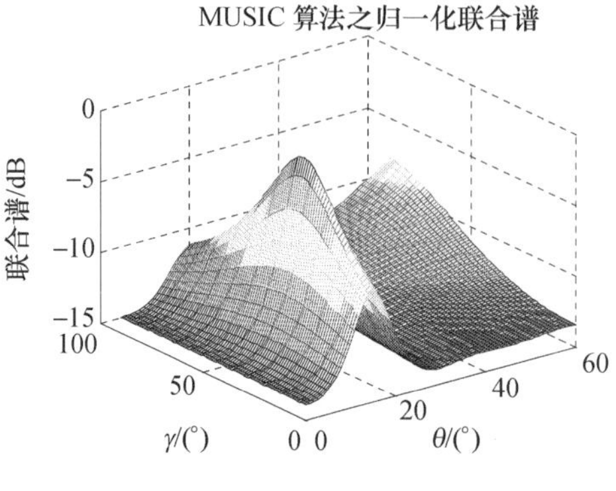

(a) 联合谱三维图

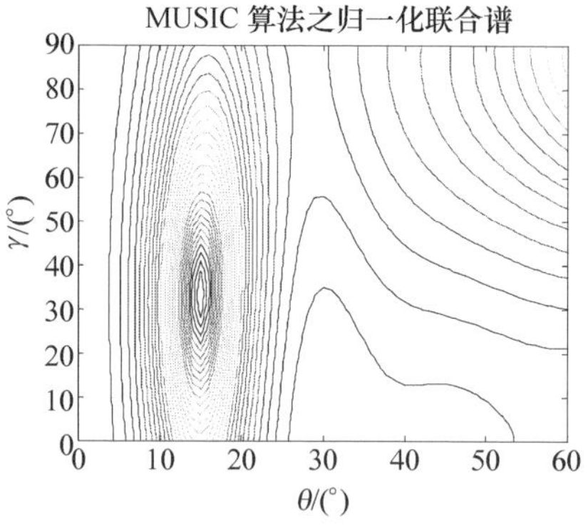

(b) 联合谱二维等高线图

图 5.3　到达角相同，极化角不同时的联合谱

对比图 5.1 和图 5.2 可知，到达角不同的情况下，极化的差异可以增加信号的空间－极化域中的距离，提高分辨力。由图 5.3 可知，到达角相同时，极化的不同在本算法中也不能分辨。另外，本算法需要进行（高维）搜索，耗时较大，可以考虑将方向角参数和极化参数进行解耦，或其他简化方法。

5.2.2　基于 ESPRIT 二维角度与极化参数估计

考虑一个 $L\times L$ 的均匀面阵，如图 5.4 所示。每个阵元都具有三个正交的电偶极子和三个正交的电流圆环，构成全极化矢量传感器。x 和 y 方向上的阵元间距均为 $\frac{\lambda}{2}$，第 l 个源信号参数范围为：方位角 $\varphi_l\in[0,2\pi)$，俯仰角 $\theta_l\in\left[0,\frac{\pi}{2}\right)$，极化幅度角 $\gamma_l\in\left[0,\frac{\pi}{2}\right)$ 和极化相位差角 $\eta_l\in[-\pi,\pi)$。

若设定本征阻抗为 1，则第 l 个源信号的极化导向矢量为

$$\boldsymbol{u}_l=\begin{bmatrix}\sin\gamma_l\cos\theta_l\cos\varphi_l e^{j\eta_l}-\cos\gamma_l\sin\varphi_l\\ \sin\gamma_l\cos\theta_l\cos\varphi_l e^{j\eta_l}+\cos\gamma_l\cos\varphi_l\\ -\sin\gamma_l\sin\theta_l e^{j\eta_l}\\ -\cos\gamma_l\cos\theta_l\cos\varphi_l-\cos\gamma_l\sin\varphi_l e^{j\eta_l}\\ -\cos\gamma_l\cos\theta_l\sin\varphi_l+\sin\gamma_l\sin\varphi_l e^{j\eta_l}\\ \cos\gamma_l\sin\theta_l\end{bmatrix}\tag{5.16}$$

第 l 个源信号在阵元的$\left(\frac{(m-1)\lambda}{2},\frac{(n-1)\lambda}{2}\right)$（或第 mn 个阵元）响应为 $x^l=$

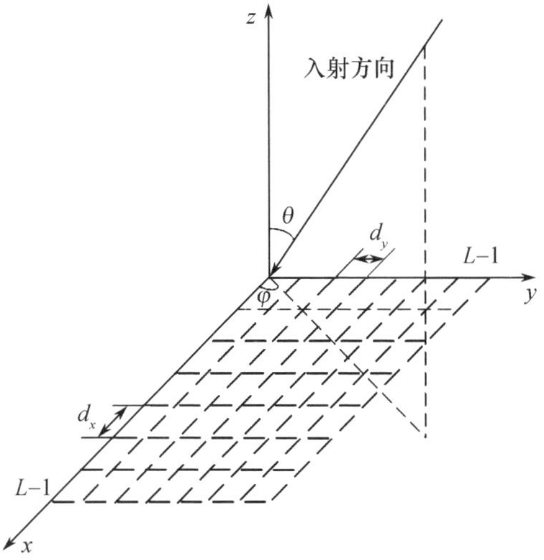

图 5.4　$L\times L$ 均匀面阵

$[x_{mn}^l]$,即有

$$\begin{cases}x_{mn}^l = u_l s_l(t) p_l^{m-l} q_l^{n-l} \\ s_l(t) = A_l \mathrm{e}^{\mathrm{j}(\omega_l t + \hat{\varphi}_l)} \\ p_l = \mathrm{e}^{\mathrm{j}\pi\sin\theta_l\cos\varphi_l} \\ q_l = \mathrm{e}^{\mathrm{j}\pi\sin\theta_l\sin\varphi_l}\end{cases} \tag{5.17}$$

式中:A_l、ω_l和$\hat{\varphi}_l$为第 l 个信源的幅度、频率和初始相位。对于 K 个源信号有

$$x_{mn}(t) = \sum_l^K x_{mn}^l(t) + n_{mn}(t) \tag{5.18}$$

式中:$n_{mn}(t)$为高斯白噪声。对于阵列来说,可以表示为矢量形式

$$\boldsymbol{x}(t) = [\boldsymbol{x}_{11}^{\mathrm{T}} \quad \cdots \quad \boldsymbol{x}_{1L}^{\mathrm{T}} \quad \boldsymbol{x}_{21}^{\mathrm{T}} \quad \cdots \quad \boldsymbol{x}_{2L}^{\mathrm{T}} \quad \cdots \quad \boldsymbol{x}_{L1}^{\mathrm{T}} \quad \cdots \quad \boldsymbol{x}_{LL}^{\mathrm{T}}] \tag{5.19}$$

于是有阵列接收模型

$$\boldsymbol{x}(t) = \boldsymbol{A}\boldsymbol{s}(t) + \boldsymbol{n}(t) \tag{5.20}$$

式中:$\boldsymbol{s}(t) = [s_1(t) \quad s_2(t) \quad \cdots \quad s_K(t)]$为 K 个源信号。

$$\boldsymbol{A} = \begin{bmatrix}\boldsymbol{r}_{11}^{\mathrm{T}} & \cdots & \boldsymbol{r}_{K1}^{\mathrm{T}} \\ \vdots & \ddots & \vdots \\ \boldsymbol{r}_{1L}^{\mathrm{T}} & \cdots & \boldsymbol{r}_{KL}^{\mathrm{T}}\end{bmatrix} \tag{5.21}$$

$$\boldsymbol{r}_{i,j} = [\boldsymbol{u}_i^{\mathrm{T}} p_i^{j-1} \quad \boldsymbol{u}_i^{\mathrm{T}} p_i^{j-1} q_i \quad \cdots \quad \boldsymbol{u}_i^{\mathrm{T}} p_i^{j-1} q_i^{L-1}]^{\mathrm{T}}$$

式中:$\boldsymbol{A}$ 为信号导向矢量。

和常规的算法一样,本算法的出发点是协方差矩阵的特征分解,估计出信号

子空间，即

$$\boldsymbol{R}=E\{\boldsymbol{x}(t)\boldsymbol{x}^{\mathrm{H}}(t)\}=\boldsymbol{A}\boldsymbol{R}_{\mathrm{s}}\boldsymbol{A}^{\mathrm{H}}+\sigma^{2}\boldsymbol{I} \tag{5.22}$$

式中：$\boldsymbol{R}$ 的 K 个最大的特征值对应的特征矢量张成信号子空间。用这些 K 个特征矢量组成矩阵 $\boldsymbol{U}_S\in\mathbb{C}^{6L^2\times K}$，存在唯一的非奇异矩阵 $\boldsymbol{T}$ 满足 $\boldsymbol{U}_S=\boldsymbol{A}\boldsymbol{T}$。

接下来通过 $\boldsymbol{U}_S$构造三组旋转不变矩阵，分别对 x、y 和极化上的参数进行估计。

构造两个 $6L(L-1)\times K$ 矩阵 $\boldsymbol{U}_1$和 $\boldsymbol{U}_2$，$\boldsymbol{U}_1$为 $\boldsymbol{U}_S$去掉最后 $6L$ 行得到的矩阵，$\boldsymbol{U}_2$为 $\boldsymbol{U}_S$去掉最前面 $6L$ 行得到的矩阵。由于 $\boldsymbol{E}_S=\boldsymbol{A}\boldsymbol{T}$，有

$$\begin{cases}\boldsymbol{U}_{p_1}=\boldsymbol{A}_{p_1}\boldsymbol{T}\\ \boldsymbol{U}_{p_2}=\boldsymbol{A}_{p_2}\boldsymbol{\Phi}_P\boldsymbol{T}\end{cases} \tag{5.23}$$

式中：$\boldsymbol{A}_{p_1}$由 $\boldsymbol{A}$ 中除去最后 $6L$ 行所得到的矩阵，$\boldsymbol{\Phi}_P=\mathrm{diag}\{p_1,p_2,\cdots,p_k\}$。

于是有 $\boldsymbol{U}_{p_2}=\boldsymbol{U}_{p_1}\boldsymbol{T}^{-1}\boldsymbol{\Phi}_P\boldsymbol{T}=\boldsymbol{U}_{p_1}\boldsymbol{\Psi}_{\mathrm{p}}$，然后可以通过总体最小二乘法求出 $\boldsymbol{\Psi}_{\mathrm{p}}$，最后对 $\boldsymbol{\Psi}_{\mathrm{p}}$进行特征值分解，即可得到$\{p_1,p_2,\cdots,p_k\}$的估计。

类似地，可以求得 $\boldsymbol{\Psi}_{\mathrm{p}}$及 y 方向上旋转不变因子$\{q_1,q_2,\cdots,q_k\}$的估计。

接下来，注意到极化导向矢量第三个分量（电场的 z 分量）与第六个分量（磁场的 z 分量）之比为一个仅与极化相关的参数

$$d_k=\tan\gamma_k\mathrm{e}^{\mathrm{j}\eta_k} \tag{5.24}$$

分别取 $\boldsymbol{A}$ 和 $\boldsymbol{U}_S$的$(6(k-1)+3)$行构成 $\boldsymbol{A}_{d3}$和 $\boldsymbol{U}_{d3}$，$(6(k-1)+6)$行构成 $\boldsymbol{A}_{d6}$和 $\boldsymbol{U}_{d6}$，设矩阵 $\boldsymbol{\Phi}_d=\mathrm{diag}\{d_1,d_2,\cdots,d_k\}$有

$$\begin{cases}\boldsymbol{U}_{d6}=\boldsymbol{A}_{d6}\boldsymbol{T}\\ \boldsymbol{U}_{d3}=\boldsymbol{A}_{d6}\boldsymbol{\Phi}_{d3}\boldsymbol{T}\end{cases} \tag{5.25}$$

于是有 $\boldsymbol{U}_{d3}=\boldsymbol{U}_{d6}\boldsymbol{T}^{-1}\boldsymbol{\Phi}_d\boldsymbol{T}=\boldsymbol{U}_{d6}\boldsymbol{\Psi}_{\mathrm{p}}$，进而可以通过总体最小二乘法求出 $\boldsymbol{\Psi}_{\mathrm{p}}$，最后对 $\boldsymbol{\Psi}_{\mathrm{p}}$进行特征值分解，即可得到$\{d_1,d_2,\cdots,d_k\}$的估计。

不过这些分别得到的参数并非一一对应的，因此后续还需要进行相关的配对处理。由于三组旋转不变关系都用了相同的一个非奇异变换矩阵 T，利用它可以有多种方法进行配对。

通过$\{d_1,d_2,\cdots,d_k\}$中的 d_i的幅度取反正切可以估计出极化幅度角 γ_i，d_i的相位可以估计出极化相位角 η_i。

该算法适用于较大范围信噪比场景且具有很好的精度和稳定性。

5.2.3 单矢量传感器 DOA 估计

鉴于矢量阵元的特殊结构，特别是全极化阵元可以感知 3 个电场分量和 3 个磁场分量，使得单个矢量阵元也能进行 DOA 估计，并拥有其独特的优势。基于这方面的方法众多。本小节围绕矢量阵元最为独特且直接的“叉乘方法”展开。

如图 5.5 所示，由电磁场的基本知识可知，对于某个信源传播过来的电磁波，无论窄带还是宽带，电场和磁场所构成的平面始终与传播方向（即坡印廷矢量方向）垂直。

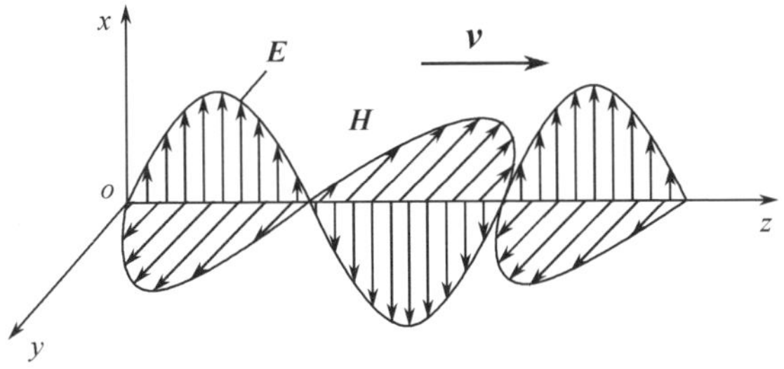

图 5.5　电磁波传播示意图

其数学表达式为

$$\boldsymbol{E}\times\boldsymbol{H}=\boldsymbol{S} \tag{5.26}$$

式中：$\boldsymbol{S}$ 为坡印廷矢量，与传播方向共线。

$$\begin{aligned}\boldsymbol{S}(t)&=\boldsymbol{E}(t)\times\boldsymbol{H}(t)\\&=\mathrm{Re}\{\mathrm{e}^{\mathrm{j}\omega_c t}\boldsymbol{\varepsilon}(t)\}\times\mathrm{Re}\{\mathrm{e}^{\mathrm{j}\omega_c t}\boldsymbol{h}(t)\}\\&=\frac{1}{2}\mathrm{Re}\{\boldsymbol{\varepsilon}(t)\times\bar{\boldsymbol{h}}(t)\}+\frac{1}{2}\mathrm{Re}\{\mathrm{e}^{\mathrm{j}2\omega_c t}\boldsymbol{\varepsilon}(t)\times\boldsymbol{h}(t)\}\end{aligned} \tag{5.27}$$

且有

$$\boldsymbol{S}_{av}=\frac{1}{2T}\int_0^T\mathrm{Re}\{\boldsymbol{\varepsilon}(t)\times\bar{\boldsymbol{h}}(t)\}\mathrm{d}t \tag{5.28}$$

本方法的接收矢量阵元流形可以参考式（5.16）。不过本方法不需要利用这些关系来解算各参数。这时存在两种方案：

（1）先求出 $\boldsymbol{S}_{av}$ 作为 $\boldsymbol{S}$ 的估计，再对其单位化取反后，可以求出方向矢量。

（2）求出不同时刻的 $\mathrm{Re}\{\boldsymbol{x}_E(t)\times\bar{\boldsymbol{x}}_H(t)\}$，并归一化，然后平均化处理作为 $\boldsymbol{u}$ 的估计。

显然，第一种方案对噪声的处理更为适当。综上所述，算法流程如下：

步骤 1：求取估计

$$\hat{\boldsymbol{s}}=\frac{1}{N}\sum_{t=1}^{N}\mathrm{Re}\{\boldsymbol{x}_E(t)\times\bar{\boldsymbol{x}}_H(t)\} \tag{5.29}$$

步骤 2：得到归一化估计

$$\hat{\boldsymbol{u}}=\frac{\hat{\boldsymbol{s}}}{\|\hat{\boldsymbol{s}}\|} \tag{5.30}$$

另外，可以通过把式（5.29）中的平均改为加权平均来进一步提升性能。还可以通过加滑动窗的方法动态地估计源信号的方向。

基于叉乘的单矢量传感器算法及其扩展形式，相对于传统的标量阵列参数估计有诸多优势：

（1）仅利用单个时间快拍即可进行 DOA 估计。

（2）算法实现简单且可以用于实时估计。

（3）可用于多种信号，窄带、宽带都行。

（4）由于不需要利用时延进行估计，从而避免了各阵元之间的时间同步。

本节介绍了一系列基于矢量天线的传统处理方法，并给出了它们相对于标量天线的优势。正是由于引入了更多的信息量，使得估计极化参数成为可能，并对 DOA 参数的估计也有帮助。然而，从本节介绍的 MUSIC 算法和 ESPRIT 算法中的接收模型可以看出，它们都是把高维的数据简单地排列成低维进行处理的，若要深入挖掘矢量阵列更进一步的优势，有必要引入新的数学工具。

5.3 基于张量代数的参数估计及其性能分析

5.3.1 基于 CPD 算法的矢量传感器参数估计

张量的秩一分解中应用最为广泛的是典范分解（Canonical Polyadic Decomposition，CPD）方法，其源自心理测量学领域[101]，在语音学[102]和化学计量学[103]也得到了深入研究；在信号处理领域，进入 20 世纪 90 年代后，基于高阶统计的信号处理方法成为新的热点，研究者发现多元高阶统计与高阶张量在本质上有互通之处，基于高阶统计的独立分量分析其实包含有张量的思想[104,105]。

在盲源分离领域，联合近似对角化（Joint Approximate Diagonalization，JAD）问题与 CPD 有相似关系，比如对于卷积混合信号的盲分离问题来说，寻找它的 JAD 在每一频率上的解可等价于拟合一个共轭 CPD[106]。CPD 的唯一性提供了有力的数学工具来处理盲源分离中的欠定问题，即当源信号数大于接收信号时，采用基于 CPD 的方法可以解出混合矩阵的传输函数。

阵列信号处理方面，把基于张量的数据处理方法与阵列流形结合起来，即将 CPD 引入二维面阵参数估计问题[107]，获得了良好的效果。CPD 方法相对于经典 DOA 估计方法的优势主要体现在以下两个方面：

（1）充分挖掘了阵列流形的多旋转不变性，其适用范围比 ESPRIT 方法更广（事实上，ESPRIT 算法可视为 CPD 的特例）。

（2）CPD 的分解唯一性可以保证其参数估计的精度更高。

CPD 可以将一个张量分解为多个秩一张量的和，例如，对于一个 $I \times J \times K$ 维三阶张量 χ，有如下分解表达式

$$\chi = \sum_{r=1}^{R} \boldsymbol{a}_r \circ \boldsymbol{b}_r \circ \boldsymbol{c}_r \tag{5.31}$$

式中：∘为外积算符。进一步可写为按元素分解的表达式，即

$$x_{ijk} = \sum_{r=1}^{R} a_{ir} b_{jr} c_{kr} \tag{5.32}$$

如图 5.6 所示。

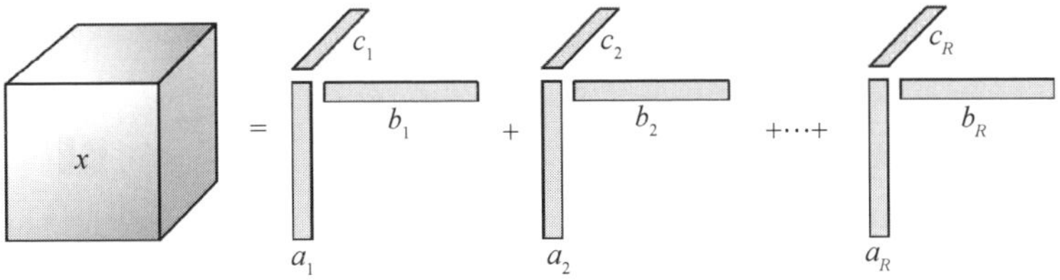

图 5.6 三阶张量的 CPD 模型

可将三阶 CPD 记为 $\chi = \| \boldsymbol{A}, \boldsymbol{B}, \boldsymbol{C} \|$。其中 $\boldsymbol{A}$、$\boldsymbol{B}$、$\boldsymbol{C}$ 的维数分别为 $I \times R$、$J \times R$、$K \times R$。

如果将张量矩阵化，则矩阵化后的 CPD 可写为

$$\begin{aligned} \boldsymbol{X}_{(1)} &= \boldsymbol{A}(\boldsymbol{C} \odot \boldsymbol{B})^{\mathrm{T}} \\ \boldsymbol{X}_{(2)} &= \boldsymbol{B}(\boldsymbol{C} \odot \boldsymbol{A})^{\mathrm{T}} \\ \boldsymbol{X}_{(3)} &= \boldsymbol{C}(\boldsymbol{B} \odot \boldsymbol{A})^{\mathrm{T}} \end{aligned} \tag{5.33}$$

式中：⊙为 Khatri – Rao 积，即列矢量 Kronecker 积为

$$\boldsymbol{A} \odot \boldsymbol{B} = [\boldsymbol{a}_1 \otimes \boldsymbol{b}_1 \ \boldsymbol{a}_2 \otimes \boldsymbol{b}_2 \cdots \boldsymbol{a}_K \otimes \boldsymbol{b}_K] \tag{5.34}$$

如果从张量的切片形式来考虑，又有三种对应的表达方式，例如从前后向切片方式考虑，有

$$\boldsymbol{X}_k = \boldsymbol{A} D_k(\boldsymbol{C}) \boldsymbol{B}^{\mathrm{T}}, k = 1, 2, \cdots, K \tag{5.35}$$

式中：$D_k(\boldsymbol{C})$ 为以 $\boldsymbol{C}$ 第 k 行元素组成的对角矩阵。

与矩阵分解不同，高阶张量分解的唯一性非常显著。“唯一性”表征了信号的可辨识性；对于矩阵的二维分解来说是不具有可辨识性的，例如对于一个秩为 R 的 $I \times J$ 维矩阵 $\boldsymbol{X}$ 来说，存在秩分解，即

$$\boldsymbol{X} = \boldsymbol{A}\boldsymbol{B}^{\mathrm{T}} = \sum_{r=1}^{R} \boldsymbol{a}_r \circ \boldsymbol{b}_r \tag{5.36}$$

若它的奇异值分解为 $\boldsymbol{U\Sigma V}^{\mathrm{T}}$，则存在如下两种等价选择：

(1) $\boldsymbol{A} = \boldsymbol{U\Sigma}$ 和 $\boldsymbol{B} = \boldsymbol{V}$。

(2) $\boldsymbol{A} = \boldsymbol{U\Sigma W}$ 和 $\boldsymbol{B} = \boldsymbol{VW}$，其中 $\boldsymbol{W}$ 为 $R \times R$ 维正交矩阵。

这说明除非加上诸如正交性等约束，否则矩阵分解不是唯一的。而对于 CPD，满足唯一性的要求则较易满足。

定义 1 Kruskal 秩。矩阵 $\boldsymbol{A}$ 的 Kruskal 秩定义为 $k_{\boldsymbol{A}}$，表示任意线性独立列组的最大数。由定义可知，矩阵 $\boldsymbol{A}$ 的任意 $k_{\boldsymbol{A}}$ 列都是线性独立的。

注意到 k_A 和 $\mathrm{rank}(\boldsymbol{A})$ 的区别，它们满足 $k_A < \mathrm{rank}(\boldsymbol{A})$。

定理 1　CPD 模型的唯一性。对于三阶 CPD 分解，在各列可以任意交换或做尺度变换的意义下，当满足 $k_A + k_B + k_C \geqslant 2K + 2$ 时，分解的唯一性可以得到保证。

任意的列交换和尺度变换，意味着这个分解除了尺度和置换不确定性外，在满足很弱的条件下，就可以保证唯一性。其中尺度不确定为

$$\begin{cases} \chi = \sum_{r=1}^{R} (\alpha_r \boldsymbol{a}_r) \circ (\beta_r \boldsymbol{b}_r) \circ (\gamma_r c_r) \\ \alpha_r \beta_r \gamma_r = 1 \end{cases} \tag{5.37}$$

置换不确定为 $\chi = [\![\boldsymbol{A}, \boldsymbol{B}, \boldsymbol{C}]\!] = [\![\boldsymbol{A\Pi}, \boldsymbol{B\Pi}, \boldsymbol{C\Pi}]\!]$，其中 $\boldsymbol{\Pi}$ 为 $R \times R$ 维置换矩阵。

一个关于 CPD 唯一性的充分条件为

$$k_A + k_B + k_C \geqslant 2R + 2 \tag{5.38}$$

式中：k_A 为矩阵 $\boldsymbol{A}$ 的 k - 秩，即最大任意线性独立列数，或者最小线性相关列数减一。当 $R = 2$ 或 3 时，这个条件也是必要条件。

更一般的必要条件是

$$\min\{\mathrm{rank}(\boldsymbol{A} \odot \boldsymbol{B}), \mathrm{rank}(\boldsymbol{A} \odot \boldsymbol{C}), \mathrm{rank}(\boldsymbol{B} \odot \boldsymbol{C})\} = R \tag{5.39}$$

从满足连续分布的信号中取出的相互独立的列组成的矩阵，以概率 1 具有满 k - 秩。如果三个矩阵都满足该条件，则唯一性的充分条件为

$$\min(I, R) + \min(J, R) + \min(K, R) \geqslant 2R + 2 \tag{5.40}$$

当分解矩阵加上 Vandermonde 约束时（这个约束在阵列信号处理中很常见），即假设 $\boldsymbol{A}$ 为由非零序列构成的 Vandermonde 矩阵，则有如下充分条件

$$k_B + \min(I + k_C, 2R) \geqslant 2R + 2 \tag{5.41}$$

此外，当满足以下条件时，一个给定的 CPD 是确定的

$$\begin{cases} R \leqslant K \\ R(R-1) \leqslant I(I-1)J(J-1)/2 \end{cases} \tag{5.42}$$

假设阵列为均匀线阵，以等间距 d 布置，为了估计来波方向 φ，首先对矢量传感器接收信号进行 CPD 分解，通过交替最小二乘（Alternating least Squares，ALS）算法得到方向矩阵的估计 $\hat{\boldsymbol{A}}$ 和极化矩阵的估计 $\hat{\boldsymbol{B}}$，然后用 LS 算法估计 DOA，最后用估计出的 DOA 和极化矩阵进行极化估计。

信号接收模型采用下式，即

$$\boldsymbol{Y} = \boldsymbol{D}\boldsymbol{S}^{\mathrm{T}} = (\boldsymbol{A} \odot \boldsymbol{B})\boldsymbol{S}^{\mathrm{T}}$$

$$=\begin{bmatrix} \boldsymbol{BD}_1(\boldsymbol{A}) \\ \boldsymbol{BD}_2(\boldsymbol{A}) \\ \vdots \\ \boldsymbol{BD}_M(\boldsymbol{A}) \end{bmatrix}[s(t_1) \quad s(t_2) \quad \cdots \quad s(t_N)] \tag{5.43}$$

式中：$\boldsymbol{A}$ 为导向矩阵，$\boldsymbol{B}$ 和 $\boldsymbol{S}$ 分别为极化和信源矩阵；$D_m(\boldsymbol{A}) = \mathrm{diag}\{\boldsymbol{A}(m,:)\} = \mathrm{diag}\{a_{m,1}, a_{m,2}, \cdots, a_{m,K}\}$ 为一个对角矩阵。

用切片形式表示为 $\boldsymbol{Y}_m = \boldsymbol{BD}_m(\boldsymbol{A})\boldsymbol{S}^{\mathrm{T}} (m=1,2,\cdots,M)$，在有噪声的情况下为

$$\tilde{\boldsymbol{Y}}_m = \boldsymbol{BD}_m(\boldsymbol{A})\boldsymbol{S}^{\mathrm{T}} + \boldsymbol{N}_m, m=1,2,\cdots,M \tag{5.44}$$

式中：$\boldsymbol{N}_m$ 为加性噪声切片。

可以写出 $\tilde{\boldsymbol{Y}}$ 中每一个元素的表示，即

$$\hat{y}_{m,p,n} = \sum_{k=1}^{K} a_{m,k} b_{p,k} s_{k,n} + n_{m,p,n} m = 1,2,\cdots,M, p = 1,2,\cdots,6, n = 1,2,\cdots,N \tag{5.45}$$

式中：$a_{m,k}$ 为导向矩阵 $\boldsymbol{A}$ 中的对应元素；$b_{p,k}$ 为极化矩阵 $\boldsymbol{B}$ 中的对应元素；$s_{k,n}$ 为信源矩阵 $\boldsymbol{S}$ 中的对应元素；$n_{m,p,n}$ 为噪声矩阵的对应元素。式(5.45)即为典型的 CPD 分解。

定义

$$\boldsymbol{g}_k = \left[0 \quad \frac{2\pi d\sin\varphi_k}{\lambda} \quad \cdots \quad \frac{2\pi(M-1)d\sin\varphi_k}{\lambda}\right]^{\mathrm{T}} \tag{5.46}$$

$\boldsymbol{g}_k$ 可由第 k 个信号的方向矢量 $\boldsymbol{a}_k$ 直接获得，对方向矩阵 $\boldsymbol{A}$ 进行估计，得到 $\hat{\boldsymbol{A}}$，进而得到 $\hat{\boldsymbol{g}}$，然后再利用最小二乘估计 $\hat{\varphi}_k$。

最小二乘拟合模型为

$$\boldsymbol{T}\boldsymbol{c} - \hat{\boldsymbol{g}}$$

$$=\begin{bmatrix} 1 & 0 \\ 1 & \dfrac{2\pi d}{\lambda} \\ \vdots & \vdots \\ 1 & (M-1)\dfrac{2\pi d}{\lambda} \end{bmatrix}\begin{bmatrix} c_0 \\ c_1 \end{bmatrix} \tag{5.47}$$

式中：c_0 为对 $\sin\varphi_k$ 的估计。易得 $\hat{c} = (\boldsymbol{T}^{\mathrm{T}}\boldsymbol{T})^{-1}\boldsymbol{T}^{\mathrm{T}}\hat{\boldsymbol{g}}$，则 DOA 估计为 $\hat{\varphi}_k = \arcsin(\hat{c}_1)$。

对方向矩阵的估计需要 CPD 分解算法，如三线性交替最小二乘(ALS)，由式(5.43)的空域分集表征，其最小二乘拟合满足，即

$$\min_{\boldsymbol{A},\boldsymbol{B},\boldsymbol{S}}\left\|\begin{bmatrix}\overline{\boldsymbol{Y}}_1\\ \vdots\\ \overline{\boldsymbol{Y}}_M\end{bmatrix}-\begin{bmatrix}\boldsymbol{B}\boldsymbol{D}_1(\boldsymbol{A})\\ \vdots\\ \boldsymbol{B}\boldsymbol{D}_M(\boldsymbol{A})\end{bmatrix}\boldsymbol{S}^{\mathrm{T}}\right\|_F \tag{5.48}$$

更新 $\boldsymbol{S}$ 矩阵

$$\hat{\boldsymbol{S}}^{\mathrm{T}}=\begin{bmatrix}\hat{\boldsymbol{B}}\boldsymbol{D}_1(\hat{\boldsymbol{A}})\\ \vdots\\ \hat{\boldsymbol{B}}\boldsymbol{D}_M(\hat{\boldsymbol{A}})\end{bmatrix}^{\dagger}\begin{bmatrix}\overline{\boldsymbol{Y}}_1\\ \vdots\\ \overline{\boldsymbol{Y}}_M\end{bmatrix} \tag{5.49}$$

同理,由时域分集表征 $\boldsymbol{Z}_n=\boldsymbol{A}\boldsymbol{D}_n(\boldsymbol{S})\boldsymbol{B}^{\mathrm{T}}, n=1,2,\cdots,N$,更新 $\boldsymbol{B}$ 矩阵

$$\hat{\boldsymbol{B}}^{\mathrm{T}}=\begin{bmatrix}\hat{\boldsymbol{A}}\boldsymbol{D}_1(\hat{\boldsymbol{S}})\\ \vdots\\ \hat{\boldsymbol{A}}\boldsymbol{D}_N(\hat{\boldsymbol{S}})\end{bmatrix}^{\dagger}\begin{bmatrix}\overline{\boldsymbol{Z}}_1\\ \vdots\\ \overline{\boldsymbol{Z}}_N\end{bmatrix} \tag{5.50}$$

最后根据极化分集表征 $\boldsymbol{X}_p=\boldsymbol{S}\boldsymbol{D}_p(\boldsymbol{B})\boldsymbol{A}^{\mathrm{T}}, p=1,2,\cdots,6$,得到 $\boldsymbol{A}$ 的估计

$$\hat{\boldsymbol{A}}^{\mathrm{T}}=\begin{bmatrix}\hat{\boldsymbol{S}}\boldsymbol{D}_1(\hat{\boldsymbol{B}})\\ \vdots\\ \hat{\boldsymbol{S}}\boldsymbol{D}_6(\hat{\boldsymbol{B}})\end{bmatrix}^{\dagger}\begin{bmatrix}\overline{\boldsymbol{X}}_1\\ \vdots\\ \overline{\boldsymbol{X}}_6\end{bmatrix} \tag{5.51}$$

5.3.2 基于 Tucker 分解算法的矢量传感器参数估计

Tucker 分解是一种高阶的主成分分析,它将一个张量表示成一个核心张量沿每一个维度与一个矩阵的乘积[108]。

给定一个三阶张量数据 $\overline{\boldsymbol{X}}\in\mathbb{R}^{I\times J\times K}$,以及 $\{P,Q,R\}\ll\{I,J,K\}$,寻找一个核张量 $\boldsymbol{G}=[\boldsymbol{g}_{\mathrm{irp}}]\in\mathbb{R}^{I\times J\times K}$ 和三个组件元素,又称为因子或荷载矩阵(Loading Matrices):$\boldsymbol{A}=[\boldsymbol{a}_1\ \boldsymbol{a}_2\cdots\ \boldsymbol{a}_P]\in\mathbb{R}^{I\times P}$,$\boldsymbol{B}=[\boldsymbol{b}_1\ \boldsymbol{b}_2\cdots\ \boldsymbol{b}_Q]\in\mathbb{R}^{J\times Q}$,$\boldsymbol{C}=[c_1\ c_2\cdots\ c_R]\in\mathbb{R}^{K\times R}$,它们满足如下关系

$$\overline{\boldsymbol{Y}}=\sum_{q=1}^{Q}\sum_{r=1}^{R}\sum_{p=1}^{P}\boldsymbol{g}_{pqr}(\boldsymbol{a}_{\mathrm{p}}\circ\boldsymbol{b}_q\circ\boldsymbol{c}_r) \tag{5.52}$$

按张量形式表示为

$$\overline{\boldsymbol{X}}=\overline{\boldsymbol{G}}\times_1\boldsymbol{A}\times_2\boldsymbol{B}\times_3\boldsymbol{C} \tag{5.53}$$

或者按矩阵形式分别记为

$$\begin{aligned}\boldsymbol{X}_{(1)}&=\boldsymbol{A}\boldsymbol{G}_{(1)}(\boldsymbol{C}\otimes\boldsymbol{B})^{\mathrm{T}}\\ \boldsymbol{X}_{(2)}&=\boldsymbol{B}\boldsymbol{G}_{(2)}(\boldsymbol{C}\otimes\boldsymbol{A})^{\mathrm{T}}\\ \boldsymbol{X}_{(3)}&=\boldsymbol{A}\boldsymbol{G}_{(3)}(\boldsymbol{B}\otimes\boldsymbol{A})^{\mathrm{T}}\end{aligned} \tag{5.54}$$

也可按元素表示为

$$\boldsymbol{x}_{ijk} = \sum_{q=1}^{Q}\sum_{r=1}^{R}\sum_{p=1}^{P}\boldsymbol{g}_{pqr}\boldsymbol{a}_{ip}\boldsymbol{b}_{jq}\boldsymbol{c}_{kr} \tag{5.55}$$

如果 P、Q 和 R 小于 I、J 和 K，那么可以将张量$\overline{\boldsymbol{G}}$视为对张量$\overline{\boldsymbol{X}}$的压缩表示。从数据处理的角度看，分解后的数据容量显著小于分解之前。

最初的 Tucker 模型假设因子矩阵正交，可直接推广至奇异值分解，但是对于 Tucker 分解来说，这个条件不是必须的。事实上，CPD 分解是 Tucker 分解在 $P=Q=R$ 情况下的一个特例。

下面介绍 $n-\text{rank}$ 的定义。$n-\text{rank}$ 是 Kruskal 引入的概念，令$\overline{\boldsymbol{X}}$为 $I_1\times I_2\times\cdots\times I_N$阶张量，则$\overline{\boldsymbol{X}}$的 $n-\text{rank}$ 定义为 $\boldsymbol{X}_{(n)}$ 的列秩，换言之 $n-\text{rank}$ 是 mode $-n$ 矢量束张成空间的维数。如果有 $R_n=\text{rank}_n(\overline{\boldsymbol{X}})\, n=1,2,\cdots,N$，则可以说$\overline{\boldsymbol{X}}$是一个 $\text{rank}-(R_1,R_2,\cdots,R_N)$张量。

对于一个给定的$\overline{\boldsymbol{X}}$，当 $R_n=\text{rank}_n(\overline{\boldsymbol{X}})$，可以找到精确的 Tucker 分解，然而当 $R_n<\text{rank}_n(\overline{\boldsymbol{X}})$时，将难以找到精确的分解，这种情况往往出现截断 Tucker 分解，如图 5.7 所示。

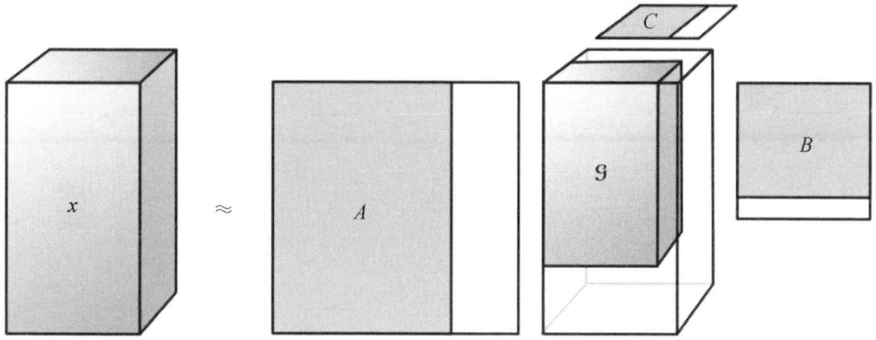

图 5.7　截断 Tucker 分解

Tucker 提出了三种计算 Tucker 分解的方法，但是受制于当时的硬件水平，这些算法没有得到有效的利用，其中一种算法称为 Tucker1 算法。

算法 5.1　Tucker 算法

(1) for $n=1,2,\cdots,N$ do。

(2) $\boldsymbol{A}^{(n)}\leftarrow R_n$，导出 $\boldsymbol{X}_{(n)}$ 的左奇异值矢量。

(3) end for。

(4) $\overline{\boldsymbol{G}}\leftarrow\overline{\boldsymbol{X}}\times_1\boldsymbol{A}^{(1)\mathrm{T}}\times_2\boldsymbol{A}^{(2)\mathrm{T}}\times\cdots\times_N\boldsymbol{A}^{(N)\mathrm{T}}$。

(5) 返回$\overline{\boldsymbol{G}}$，$\boldsymbol{A}^{(1)},\boldsymbol{A}^{(2)},\cdots,\boldsymbol{A}^{(N)}$。

这个算法在提出时是用于三线性问题，但是后来在 De Lathauwer 等学者的努力下，将其推广到多线性模型，被称为高阶 SVD。当 $R_n < \mathrm{rank}_n(\bar{\boldsymbol{X}})$ 时，该算法退化为截断高阶 SVD。

高阶 SVD 并不能给出最佳拟合，但是它是迭代算法的有益开端。后来，Kroonenberg 和 De Leeuw 提出了迭代最小二乘算法，被称为“TUCKALS 3”，用来计算三线性 Tucker 分解。De Lathauwer 等学者在此基础上研究了更多的计算因子矩阵的算法，使用 SVD 代替特征值分解和解主子空间正交基方法，被称为高阶正交迭代（High Order Orthogonal Iteration，HOOI）算法。

假设 $\bar{\boldsymbol{X}}$ 为 $I_1 \times I_2 \times \cdots \times I_N$ 维张量，期望解的优化问题可写为

$$\min_{\bar{\boldsymbol{G}},\boldsymbol{A}^{(1)},\boldsymbol{A}^{(2)},\cdots,\boldsymbol{A}^{(N)}} \| \bar{\boldsymbol{X}} - [\![\bar{\boldsymbol{G}};\boldsymbol{A}^{(1)},\boldsymbol{A}^{(2)},\cdots,\boldsymbol{A}^{(N)}]\!] \|$$
$$\text{s. t. } \bar{\boldsymbol{G}} \in \mathbb{R}^{R_1 \times R_2 \times \cdots \times R_N}, \boldsymbol{A}^{(n)} \in \mathbb{R}^{I_n \times R_n} \tag{5.56}$$

式中：$[\![\bar{\boldsymbol{G}};\boldsymbol{A}^{(1)},\boldsymbol{A}^{(2)},\cdots,\boldsymbol{A}^{(N)}]\!]$ 为 $\bar{\boldsymbol{X}}$ 的 Tucker 分解，并且 $\boldsymbol{A}^{(n)}$ 是列向正交的。

将式（5.56）写为矢量形式的目标函数

$$\| \mathrm{vec}(\bar{\boldsymbol{X}}) - (\boldsymbol{A}^{(N)} \otimes \boldsymbol{A}^{(N-1)} \otimes \cdots \otimes \boldsymbol{A}^{(1)}) \mathrm{vec}(\bar{\boldsymbol{G}}) \| \tag{5.57}$$

可看出核张量必须满足

$$\bar{\boldsymbol{G}} = \bar{\boldsymbol{X}} \times_1 \boldsymbol{A}^{(1)\mathrm{T}} \times_2 \boldsymbol{A}^{(2)\mathrm{T}} \cdots \times_N \boldsymbol{A}^{(N)\mathrm{T}} \tag{5.58}$$

重写目标函数为

$$\begin{aligned}
& \| \bar{\boldsymbol{X}} - [\![\bar{\boldsymbol{G}};\boldsymbol{A}^{(1)},\boldsymbol{A}^{(2)},\cdots,\boldsymbol{A}^{(N)}]\!] \|^2 \\
= & \| \bar{\boldsymbol{X}} \|^2 - 2\langle \bar{\boldsymbol{X}}, [\![\bar{\boldsymbol{G}};\boldsymbol{A}^{(1)},\boldsymbol{A}^{(2)},\cdots,\boldsymbol{A}^{(N)}]\!] \rangle \\
& + \| [\![\bar{\boldsymbol{G}};\boldsymbol{A}^{(1)},\boldsymbol{A}^{(2)},\cdots,\boldsymbol{A}^{(N)}]\!] \|^2 \\
= & \| \bar{\boldsymbol{X}} \|^2 - 2\langle \bar{\boldsymbol{X}} \times_1 \boldsymbol{A}^{(1)\mathrm{T}} \times_2 \boldsymbol{A}^{(2)\mathrm{T}} \times \cdots \times_N \boldsymbol{A}^{(N)\mathrm{T}}, \bar{\boldsymbol{G}} \rangle + \| \bar{\boldsymbol{G}} \|^2 \\
= & \| \bar{\boldsymbol{X}} \|^2 - \| \bar{\boldsymbol{G}} \|^2 \\
= & \| \bar{\boldsymbol{X}} \|^2 - \| \bar{\boldsymbol{X}} \times_1 \boldsymbol{A}^{(1)\mathrm{T}} \times_2 \boldsymbol{A}^{(2)\mathrm{T}} \cdots \times_N \boldsymbol{A}^{(N)\mathrm{T}} \|^2
\end{aligned} \tag{5.59}$$

由于 $\| \bar{\boldsymbol{X}} \|^2$ 是常数，式（5.56）可以分解为一系列子问题：

$$\max_{\boldsymbol{A}^{(n)}} \| \bar{\boldsymbol{X}} \times_1 \boldsymbol{A}^{(1)\mathrm{T}} \times_2 \boldsymbol{A}^{(2)\mathrm{T}} \cdots \times_N \boldsymbol{A}^{(N)\mathrm{T}} \|$$
$$\text{s. t. } \boldsymbol{A}^{(n)} \in \boldsymbol{R}^{I_n \times R_n} \tag{5.60}$$

式（5.60）的目标函数也可以写为矩阵形式

$$\| \boldsymbol{A}^{(n)\mathrm{T}} \boldsymbol{W} \|, \boldsymbol{W} = \boldsymbol{X}_{(n)} (\boldsymbol{A}^{(N)} \otimes \boldsymbol{A}^{(N-1)} \otimes \cdots \otimes \boldsymbol{A}^{(n)} \otimes \boldsymbol{A}^{(n-1)} \otimes \cdots \otimes \boldsymbol{A}^{(1)}) \tag{5.61}$$

令 $\boldsymbol{A}^{(n)}$ 为 $\boldsymbol{W}$ 的前 R_n 个左奇异矢量，使用 SVD 即可得到式（5.61）的解。

5.3.3 基于张量分解的 L 阵的二维来波方向估计

本小节介绍一种基于张量分解的 L 阵 2 - D DOA 方法，它利用阵列的多重

不变性获得了比其他 2 - D DOA 估计算法更好的性能。另外,该方法利用了修正的 L 阵信号的几何模型,需要利用 CCM 获取 2 - D DOA 估计的配对。

考虑一个 L 阵,由一对正交的 ULA 组成,每个 ULA 都有 M 个传感器。假定有 K 个远场窄带平面,以角度(φ_k,θ_k)照射到阵列。其中,φ_k为第 k 个方位角,θ_k为第 k 个俯仰角,如图 5.8(a)所示。

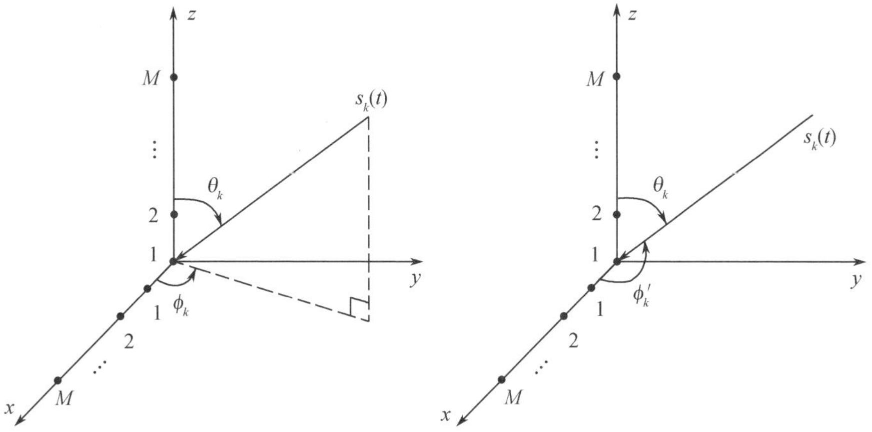

(a) 经典L阵　　(b) 本节y阵

图 5.8　L 阵列配置

与经典的 L 阵不同的是,这里增加了 φ_k'的角度定义,它描述了第 k 个信号和 x 轴之间的夹角。

信号模型可以建立为

$$\begin{aligned} \boldsymbol{x}(t) &= \boldsymbol{A}_x\boldsymbol{s}^{\mathrm{T}}(t)+\boldsymbol{n}_x(t) \\ \boldsymbol{z}(t) &= \boldsymbol{A}_z\boldsymbol{s}^{\mathrm{T}}(t)+\boldsymbol{n}_z(t) \end{aligned} \tag{5.62}$$

式中:$\boldsymbol{A}_x=[\boldsymbol{a}_{x,1}\quad \boldsymbol{a}_{x,2}\quad \cdots\quad \boldsymbol{a}_{x,K}]\in\mathbb{C}^{M\times K}$,为 x 轴方向的导向矩阵。令 $a_k=-\dfrac{2\pi d}{\lambda}\cos\varphi_k'$,其中 λ 为信号的波长,d 为传感器之间的距离,于是有 $\boldsymbol{a}_{x,k}=[1\quad \mathrm{e}^{\mathrm{j}\alpha_1}\quad \mathrm{e}^{\mathrm{j}\alpha_2}\quad \cdots\quad \mathrm{e}^{\mathrm{j}\alpha_K}]^{\mathrm{T}}$;$\boldsymbol{s}(t)\in\mathbb{C}^{1\times K}$为信号矢量,$\boldsymbol{n}_x(t)\in\mathbb{C}^{M\times 1}$为相应的加性高斯白噪声。$z$ 轴模型和 x 轴是一样的。简便起见,下文省略时间参数 t。

N 快拍阵列的接收模型可重新写作

$$\begin{aligned} \boldsymbol{X} &= \boldsymbol{A}_x\boldsymbol{S}^{\mathrm{T}}+\boldsymbol{N}_x \\ \boldsymbol{Z} &= \boldsymbol{A}_z\boldsymbol{S}^{\mathrm{T}}+\boldsymbol{N}_z \end{aligned} \tag{5.63}$$

式中:$\boldsymbol{S}\in\mathbb{C}^{N\times K}$为源信号矩阵;$\boldsymbol{X},\boldsymbol{Z}\in\mathbb{C}^{M\times N}$分别为对应于 x 轴和 y 轴的接收信号矩阵;$\boldsymbol{N}_x,\boldsymbol{N}_z\in\mathbb{C}^{M\times N}$为相应的噪声矩阵。

考虑三阶张量分解，即

$$\mathcal{X} = \sum_{k=1}^{K} \mathcal{X}_k = \sum_{k=1}^{K} a_k \circ b_k \circ c_k \tag{5.64}$$

式中：a_k, b_k, c_k对应矩阵分别为$\boldsymbol{A} \in \mathbb{C}^{M\times K}$，$\boldsymbol{B} \in \mathbb{C}^{N\times K}$，$\boldsymbol{C} \in \mathbb{C}^{P\times K}$。另$X_{m,n,p}$表示$\mathcal{X}$的$(m,n,p)$元素，于是 CPD 模型可被重写为

$$X_{m,n,p} = \sum_{k=1}^{K} a_{m,k} b_{n,k} c_{p,k} \tag{5.65}$$

式中：$a_{m,k}$为矩阵$\boldsymbol{A}$的第(m,k)个元素；$b_{n,k}$为矩阵$\boldsymbol{B}$的第(n,k)个元素；$c_{p,k}$为矩阵$\boldsymbol{C}$的第(p,k)个元素。

将$\mathcal{X}$从水平方向分成M片矩阵，从而可以写作

$$\boldsymbol{X}_{m,:,:} = \boldsymbol{B}\boldsymbol{D}_m(\boldsymbol{A})\boldsymbol{C}^{\mathrm{T}}, m = 1,2,\cdots,M \tag{5.66}$$

式中：$D_m(\boldsymbol{A})$为一个主对角线元素为矩阵$\boldsymbol{A}$的第m行元素组成的对角矩阵。$\boldsymbol{X}_{m,:,:}$为张量$\mathcal{X}$的第m个切片。

类似地，在横向上，式(5.65)还可以写作

$$\boldsymbol{X}_{:,n,:} = \boldsymbol{A}\boldsymbol{D}_n(\boldsymbol{B})\boldsymbol{C}^{\mathrm{T}}, n = 1,2,\cdots,N \tag{5.67}$$

而在正向上，式(5.65)可以写作

$$\boldsymbol{X}_{:,:,p} = \boldsymbol{A}\boldsymbol{D}_{\mathrm{p}}(\boldsymbol{C})\boldsymbol{B}^{\mathrm{T}}, p = 1,2,\cdots,P \tag{5.68}$$

为了简洁，这里$\boldsymbol{X}_{:,:,p}$也记作$\boldsymbol{X}_{\mathrm{p}}$。

参照信号模型，将信号矩阵$\boldsymbol{X}$分解为P部分，即

$$\begin{bmatrix} \boldsymbol{X}_1 \\ \boldsymbol{X}_2 \\ \vdots \\ \boldsymbol{X}_P \end{bmatrix} = \begin{bmatrix} \boldsymbol{J}_1 \\ \boldsymbol{J}_2 \\ \vdots \\ \boldsymbol{J}_P \end{bmatrix} \boldsymbol{A}_x \boldsymbol{S}^{\mathrm{T}} = \begin{bmatrix} \boldsymbol{A}\boldsymbol{\Phi}_1 \\ \boldsymbol{A}\boldsymbol{\Phi}_2 \\ \vdots \\ \boldsymbol{A}\boldsymbol{\Phi}_P \end{bmatrix} \boldsymbol{S}^{\mathrm{T}} \tag{5.69}$$

式中：$\boldsymbol{J}_{\mathrm{p}} \in \mathbb{R}^{M'\times M}$为列选择矩阵，可以从导向矩阵$\boldsymbol{A}_x$中选择$M'$行构成新的导向矩阵$\boldsymbol{A}\boldsymbol{\Phi}_{\mathrm{p}}$。这里，$\boldsymbol{A} \in \mathbb{C}^{M'\times K}$为一个子导向矩阵，$\boldsymbol{\Phi}_{\mathrm{p}} \in \mathbb{C}^{K\times K}$为一个对角矩阵。这里忽略了噪声。

由于在 ULA 中，相邻传感器间的距离是相同的，从而可以采用一种直观的方法来分解导向矩阵，即选择导向矩阵前$(M-P+1)$行作为子导向矩阵$\boldsymbol{A}$。于是$\boldsymbol{\Phi}_{\mathrm{p}} = (\mathrm{e}^{\mathrm{j}(p-1)\alpha_1}, \mathrm{e}^{\mathrm{j}(p-1)\alpha_2}, \cdots, \mathrm{e}^{\mathrm{j}(p-1)\alpha_K})$。

定义一个因子矩阵$\boldsymbol{\Psi} \in \mathbb{C}^{P\times K}$为

$$\boldsymbol{\Psi} = \begin{bmatrix} 1 & 1 & \cdots & 1 \\ \mathrm{e}^{\mathrm{j}\alpha_1} & \mathrm{e}^{\mathrm{j}\alpha_2} & \cdots & \mathrm{e}^{\mathrm{j}\alpha_K} \\ \vdots & \vdots & \ddots & \vdots \\ \mathrm{e}^{\mathrm{j}(P-1)\alpha_1} & \mathrm{e}^{\mathrm{j}(P-1)\alpha_2} & \cdots & \mathrm{e}^{\mathrm{j}(P-1)\alpha_K} \end{bmatrix} \tag{5.70}$$

式中：α_i为来波参数。因此，式(5.63)中的 x 轴上的接收信号可以写为

$$\boldsymbol{X}_{\mathrm{p}} = \boldsymbol{A}\boldsymbol{D}_{\mathrm{p}}(\boldsymbol{\Psi})\boldsymbol{S}^{\mathrm{T}}, p = 1, 2, \cdots, P \tag{5.71}$$

式中：$\boldsymbol{X}_{\mathrm{p}} \in \mathbb{C}^{M' \times N}$可以被看作是接收信号张量$\mathcal{X} \in \mathbb{C}^{M' \times N \times P}$的第 p 个切片矩阵。

在模 -1 上将所有 P 个切片组合成一个长矩阵

$$\boldsymbol{X}_{(1)} = [\boldsymbol{X}_1 \quad \boldsymbol{X}_2 \quad \cdots \quad \boldsymbol{X}_P]^{\mathrm{T}} \in \mathbb{C}^{(PN) \times M'} \tag{5.72}$$

式中模的记号揭示了一个张量的阶数[111]。然后，式(5.61)可重新表示为

$$\boldsymbol{X}_{(1)} = (\boldsymbol{\Phi} \odot \boldsymbol{S})\boldsymbol{A}^{\mathrm{T}} \tag{5.73}$$

考虑噪声后，式(5.62)式可表示为

$$\boldsymbol{X}_{(1)} = (\boldsymbol{\Psi} \odot \boldsymbol{S})\boldsymbol{A}^{\mathrm{T}} + \boldsymbol{N}_{(1)} \tag{5.74}$$

在模 -2 形式下，$\mathcal{X}$可以展开为 $\boldsymbol{X}_{(2)} \in \mathbb{C}^{(PM') \times N}$，有如下形式

$$\boldsymbol{X}_{(2)} = (\boldsymbol{\Psi} \odot \boldsymbol{A})\boldsymbol{S}^{\mathrm{T}} + \boldsymbol{N}_{(2)} \tag{5.75}$$

同理，模 -3 中相应的展开为 $\boldsymbol{X}_{(3)} \in \mathbb{C}^{(NM') \times P}$，于是有

$$\boldsymbol{X}_{(3)} = (\boldsymbol{S} \odot \boldsymbol{A})\boldsymbol{\Psi}^{\mathrm{T}} + \boldsymbol{N}_{(3)} \tag{5.76}$$

张量分解在特定的条件下拥有唯一性优势。考虑式(5.73)，下面分析 $\boldsymbol{A}$、$\boldsymbol{S}$ 和 $\boldsymbol{\Psi}$ 的 Kruskal 秩之间的联系。

定义在 x 轴上的自相关矩阵如下

$$\boldsymbol{R}_{xx} = E\{\boldsymbol{X}\boldsymbol{X}^{\mathrm{H}}\} = \boldsymbol{A}_x\boldsymbol{R}_{ss}\boldsymbol{A}_x^{\mathrm{H}} + \sigma^2\boldsymbol{I} \tag{5.77}$$

式中，$\boldsymbol{R}_{ss} = E\{\boldsymbol{S}^{\mathrm{H}}\boldsymbol{S}\}$为信号的自相关矩阵；$\sigma^2$为噪声的方差。由 $\boldsymbol{R}_{xx}$的 EVD 分解得到 $\boldsymbol{R}_{xx} = \boldsymbol{Q}\boldsymbol{\Lambda}\boldsymbol{Q}^{-1}$。令 $\boldsymbol{E} \in \mathbb{C}^{M \times K}$为由 $\boldsymbol{R}_{xx}$前 K 个最大的特征值对应的特征矢量构成的矩阵。如果 $\mathrm{rank}(\boldsymbol{R}_{ss}) = K$，那么有矩阵 $\boldsymbol{A}_x$和 $\boldsymbol{E}$ 张成同一个子空间，即存在一个非奇异矩阵 $\boldsymbol{T} \in \mathbb{C}^{K \times K}$满足 $\boldsymbol{E} = \boldsymbol{A}_x\boldsymbol{T}$。

参照式(5.70)，有

$$\begin{bmatrix} \boldsymbol{E}_1 \\ \boldsymbol{E}_2 \\ \vdots \\ \boldsymbol{E}_P \end{bmatrix} = \begin{bmatrix} \boldsymbol{J}_1 \\ \boldsymbol{J}_2 \\ \vdots \\ \boldsymbol{J}_P \end{bmatrix} = \begin{bmatrix} \boldsymbol{A}\boldsymbol{\Phi}_1 \\ \boldsymbol{A}\boldsymbol{\Phi}_2 \\ \vdots \\ \boldsymbol{A}\boldsymbol{\Phi}_P \end{bmatrix}\boldsymbol{T} \tag{5.78}$$

当 $P = 2$ 时，该模型变为了通常的 ESPRIT 算法。文献[109]指出，唯一性是由下面三个条件保证的：①$\boldsymbol{S}$ 为列满秩矩阵；②$K < M'$；③$d/\lambda < 1/2$。

如果 $P > 2$，由于 ULA 的导向矩阵是范德蒙的，这样任意两列都是线性独立的，即 $k_A = \min(M', K)$，同样地有 $k_{\Psi} = \min(P, K)$。

因为信源为远场窄带信号并两两独立，因此 $k_S = \min(N, K)$。

基于上述结论，式(5.73)的唯一性可由下式保证，即

$$\min(M', K) + \min(P, K) + \min(N, K) \geqslant 2K + 2 \tag{5.79}$$

式(5.79)表明即使转移矩阵中的行数少于信源数，模型的唯一性也是有可

能的，这类方法在适用性上比 ESPRIT 算法更灵活。

当快拍数比信源数大时，即 $\boldsymbol{S}$ 为列满秩，且有 $\min(N,K)=K$ 时，式(5.79)等价于

$$\min(M',K)+\min(P,K)\geqslant K+2 \tag{5.80}$$

另外，由于导向矩阵 $\boldsymbol{A}_x$ 和因子矩阵 $\boldsymbol{\Psi}$ 都具有范德蒙结构，式(5.80)还可以作进一步化简。

引理 1　Khatri - Rao 乘积的满秩。

对于 $\boldsymbol{C}=\boldsymbol{A}\odot\boldsymbol{B}$，其中 $\boldsymbol{A}\in\mathbb{C}^{M\times K}$，$\boldsymbol{B}\in\mathbb{C}^{N\times K}$，如果 $k_A+k_B\geqslant K+1$，那么 $\boldsymbol{C}\in\mathbb{C}^{(MN)\times K}$ 是列满秩的。

根据引理 1 和式(5.80)，范德蒙结构的唯一性条件可以按如下方式化简。

定理 2　范德蒙结构的唯一性条件。

对于一个式(5.73)展示的 CPD 模型，由于因子矩阵 $\boldsymbol{\Psi}$ 具有范德蒙结构，如果满足

$$\min(M',K)+\min(P-1,K)\geqslant K+1 \tag{5.81}$$

在忽略列交换和尺度变换的情况下模型具有唯一性。

定理 2 确保了本书张量建模的可行性。

前面的小节将 CPD 和 Tucker 分解用到张量上来恢复导向矩阵。DOA 参数可以通过交替最小二乘方法来计算。又因为 x 轴和 z 轴完全一样，故接下来只考虑 x 轴的情况。

交替最小二乘法的主要内容如下。考虑式(5.74)的 CPD 模型，目标是获得子导向矩阵 $\boldsymbol{A}$ 或来自信号 χ 的因子矩阵。因此，采用最小均方误差(MMSE)准则

$$\begin{aligned}&\min\|x-\hat{x}\|_F^2\\ &\text{s. t. } \hat{\chi}=\sum_{k=1}^{K}\boldsymbol{a}_k\circ\boldsymbol{s}_k\circ\psi_k\end{aligned} \tag{5.82}$$

式中：$\|\cdot\|_F$ 为 Frobenius 范数，比如一个三阶张量 χ 可以定义为 $\|\chi\|_F=\sqrt{\sum_{m=1}^{M'}\sum_{n=1}^{N}\sum_{p=1}^{P}x_{m,n,p}^2}$。

解决这个问题的典型方式是采用 ALS 算法。

若固定 $\boldsymbol{S}$，$\boldsymbol{\Psi}$，更新 $\boldsymbol{A}$，有

$$\hat{\boldsymbol{A}}=\arg\min_{\boldsymbol{A}}\|\boldsymbol{X}_{(1)}-(\boldsymbol{\Psi}\odot\boldsymbol{S})\boldsymbol{A}^{\mathrm{T}}\|_F^2 \tag{5.83}$$

可以得到

$$\hat{\boldsymbol{A}}^{\mathrm{T}}=(\boldsymbol{\Psi}\odot\boldsymbol{S})^{\dagger}\boldsymbol{X}_{(1)} \tag{5.84}$$

式中：$(\cdot)^{\dagger}$ 为伪逆运算。

若通过固定 $\boldsymbol{A},\boldsymbol{\Psi}$，更新 $\boldsymbol{S}$，有

$$\hat{\boldsymbol{S}}^{\mathrm{T}} = (\boldsymbol{\Psi} \odot \boldsymbol{A})^{\dagger} \boldsymbol{X}_{(2)} \tag{5.85}$$

同样地，固定 $\boldsymbol{A},\boldsymbol{S}$，更新 $\boldsymbol{\Psi}$，有

$$\hat{\boldsymbol{\Psi}}^{\mathrm{T}} = (\boldsymbol{A} \odot \boldsymbol{S})^{\dagger} \boldsymbol{X}_{(3)} \tag{5.86}$$

又由于 $(\boldsymbol{A}\odot\boldsymbol{B})^{\dagger} = ((\boldsymbol{A}^{\mathrm{T}}\boldsymbol{A}) * (\boldsymbol{B}^{\mathrm{T}}\boldsymbol{B}))^{\dagger}(\boldsymbol{A}\odot\boldsymbol{B})^{\mathrm{T}}$[111]，其中 $*$ 为哈达玛乘积运算符，式(5.74)可以重写为

$$\hat{\boldsymbol{A}}^{\mathrm{T}} = ((\boldsymbol{\Psi}^{\mathrm{T}}\boldsymbol{\Psi}) * (\boldsymbol{S}^{\mathrm{T}}\boldsymbol{S}))^{\dagger}(\boldsymbol{\Psi}\odot\boldsymbol{S})^{\mathrm{T}}\boldsymbol{X}_{(1)} \tag{5.87}$$

这种方法使得每一步迭代仅须计算一个 $K\times K$ 矩阵的伪逆。$\hat{\boldsymbol{S}}^{\mathrm{T}}$ 和 $\hat{\boldsymbol{\Psi}}^{\mathrm{T}}$ 可以通过同样的方式处理。

另外，当处理大规模数据时，CPD 的收敛速率会由于初始值的不同而发生很大变化。一种适当的预处理方式是利用三阶 Tucker 分解对接收到的信号 χ 进行压缩，即

$$\begin{aligned}\chi &= \boldsymbol{G} \times_1 \boldsymbol{U} \times_2 \boldsymbol{V} \times_3 \boldsymbol{W} \\ &= \sum_{r=1}^{R}\sum_{q=1}^{Q}\sum_{t=1}^{T} \boldsymbol{g}_{r,q,t}\boldsymbol{u}_r \circ \boldsymbol{v}_q \circ \boldsymbol{w}_t\end{aligned} \tag{5.88}$$

式中：$\times_n$ 为张量与矩阵之间的模 n 乘积。给定一个张量 $\chi\in\mathbb{C}^{I_1\times I_2\times\cdots\times I_N}$ 和矩阵 $\boldsymbol{Y}\in\mathbb{C}^{J\times I_N}$，$\boldsymbol{G}\in\mathbb{C}^{R\times Q\times T}$ 为张量的核，$\boldsymbol{U}\in\mathbb{C}^{M'\times R}$、$\boldsymbol{V}\in\mathbb{C}^{N\times Q}$、$\boldsymbol{W}\in\mathbb{C}^{P\times T}$ 为三阶 Tucker 分解中的正交因子矩阵。如果 $\boldsymbol{G}$ 的任意模的长度大于 K，χ 到 $\boldsymbol{G}$ 的压缩都是无损的。将 ALS 算法作用于核张量 $\boldsymbol{G}$ 可以得到一组解 $\{\hat{\boldsymbol{B}},\hat{\boldsymbol{C}},\hat{\boldsymbol{D}}\}$。于是原先 CPD 问题的初始值可以通过三阶 Tucker 分解和 CPD 模型之间的关系得到 $\boldsymbol{A}=\boldsymbol{U}\boldsymbol{S}$，$\boldsymbol{S}=\boldsymbol{V}\boldsymbol{C}$，$\hat{\boldsymbol{\Psi}}=\boldsymbol{W}\hat{\boldsymbol{D}}$。

利用本模型的范德蒙性，可以将另一个预处理用到本方法中。由式(5.74)，可以利用子空间方法得到 $\boldsymbol{A}$ 的初始值。$\boldsymbol{R}_{(1)}=E\{\boldsymbol{X}_{(1)}\boldsymbol{X}_{(1)}^{\mathrm{H}}\}\in\mathbb{R}^{PN\times PN}$，然后对 $\boldsymbol{R}_{(1)}$ 进行 SVD 分解，并通过选取最大 K 个奇异值对应的左奇异矢量作为矩阵 $\boldsymbol{U}_{(1)}$。接着，选取 $\boldsymbol{U}_{(1)}$ 的前 $(PN-1)$ 和后 $(PN-1)$ 行组成 $\boldsymbol{U}_{ab}$。

对 $\boldsymbol{U}_{ab}^{\mathrm{H}}\boldsymbol{U}_{ab}$ 进行 EVD 分解得到 $\boldsymbol{U}_{ab}^{\mathrm{H}}\boldsymbol{U}_{ab}=\boldsymbol{Q}\boldsymbol{\Lambda}\boldsymbol{Q}^{-1}$，其中

$$\boldsymbol{Q}=\begin{bmatrix}\boldsymbol{Q}_{11} & \boldsymbol{Q}_{12}\\ \boldsymbol{Q}_{21} & \boldsymbol{Q}_{22}\end{bmatrix} \tag{5.89}$$

令 $\boldsymbol{\Xi}=-\boldsymbol{Q}_{12}\boldsymbol{Q}_{22}^{-1}$，可以获得 $\boldsymbol{\Xi}$ 的 K 个特征值 $\lambda_k=\mathrm{e}^{\mathrm{j}\alpha_k}$，进而直接推出 $\boldsymbol{A}$ 的一个初始估计。

同样地，$\boldsymbol{\Psi}$ 也可以通过同样的方式初始化。

利用上述方法，可以获得估计结果 $\{\hat{\boldsymbol{A}},\hat{\boldsymbol{S}},\hat{\boldsymbol{\Psi}}\}$。然而定理 1 表明这些解存在尺度变换或交换不确定性。比如估计 $\hat{\boldsymbol{\Psi}}$ 实际上等于 $\boldsymbol{\Psi}\boldsymbol{\Pi}\boldsymbol{\Delta}$，其中 $\boldsymbol{\Pi}$ 为交换矩阵，

$\boldsymbol{\Delta}$ 为对角尺度伸缩矩阵。

然而,由于因子矩阵 $\boldsymbol{\Psi}$ 为按列排列的范德蒙矩阵,尺度不确定性可以消除。由于 $\boldsymbol{\Pi}$ 仅交换列的顺序,因此它并不影响估计的结果。尺度变换不确定性等于原矩阵右乘一个对角矩阵。因为 $\boldsymbol{\Delta}$ 的对角形式,改变 $\boldsymbol{\Psi}$ 的各列都是独立的。假定 $\boldsymbol{\Delta}=\mathrm{diag}(\delta_1,\delta_2,\cdots,\delta_K)$,忽略 $\boldsymbol{\Pi}$ 的影响,$\hat{\boldsymbol{\Psi}}$的第 k 列为$\hat{\psi}_k=\delta_k\psi_k$,其中 ψ_k 为 $\boldsymbol{\Psi}$ 的第 k 列。注意尺度伸缩的程度对于同一列来说是相同的,第一个 ψ_k 正是 δ_k,因此恢复策略即是对每列除以其第一个元素来做归一化,便获可得 $\boldsymbol{\Psi}$ 中各列的估计。

下一步,空域频率估计$\hat{\alpha}_k$可以通过典型的子空间方法,如 ESPRIT 算法或 Root-MUSIC 算法进行计算。然后,x 轴的 DOA 参数可以直接通过$\hat{\varphi}'_k=\arccos\left(\frac{-\hat{\alpha}_k\lambda}{2\pi d}\right)$获得。$z$ 轴的 DOA 参数可以类似方法获得。

实际环境中会考虑到多径传播或信道衰落等问题。由于传播环境的复杂性,接收端可能存在相干信号。考虑一组相干信号:$\boldsymbol{s}_1(t)=\boldsymbol{u}_1(t)\mathrm{e}^{\mathrm{j}\omega_1(t)}$,$\boldsymbol{s}_k(t)=\beta_k\boldsymbol{s}_1(t)$,$k=1,2,\cdots,K$,其中 $\beta_k=\rho_k\mathrm{e}^{\mathrm{j}\delta_k}$,$\rho_k$和 δ_k分别为第 k 个信号相对于 $\boldsymbol{s}_1(t)$的幅度衰落和相位偏移。在这种情形下,接收信号的相关矩阵变为了奇异矩阵,不再满足上述方法的要求。然而,对于具有范德蒙结构的阵列流形,如 ULA,可以用空域平滑来解决这个问题。

对于基于 CPD 模型相干信号的 DOA 估计,由于 $\mathrm{rank}(\boldsymbol{S})<K$,分解的唯一性不再满足。尽管如此,在这种情形下子导向矩阵的子空间仍可通过 Tucker 分解获得。根据多重不变特性,接收信号可以应用 Tucker 分解式重组为张量$\chi\in\mathbb{C}^{M'\times N\times P}$,$\chi=\boldsymbol{C}\times_1\boldsymbol{U}\times_2\boldsymbol{V}\times_3\boldsymbol{W}$,其中 $\boldsymbol{U}\in\mathbb{R}^{M'\times K}$为子导向矩阵的子空间。$\boldsymbol{U}$ 的零空间,即子导向矩阵的噪声子空间,也可以直接获得。于是 DOA 参数可以通过典型的子空间方法获得。这里利用 Root-MUSIC 算法求解。

由于估计是分别进行的,估计出来的 DOA 可能不匹配。下面将阐述如何完成配对并获得正确的配对角度。

定义两正交 ULA 的协方差矩阵[110]为

$$\boldsymbol{R}_{xz}=E\{\boldsymbol{X}\boldsymbol{Z}^{\mathrm{H}}\}=\boldsymbol{A}_x\boldsymbol{R}_{ss}\boldsymbol{A}_z^{\mathrm{H}}+\boldsymbol{N}_{xz}\tag{5.90}$$

式中:$[\boldsymbol{R}_{xz}]_{p,q}=\sum_{k=1}^{K}r_k\mathrm{e}^{-\mathrm{j}\mu((p-1)\cos\varphi'_k-(q-1)\cos\theta_k)}$,$p,q=1,2,\cdots,M$;$r_k$ 为源信号自相关矩阵 $\boldsymbol{R}_{ss}$的主对角元素;$\mu=\frac{2\pi d}{\lambda}$。因为 x 轴和 z 轴上的噪声是空域独立的,有 $\boldsymbol{N}_{xz}=0$。

构建一个包含 $\boldsymbol{R}_{xz}$主对角元素的矢量为

$$\boldsymbol{r}_{xz}=\left[\sum_{k=1}^{K}r_k\quad\sum_{k=1}^{K}r_k\mathrm{e}^{-\mathrm{j}\mu\omega_k}\quad\cdots\quad\sum_{k=1}^{K}r_k\mathrm{e}^{-\mathrm{j}\mu(M-1)\omega_k}\right]\tag{5.91}$$

式中：$\omega_k=\cos\varphi'_k-\cos\theta_k$ 蕴含了 DOA 估计中的成对关系。对于每个轴存在的 K 个估计，一共存在 K^2 个组合。通过比较 ω_k 和这 K^2 个不同的值之间的余弦，然后找出最相近的 K 对。

Kikuchi[110] 提出了一种通过 $\boldsymbol{r}_{xz}$ 构造 Toeplitz 矩阵的方案，然后利用传播因子的方法[112] 获得 ω_k 的估计。然而，尽管该方法具有复杂度上的优势，但性能一般。这里用其他方式计算 ω_k。

将式(5.91)重写为

$$\boldsymbol{r}_{xz}=\boldsymbol{\Theta h}$$

$$=\begin{bmatrix}1 & 1 & \cdots & 1\\ \mathrm{e}^{-\mathrm{j}\mu\omega_1} & \mathrm{e}^{-\mathrm{j}\mu\omega_2} & \cdots & \mathrm{e}^{-\mathrm{j}\mu\omega_K}\\ \vdots & \vdots & \ddots & \vdots\\ \mathrm{e}^{-\mathrm{j}\mu(M-1)\omega_1} & \mathrm{e}^{-\mathrm{j}\mu(M-1)\omega_2} & \cdots & \mathrm{e}^{-\mathrm{j}\mu(M-1)\omega_K}\end{bmatrix}\begin{bmatrix}r_1\\ r_2\\ \vdots\\ r_K\end{bmatrix} \tag{5.92}$$

式中：$\boldsymbol{\Theta}$ 为范德蒙矩阵，ω_k 能够通过子空间方法获得。定义矩阵 $\boldsymbol{\Gamma}$ 为

$$\boldsymbol{\Gamma}=\begin{bmatrix}r_{xz}(1) & r_{xz}(2) & \cdots & r_{xz}(P)\\ r_{xz}(2) & r_{xz}(3) & \cdots & r_{xz}(P+1)\\ \vdots & \vdots & \ddots & \vdots\\ r_{xz}(M-P+1) & r_{xz}(M-P+1) & \cdots & r_{xz}(M)\end{bmatrix} \tag{5.93}$$

根据定义可以重写为 $\boldsymbol{\Gamma}=\boldsymbol{\Theta H}$，其中 $\boldsymbol{\Theta}\in\mathbb{C}^{(M-P+1)\times K}$，$[\boldsymbol{\Theta}]_{p,q}=\mathrm{e}^{-\mathrm{j}\mu(p-1)\omega_q}$；$\boldsymbol{H}\in\mathbb{C}^{K\times P}$，$[\boldsymbol{H}]_{p,q}=r_{\mathrm{p}}\mathrm{e}^{-\mathrm{j}\mu(q-1)\omega_{\mathrm{p}}}$。

令 $\boldsymbol{R}_{\Gamma}=E\{\boldsymbol{\Gamma\Gamma}^{\mathrm{H}}\}=\boldsymbol{\Theta R}_{hh}\boldsymbol{\Theta}^{\mathrm{H}}$，并将它分为两部分，即

$$\boldsymbol{R}_1=\boldsymbol{R}_{\Gamma}(:,1:M-P)=\boldsymbol{\Theta R}_{hh}\boldsymbol{\Theta}_1^{\mathrm{H}}$$
$$\boldsymbol{R}_2=\boldsymbol{R}_{\Gamma}(:,2:M-P+1)=\boldsymbol{\Theta R}_{hh}\boldsymbol{\Theta}_2^{\mathrm{H}} \tag{5.94}$$

式中：$\boldsymbol{\Theta}_1$ 和 $\boldsymbol{\Theta}_2$ 分别为 $\boldsymbol{\Theta}$ 的前$(M-P)$行和后$(M-P)$行。显然，$\boldsymbol{\Theta}_2=\boldsymbol{\Theta}_1\boldsymbol{\Omega}$，其中 $\boldsymbol{\Omega}=\mathrm{diag}(\mathrm{e}^{-\mathrm{j}\mu\omega_1},\mathrm{e}^{-\mathrm{j}\mu\omega_2},\cdots\mathrm{e}^{-\mathrm{j}\mu\omega_K})$。将 $\boldsymbol{R}_1$ 和 $\boldsymbol{R}_2$ 组合到一个高矩阵 $\boldsymbol{R}_{12}\in\mathbb{C}^{2(M-P+1)\times(M-P)}$ 中有 $\boldsymbol{R}_{12}=[R_1^{\mathrm{T}}\quad R_2^{\mathrm{T}}]^{\mathrm{T}}=\boldsymbol{FR}_{hh}\boldsymbol{\Theta}_1^{\mathrm{H}}$，其中 $\boldsymbol{F}=[\boldsymbol{\Theta}^{\mathrm{H}}\quad\boldsymbol{\Omega\Theta}^{\mathrm{H}}]^{\mathrm{H}}$。然后 $\boldsymbol{R}_{12}$ 的 SVD 可以写为

$$\boldsymbol{R}_{12}=[\boldsymbol{U}_1\quad\boldsymbol{U}_2]\begin{bmatrix}\boldsymbol{\Sigma} & 0\\ 0 & 0\end{bmatrix}\boldsymbol{V}^{\mathrm{H}} \tag{5.95}$$

式中：$\boldsymbol{U}_1\in\mathbb{C}^{2(M-P+1)\times K}$；$\boldsymbol{U}_2\in\mathbb{C}^{2(M-P+1)\times(2(M-P+1)-K)}$。$\boldsymbol{R}_{12}^{\mathrm{H}}\boldsymbol{U}_2=\boldsymbol{\Theta}_1\boldsymbol{R}_{hh}^{\mathrm{H}}\boldsymbol{F}^{\mathrm{H}}\boldsymbol{U}_2=0$，因为 $\boldsymbol{\Theta}_1\boldsymbol{R}_{hh}^{\mathrm{H}}$ 为满秩，故 $\boldsymbol{F}^{\mathrm{H}}\boldsymbol{U}_2=0$。因此 $\boldsymbol{F}$ 和 $\boldsymbol{U}_1$ 张成了相同的子空间。这意味着 $\boldsymbol{U}_1=\boldsymbol{FT}$，其中 $\boldsymbol{T}$ 为非奇异矩阵。考虑 $\boldsymbol{U}_1=[\boldsymbol{U}_{11}^{\mathrm{T}}\quad\boldsymbol{U}_{12}^{\mathrm{T}}]^{\mathrm{T}}$，其中 $\boldsymbol{U}_{11},\boldsymbol{U}_{12}\in$

$\mathbb{C}^{(M-P+1)\times K}$，然后有 $\boldsymbol{\Theta}=\boldsymbol{U}_{11}\boldsymbol{T}^{-1}=\boldsymbol{U}_{12}\boldsymbol{T}^{-1}\boldsymbol{\Omega}$。

对 $\boldsymbol{U}_{12}^{\dagger}\boldsymbol{U}_{11}$ 进行 EVD 分解产生 $\boldsymbol{\Omega}$ 的估计，其对角线元素为 K 个特征值 ς_k，进而得到了 ω_k 的估计，即

$$\hat{\omega}_k=\frac{\angle\varsigma_k}{\mu},k=1,2,\cdots,K \tag{5.96}$$

由 $\hat{\omega}_k$ 得到一对 x 轴和 z 轴的 DOA 的余弦之间的差异。然后按照如下准则从 K^2 组候选估计角度中匹配出 K 组最终的结果，即

$$(\hat{\varphi}_k',\hat{\theta}_k)=\underset{\hat{\varphi}_k',\hat{\theta}_k}{\arg\min}\left|\hat{\omega}_k-(\cos\hat{\varphi}_i'-\cos\hat{\theta}_j)\right|,i,j,k=1,2,\cdots,K \tag{5.97}$$

得到了 φ_k' 和 θ_k 之后，φ_k 的估计可以通过 $\hat{\varphi}_k=\arccos\left(\dfrac{\cos\hat{\varphi}_k'}{\sin\hat{\theta}_k}\right)$ 直接计算出来。

对于简单的 L－阵列存在一个缺陷：当来波角度过小，比如小于 20°，估计将会失效[105]。为了消除这种特定情形的影响，双 L 阵得到了应用。实际上，在典型的通信系统中 $\theta_k\to0°$ 几乎不会出现。因此，这里也不考虑这种情况，算法流图如算法 5.2 所示。

下面将进行若干仿真来检验所提出的方法，然后比较跟其他方法在性能上的差异。仿真场景如下：假定一个如式(5.63)给出的模型，一个由两个正交的 ULA 组成的 L 阵。每个 ULA 都有 M 个传感器；信源数位 K；快拍数为 N。$\mathcal{X}$ 的前向切片数位 P，蒙特卡洛独立试验次数为 L。

算法 5.2　基于张量分解的 L 阵 2－D DOA 估计算法

步骤 1　按照张量建模方式构造接收信号张量 $\mathcal{X}$。

步骤 2　初始化张量分解。

(1) 利用三阶 Tucker 分解压缩式(5.88)，即 $\mathcal{X}=\boldsymbol{G}\times_1\boldsymbol{U}\times_2\boldsymbol{V}\times_3\boldsymbol{W}$。

(2) 对 $\boldsymbol{G}$ 做 ALS 迭代，然后得到一组因子矩阵 $\{\hat{\boldsymbol{B}},\hat{\boldsymbol{C}},\hat{\boldsymbol{D}}\}$。

(3) 获得 CPD 预处理的初始值：$\hat{\boldsymbol{A}}_{\text{pre}}=\boldsymbol{U}\hat{\boldsymbol{B}}_{\text{pre}}$，$\hat{\boldsymbol{S}}_{\text{pre}}=\boldsymbol{V}\hat{\boldsymbol{C}}_{\text{pre}}$，$\hat{\boldsymbol{\Psi}}_{\text{pre}}=\boldsymbol{W}\hat{\boldsymbol{D}}_{\text{pre}}$。

步骤 3　基于张量分解的 DOA 估计。

(1) 构造 $\boldsymbol{R}_{(1)}=E\{\boldsymbol{X}_{(1)}\boldsymbol{X}_{(1)}^{\mathrm{H}}\}$，其中 $\boldsymbol{X}_{(1)}=(\hat{\boldsymbol{\Psi}}_{\text{pre}}\odot\hat{\boldsymbol{S}}_{\text{pre}})\hat{\boldsymbol{A}}_{\text{pre}}^{\mathrm{T}}$。

(2) 把 ESPRIT 算法应用到 $\boldsymbol{R}_{(1)}$ 中，获得初始的 $\hat{\boldsymbol{A}}_{\text{ini}}$，$\hat{\boldsymbol{\Psi}}_{\text{ini}}$ 可以通过同样的方式求得。

(3) 利用前面得到的初始值，对张量 $\mathcal{X}$ 作 ALS 迭代。估计出来的子导向矩阵 $\hat{\boldsymbol{A}}$ 按照式(5.87)计算出来。

(4) 消除不确定性。然后通过子空间方法恢复$\hat{\boldsymbol{A}}$中的参数。

步骤 4　对估计出来的角度进行配对。

(1) 参照式(5.90)计算两个轴之间的$\boldsymbol{R}_{xz}$。

(2) 参照式(5.93),用$\boldsymbol{R}_{xz}$中的对角元素构造$\boldsymbol{\Gamma}$,然后获得$\boldsymbol{R}_{\Gamma}=E\{\boldsymbol{\Gamma}\boldsymbol{\Gamma}^{\mathrm{H}}\}$。将$\boldsymbol{R}_{\Gamma}$分为两部分(式(5.94)),并把这两部分组合为$\boldsymbol{R}_{12}$。

(3) 对$\boldsymbol{R}_{12}$作 SVD 分解(式(5.95)),获得矩阵$\boldsymbol{U}_1=[\boldsymbol{U}_{11}^{\mathrm{T}}\quad \boldsymbol{U}_{12}^{\mathrm{T}}]$,然后对$\boldsymbol{U}_{12}^{\dagger}\boldsymbol{U}_{11}$做 EVD 分解。

(4) 按照式(5.96)的方式获得$\hat{\omega}_k$,$k=1,2,\cdots,K$。

(5) 通过式(5.97)估计所估计出来的角度的配对。

仿真场景配置为$M=5$,$K=2$,$N=200$,每个传感器之间的距离为波长的一半;两组 DOA 分别为$(\varphi_1,\theta_1)=(100°,45°)$,$(\varphi_2,\theta_2)=(80°,65°)$;SNR 范围为$-3\sim15$dB。当快拍数$N=200$,蒙特卡罗试验次数$L=500$时,方位角-俯仰角估计的实现如图 5.9 所示。散布图显示当信噪比(Signal-to-Noise Ratio, SNR)大于 3dB 时,DOA 估计结果没出现混淆;实际上,如图 5.14(a)所示当 5dB 时检测概率就已接近 100%。

当信噪比固定为 5dB 时,不同角度分离度下方位角-俯仰角估计的对比如图 5.10 所示,其中角度分离度定义为Δ,两组 DOA 设定为$(\varphi_1,\theta_1)=(100°,45°)$,$(\varphi_2,\theta_2)=(\varphi_1+\Delta,\theta_1+\Delta)$,其中$\Delta\in[1°,21°]$。如散布图所示,当角度分离度小于 5°时,由于检测概率在低角度分离度情况下估计结果会模糊,如图 5.14(b)所示。

下面从均方根误差(Root Mean Square Error, RMSE)和检测概率两方面来对比各种方法,包括子空间算法如 MUSIC 算法[106],ESPRIT 算法[108],以及[117]提出的联合 SVD 算法。

估计出来的 DOA 的 RMSE 定义为

$$\mathrm{RMSE}\triangleq\sqrt{\frac{1}{L}\sum_{l=1}^{L}(\varepsilon_{\varphi}(l)^2+\varepsilon_{\theta}(l)^2)} \tag{5.98}$$

式中:$\varepsilon_{\varphi}(l)=\frac{1}{K}\sum_{k=1}^{K}(\hat{\varphi}_k(l)-\varphi_k)$;$\varepsilon_{\theta}(l)=\frac{1}{K}\sum_{k=1}^{K}(\hat{\theta}_k(l)-\theta_k)$,这里$(\hat{\varphi}_k(l),\hat{\theta}_k(l))$为在第$l$次独立试验中 DOA 的第$k$个估计。

克拉美罗下界定义为$\mathrm{CRLB}=\frac{1}{L}\sum_{l=1}^{L}(\mathrm{CRLB}_{\varphi}(l)+\mathrm{CRLB}_{\theta}(l))$,$\mathrm{CRLB}_{\varphi}(l)$定义为$\mathrm{CRLB}_{\varphi}(l)=\sqrt{\frac{1}{K}\sum_{k=1}^{K}(\mathrm{diag}(\mathrm{CRLB}_x(l)))}$,其中$\mathrm{CRLB}_x(l)$

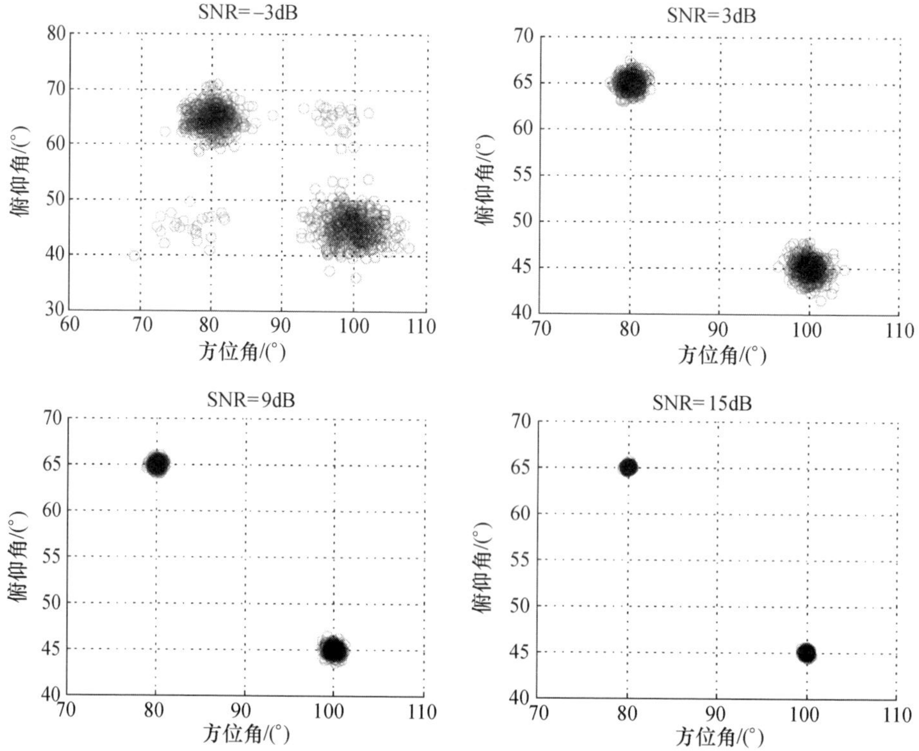

图 5.9　对于来自(100°,45°)和(80°,65°)两个方向的不相关信源,蒙特卡洛试验次数为 500($M=5,K=2,N=200$),不同 SNR 下的方位角 – 俯仰角散布图

为第 l 次试验中 x 轴估计的克拉美罗下界[114];$\mathrm{CRLB}_{\theta}(l)$有同样的定义。

不同的 SNR 下的 RMSE 曲线展示在图 5. 11(a)中。由结果可知所提出的方法优于其他方法。MUSIC 算法在低信噪比时表现较差,但当信噪比大于 3dB 时,跟 ESPRIT 算法相似。有趣的是,联合 SVD 算法的 RMSE 在高 SNR 时变得平坦,这是由其相关的缺陷造成的。在验证这个方法[117]的过程中,类似 ESPRIT 算法中的非奇异矩阵 $\boldsymbol{T}$ 和与 K 个 DOA 的相位角度对应的特征矢量被认为是相同的,这在实际情况中很难满足。如图 5. 11(a)所示,这个不足之处导致了较差的性能。

不同角度分离值下的 RMSE 曲线如图 5. 11(b)所示。结果显示,所提出的算法在所有分离度范围内都有更加优异的表现。甚至在小角度分离时,所提出的算法比相关方法效果都要好。另外,MUSIC 算法的性能对于角度分离度很敏感,特别是在小角度分离度的时候。

接下来,给出了所提出方法在多种角度分离度、不同信噪比下的 RMSE(图 5. 12)。仿真结果给出了在不同信噪比下的一个清晰的对比。这表明所提出的

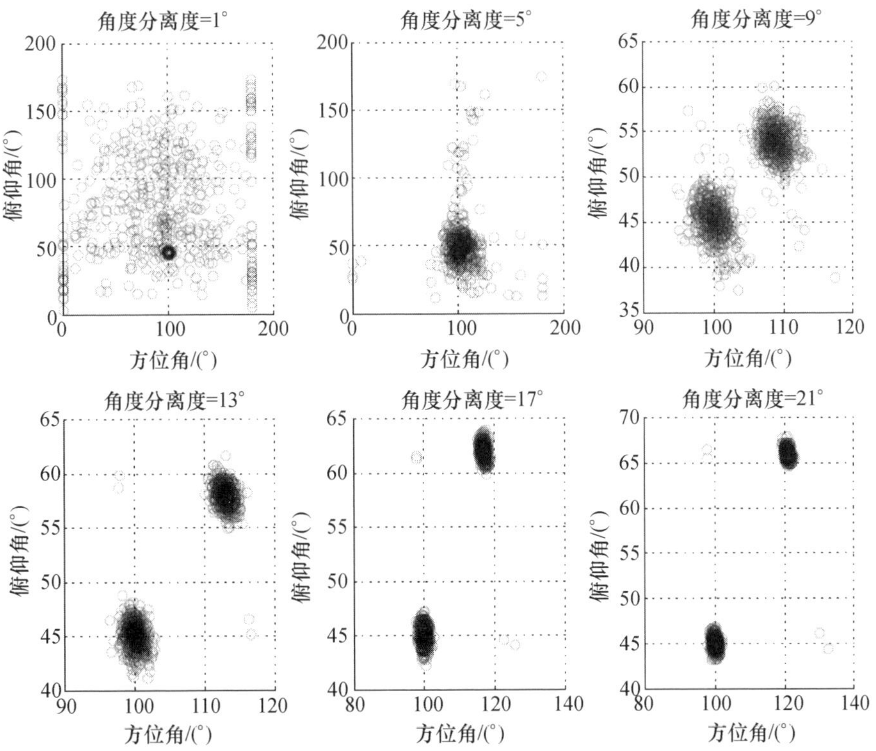

图 5.10　不同角度分离度下的方位角 - 俯仰角散布图。共 500 次蒙特卡洛试验($M=5$, $K=2$, $N=200$)，两个非相关信号分别位于(100°，45°)(100° + Δ，45° + Δ)

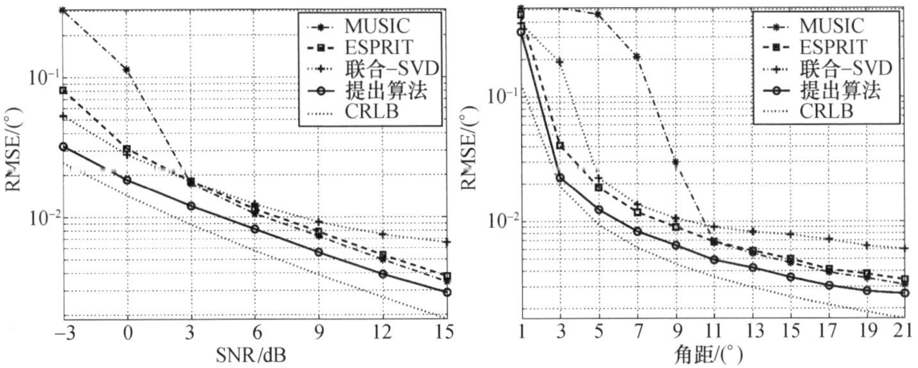

(a) 不同信噪比下的对比　　(b) 不同角度分离度下的对比

图 5.11　RMSE 比较，共计 500 次蒙特卡洛试验($M=5$, $K=2$, $N=200$)

方法显著地受到角度分离度和 SNR 的影响。

相干信号的性能：当相干信号存在于接收端时，所提出的方法采用 Tucker

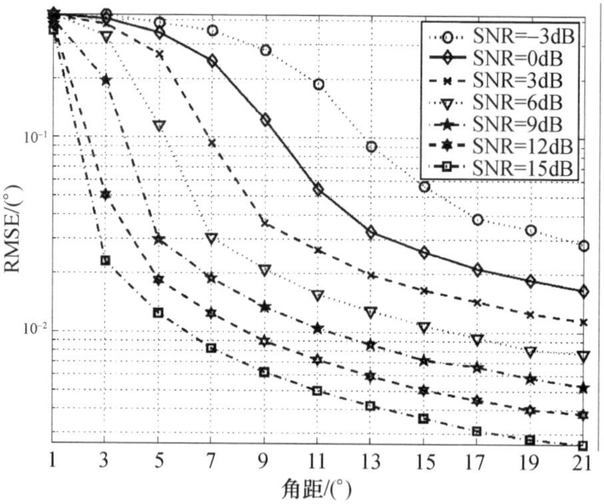

图 5.12　所提出算法在不同信噪比和角度分离值下的 RMSE 对比，共计 500 次蒙特卡洛试验（$M=5,K=2,N=200$）

分解。其他相关的方法如 MUSIC 算法和 ESPRIT 算法则利用空间平滑策略[115,116]。由于联合 SVD 算法不适用于相干信号，故这里没有考虑。

为了验证所提出方法在不同信噪比下的性能，RMSE 曲线展示在图 5.13(a)中。结果表明即使对于相干信号，所提出的方法在不同信噪比下均优于其他算法。另外，所提出算法的优越性在信噪比低时更明显。

不同角度分离度的 RMSE 如图 5.13(b)所示。结果显示，只要角度分离度不是太低，所提出的方法都比相关方法优越。

检测概率使用成功配对率来定义的，成功配对即表明所提出方法的有效性。

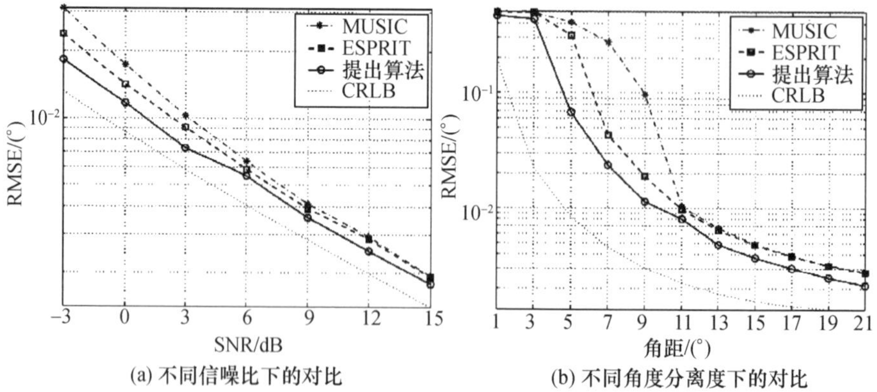

图 5.13　相干信号的 RMSE 对照，共计 500 次蒙特卡洛试验（$M=5,K=2,N=200$）

对比不同信噪比图 5.14(a)结果表明所提出的算法具有较高的检测概率。

另外,还可以看出即使在低信噪比下,所提出的方法都比对照方法效果要好。比如,当 SNR 为 0dB 时,所提出的方法检测概率为 83.9%,比 MUSIC 算法的 2 倍(38.6%)还高。还有,当信噪比高于 5dB 时,所提出的方法实际上实现了 100% 的检测概率。

不同角度分离度下的检测概率曲线如图 5 – 14(b)所示。结果显示,所提出的方法比其他配对方法性能都要优异。对于小的角度差异(如 1°),所提出方法的检测概率(46.8%)比 MUSIC 算法(32.8%)提升了 43%;对于大的角度差异(如 11°),所提出方法的检测概率(99.8%)相对于 MUSIC 算法(60.2%)展示出接近 66% 的提升。结果表明,所提出的算法能够用于恶劣环境并表现出更好的性能。

(a) 不同信噪比下的对比　　　　(b) 不同角度分离度下的对比

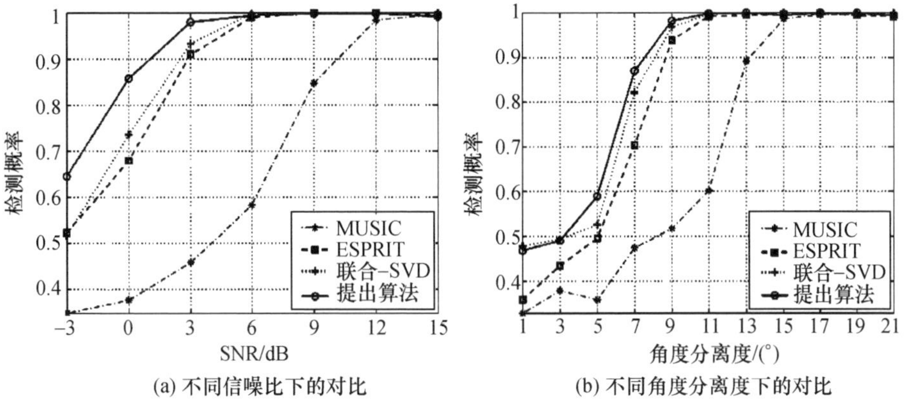

图 5.14　检测概率的对比,蒙特卡洛试验共计 500 次($M = 5, K = 2, N = 200$)

█ 5.4　基于三维几何代数空间的参数估计及其性能分析

5.4.1　G3 框架下的麦克斯韦方程组

考虑电磁波在各向同性的、不导电的均一介质中传播,在三维欧几里得空间坐标系中,用 e_1, e_2, e_3 分别表示直角坐标系中的 x 轴、y 轴和 z 轴,则电磁波信号传播过程中满足如下麦克斯韦方程组

$$\nabla \times \boldsymbol{E} = -\mu \frac{\partial \boldsymbol{H}}{\partial t}$$

$$\nabla \cdot \boldsymbol{E} = \frac{\rho}{\varepsilon}$$

$$\nabla \times \boldsymbol{H} = \varepsilon \frac{\partial \boldsymbol{E}}{\partial t}$$

$$\nabla \cdot \boldsymbol{H}=0 \tag{5.99}$$

式中：$\boldsymbol{E}=\boldsymbol{E}_x\boldsymbol{e}_1+\boldsymbol{E}_y\boldsymbol{e}_2+\boldsymbol{E}_z\boldsymbol{e}_3$，$\boldsymbol{H}=\boldsymbol{H}_x\boldsymbol{e}_1+\boldsymbol{H}_y\boldsymbol{e}_2+\boldsymbol{H}_z\boldsymbol{e}_3$分别为电磁波的三维电场分量和三维磁场分量；$\varepsilon$ 和 μ 分别为传播介质的介电常数和磁导率；ρ 为该处介质的电荷密度。

由几何代数的基本运算可以将式(5.99)转换为如下表示形式，即

$$\nabla \wedge \boldsymbol{E}+\boldsymbol{e}_{123}\mu\frac{\partial H}{\partial t}=0$$

$$\nabla \cdot \boldsymbol{E}=\frac{\rho}{\varepsilon}$$

$$\nabla \cdot (\boldsymbol{e}_{123}\boldsymbol{H})+\varepsilon\frac{\partial \boldsymbol{E}}{\partial t}=0$$

$$\nabla \wedge (\boldsymbol{e}_{123}\boldsymbol{H})=0 \tag{5.100}$$

将式(5.100)中的4个等式依次相加，为了便于理论分析，通常忽略系数的影响(取 $\varepsilon=\mu=1$)，可将其化简为

$$\nabla(\boldsymbol{E}+\boldsymbol{e}_{123}\boldsymbol{H})+\frac{\mathrm{d}(\boldsymbol{e}_{123}\boldsymbol{H}+\boldsymbol{E})}{\mathrm{d}t}=\frac{\rho}{\varepsilon} \tag{5.101}$$

式中：$\boldsymbol{E}$ 为电场矢量；$\boldsymbol{e}_{123}\boldsymbol{H}$ 为磁场双矢量。令 $\boldsymbol{F}=\boldsymbol{E}+\boldsymbol{e}_{123}\boldsymbol{H}$，式(5.101)可进一步化简为

$$\nabla\boldsymbol{F}+\frac{\mathrm{d}F}{\mathrm{d}t}=\frac{\rho}{\varepsilon} \tag{5.102}$$

式中：$\boldsymbol{F}=\boldsymbol{E}+\boldsymbol{e}_{123}\boldsymbol{H}$ 作为一个多重矢量同时表征了电磁波的电场强度和磁场强度的全部信息，在电磁领域被称为法拉第双矢量(或电磁双矢量)。

5.4.2 阵列接收信号的 G3 - MODEL

在 G3 几何代数框架下，三维矢量窄带信号 $s(t)$ 可以表征为

$$s(t)=s_0(t)\exp[\boldsymbol{e}_{123}(2\pi f_0 t-\boldsymbol{k}^{\mathrm{T}}\boldsymbol{r})] \tag{5.103}$$

法拉第双矢量可以完整描述电磁波的各电场分量和磁场分量，即

$$\begin{aligned}\boldsymbol{F}&=\boldsymbol{E}+\boldsymbol{e}_{123}\boldsymbol{H}\\&=(\boldsymbol{e}_1\boldsymbol{E}_x+\boldsymbol{e}_2\boldsymbol{E}_y+\boldsymbol{e}_3\boldsymbol{E}_z)+\boldsymbol{e}_{123}(\boldsymbol{e}_1\boldsymbol{H}_x+\boldsymbol{e}_2\boldsymbol{H}_y+\boldsymbol{e}_3\boldsymbol{H}_z)\\&=\boldsymbol{T}[\boldsymbol{E}_x\quad \boldsymbol{E}_y\quad \boldsymbol{E}_z\quad \boldsymbol{H}_x\quad \boldsymbol{H}_y\quad \boldsymbol{H}_z]^{\mathrm{T}}\end{aligned} \tag{5.104}$$

式中：$\boldsymbol{T}=[\boldsymbol{e}_1\quad \boldsymbol{e}_2\quad \boldsymbol{e}_3\quad \boldsymbol{e}_{23}\quad \boldsymbol{e}_{31}\quad \boldsymbol{e}_{12}]$为长矢量模型向几何代数模型转化的变换矩阵。

同样考虑 K 个窄带信号源($\Theta_k=\{\varphi_k,\theta_k,\gamma_k,\eta_k\}$，$(k=1,2,\cdots,K)$)的平面电磁波入射到 M 个矢量传感器阵列上，在几何代数模型中，第 k 个信号的来波方向为

$$\boldsymbol{u}_k = \sin\theta_k\cos\varphi_k\boldsymbol{e}_1 + \sin\theta_k\sin\varphi_k\boldsymbol{e}_2 + \cos\theta_k\boldsymbol{e}_3 \tag{5.105}$$

并且,电磁矢量传感器接收的电场与磁场信号的多矢量表示形式为

$$\begin{aligned}\boldsymbol{Y}_E(\boldsymbol{\Theta}_k,t) &= \boldsymbol{e}_1\boldsymbol{Y}_{Ex}(\boldsymbol{\Theta}_k,t) + \boldsymbol{e}_2\boldsymbol{Y}_{Ey}(\boldsymbol{\Theta}_k,t) + \boldsymbol{e}_3\boldsymbol{Y}_{Ez}(\boldsymbol{\Theta}_k,t)\\ \boldsymbol{Y}_H(\boldsymbol{\Theta}_k,t) &= \boldsymbol{e}_1\boldsymbol{Y}_{Hx}(\boldsymbol{\Theta}_k,t) + \boldsymbol{e}_2\boldsymbol{Y}_{Hy}(\boldsymbol{\Theta}_k,t) + \boldsymbol{e}_3\boldsymbol{Y}_{Hz}(\boldsymbol{\Theta}_k,t)\end{aligned} \tag{5.106}$$

由 G3 几何代数框架下,磁场与电场的关系可以描述为 $\boldsymbol{e}_{123}\boldsymbol{H} = \frac{1}{\eta}\boldsymbol{uE}$,而根据几何代数中麦克斯韦方程组的表述,利用法拉第双矢量描述电磁矢量传感器接收到的全部电磁信息,则第 k 个电磁源在原点电磁矢量传感器的输出可以组合成如下统一表示

$$\begin{aligned}Z_{0EH}(\boldsymbol{\Theta}_k,t) &= \boldsymbol{Y}_E(\boldsymbol{\Theta}_k,t) + \boldsymbol{e}_{123}\boldsymbol{Y}_H(\boldsymbol{\Theta}_k,t)\\ &= (1+u_k)S_{kE}(t) + N_k(t)\end{aligned} \tag{5.107}$$

式中:$\boldsymbol{Z}_{0EH}(\boldsymbol{\Theta}_k,t)$ 为矢量传感器接收到的电磁波信号的多矢量整体表达;$\boldsymbol{N}_k(t) \triangleq \boldsymbol{N}_{kE}(t) + \boldsymbol{e}_{123}\boldsymbol{N}_{kH}(t)$ 为描述矢量传感器测量噪声的多矢量;$S_{kE}(t)$ 为矢量传感器接收到的无噪声的电场信号复包络,在考虑电磁波的极化特性时,$S_{kE}(t)$ 可以表示为

$$S_{kE}(t) = [v_{1k} \quad v_{2k}]P_k s_k(t) \tag{5.108}$$

式中:$\boldsymbol{v}_{1k}$ 和 $\boldsymbol{v}_{2k}$ 为两个单位矢量;$\boldsymbol{P}_k$ 为极化相位描述子,并且

$$\begin{aligned}\boldsymbol{v}_{1k} &= -\sin\varphi_k e_1 + \cos\varphi_k e_2\\ \boldsymbol{v}_{2k} &= \cos\varphi_k\cos\theta_k e_1 + \sin\varphi_k\cos\theta_k e_2 - \sin\theta_k e_3\\ \boldsymbol{P}_k &= [\cos\gamma_k \quad \sin\gamma_k \mathrm{e}^{\boldsymbol{e}_{123}\eta_k}]^{\mathrm{T}}\end{aligned} \tag{5.109}$$

定义 $\boldsymbol{V}_Z(\phi_k,\theta_k) = \boldsymbol{v}_{1k} + \boldsymbol{e}_{123}\boldsymbol{v}_{2k}$,$\boldsymbol{P}_Z(\gamma_k,\eta_k) = \cos\gamma_k - \boldsymbol{e}_{123}\sin\gamma_k \mathrm{e}^{\boldsymbol{e}_{123}\eta_k}$,则第 k 个源信号在原点电磁矢量传感器的测量模型可以表示为

$$\begin{aligned}\boldsymbol{Z}_{0EH}(\boldsymbol{\Theta}_k,t) &= (1+\boldsymbol{u}_k)[\boldsymbol{v}_{2k} \quad \boldsymbol{v}_{1k}]\boldsymbol{P}_k S_k(t) + \boldsymbol{N}_k(t)\\ &= \boldsymbol{V}_Z(\varphi_k,\theta_k)\boldsymbol{P}_Z(\gamma_k,\eta_k)S_k(t) + \boldsymbol{N}_k(t)\end{aligned} \tag{5.110}$$

考虑阵列的空间采样,若第 l 个矢量传感器的空间坐标为 (x_l,y_l,z_l),电磁波波长为 λ,则第 k 个电磁源关于第 l 个矢量传感器的空间相位因子表示为

$$q_l(\varphi_k,\theta_k) = \mathrm{e}^{\boldsymbol{e}_{123}2\pi/\lambda(x_l\sin\theta_k\cos\varphi_k + y_l\sin\theta_k\sin\varphi_k + z_l\cos\theta_k)} \tag{5.111}$$

令 $\boldsymbol{q}(\varphi_k,\theta_k) = [q_1(\varphi_k,\theta_k) \quad q_2(\varphi_k,\theta_k) \quad \cdots \quad q_M(\varphi_k,\theta_k)]^{\mathrm{T}}$ 表示所有矢量传感器对第 k 个电磁源的空域导向矢量,则整个阵列的测量模型可表示为

$$\boldsymbol{Z}_{EH}(\boldsymbol{\Theta}_k,t) = \sum_{k=1}^{K}\boldsymbol{q}(\varphi_k,\theta_k)\boldsymbol{V}_Z(\varphi_k,\theta_k)\boldsymbol{P}_Z(\gamma_k,\eta_k)S_k(t) + \boldsymbol{N}_Z(t) \tag{5.112}$$

5.4.3 G3 - MUSIC 算法

如 5.4.2 节所述,电磁矢量传感器阵列的测量模型如式(5.112)所示,则整个阵列的在 G3 - MODEL 形式下的导向矢量可以表示为

$$\begin{aligned}\boldsymbol{A}_Z(\boldsymbol{\Theta}_k) &= \boldsymbol{V}_Z(\varphi_k,\theta_k)\boldsymbol{P}_Z(\gamma_k,\eta_k)q(l_k,\theta_k)\\ &= \boldsymbol{\alpha}_Z(\varphi_k,\theta_k)\boldsymbol{P}_Z(\gamma_k,\eta_k)\end{aligned} \tag{5.113}$$

式中:$\boldsymbol{\alpha}_Z(\varphi_k,\theta_k)=\boldsymbol{q}(\varphi_k,\theta_k)\boldsymbol{V}_Z(\varphi_k,\theta_k)$为导向矢量$\boldsymbol{A}_Z(\boldsymbol{\Theta}_k)$中与角度参数有关的部分;$\boldsymbol{P}_Z(\gamma_k,\eta_k)=\cos\gamma_k-e_{123}\sin\gamma_k \mathrm{e}^{e_{123}\eta_k}$为与极化参数有关的部分。

由$\boldsymbol{P}_Z(\gamma_k,\eta_k)$的表达式可看出,当且仅当$\gamma_k=\dfrac{\pi}{4},\eta_k=-\dfrac{\pi}{2}$时,$\boldsymbol{P}_Z(\gamma_k,\eta_k)=0$,表明式(5.112)中$\boldsymbol{Z}_{EH}$不包含极化状态为$\gamma_k=\dfrac{\pi}{4}$,且$\eta_k=-\dfrac{\pi}{2}$的电磁源的信号,为保证在数据处理的过程中不漏掉任何极化状态的电磁信号源,需对偶地考虑磁源信号。

与式(5.107)相应的,每个矢量传感器的输出可以对偶地组合成如下形式,即

$$\boldsymbol{W}_{EH}(\boldsymbol{\Theta}_k,t)=\boldsymbol{Y}_E(\boldsymbol{\Theta}_k,t)-\boldsymbol{e}_{123}\boldsymbol{Y}_H(\boldsymbol{\Theta}_k,t) \tag{5.114}$$

定义$\boldsymbol{V}_W(\varphi_k,\theta_k)=\boldsymbol{v}_1(\varphi_k,\theta_k)-\boldsymbol{e}_{123}\boldsymbol{v}_2(\varphi_k,\theta_k)$,$\boldsymbol{P}_W(\gamma_k,\eta_k)=\cos\gamma_k+\boldsymbol{e}_{123}\sin\gamma_k \mathrm{e}^{\boldsymbol{e}_{123}\eta_k}$,则与式(5.112)对应,整个阵列的测量模型可表示为

$$\boldsymbol{W}_{EH}(\boldsymbol{\Theta}_k,t)=\sum_{k=1}^{K}\boldsymbol{q}(\varphi_k,\theta_k)\boldsymbol{V}_W(\varphi_k,\theta_k)\boldsymbol{P}_W(\gamma_k,\eta_k)S_k(t)+\boldsymbol{N}_W(t) \tag{5.115}$$

在此种模型下,阵列的导向矢量可以表示为

$$\begin{aligned}\boldsymbol{A}_W(\boldsymbol{\Theta}_k) &= q(\varphi_k,\theta_k)\boldsymbol{V}_W(\varphi_k,\theta_k)\boldsymbol{P}_W(\gamma_k,\eta_k)\\ &= \boldsymbol{\alpha}_W(\varphi_k,\theta_k)\boldsymbol{P}_W(\gamma_k,\eta_k)\end{aligned} \tag{5.116}$$

式中:$\boldsymbol{\alpha}_W(\varphi_k,\theta_k)=\boldsymbol{q}(\varphi_k,\theta_k)\boldsymbol{V}_W(\varphi_k,\theta_k)$为导向矢量$\boldsymbol{A}_W(\boldsymbol{\Theta}_k)$中与角度参数有关的部分,$\boldsymbol{P}_W(\gamma_k,\eta_k)$表示与极化参数有关的部分。

由$\boldsymbol{P}_W(\gamma_k,\eta_k)$表达式可以看出,当且仅当$\gamma_k=\dfrac{\pi}{4}$,且$\eta_k=\dfrac{\pi}{2}$时,$\boldsymbol{P}_W(\gamma_k,\eta_k)=0$,表明式(5.115)中$\boldsymbol{W}_{EH}$不包含极化状态为$\gamma_k=\dfrac{\pi}{4}$,且$\eta_k=\dfrac{\pi}{2}$的电磁源的信号。

若同时考虑$\boldsymbol{Z}_{EH}$和$\boldsymbol{W}_{EH}$,就不会遗漏任何极化状态的信号源。

设 k 个电磁源信号组成的列矢量为$\boldsymbol{S}(t)\triangleq[S_1(t)\ S_2(t)\ \cdots\ S_K(t)]$,阵列的导向矢量为$\boldsymbol{A}_Z=[\boldsymbol{A}_Z(\boldsymbol{\Theta}_1)\quad \boldsymbol{A}_2(\boldsymbol{\Theta}_2)\quad \cdots\quad \boldsymbol{A}_Z(\boldsymbol{\Theta}_K)]$,$\boldsymbol{A}_W=[\boldsymbol{A}_W(\boldsymbol{\Theta}_1)\quad \boldsymbol{A}_W(\boldsymbol{\Theta}_2)\quad \cdots\quad \boldsymbol{A}_W(\boldsymbol{\Theta}_K)]$,则整个阵列的测量模型可以写为矩阵的形式

$$\boldsymbol{Z}_{EH}(t) = \boldsymbol{A}_Z\boldsymbol{S}(t) + \boldsymbol{N}_Z(t)$$
$$\boldsymbol{W}_{EH}(t) = \boldsymbol{A}_W\boldsymbol{S}(t) + \boldsymbol{N}_W(t) \tag{5.117}$$

在 t 时刻,阵列输出矩阵的协方差矩阵理论上可以表示为

$$\boldsymbol{R}_Z = \mathbb{E}\{\boldsymbol{Z}_{EH}\boldsymbol{Z}_{EH}^{\mathrm{H}}\} = \boldsymbol{A}_Z\boldsymbol{R}_S\boldsymbol{A}_Z^{\mathrm{H}} + 6\sigma^2\boldsymbol{I}_M$$
$$\boldsymbol{R}_W = \mathbb{E}\{\boldsymbol{W}_{EH}\boldsymbol{W}_{EH}^{\mathrm{H}}\} = \boldsymbol{A}_W\boldsymbol{R}_S\boldsymbol{A}_W^{\mathrm{H}} + 6\sigma^2\boldsymbol{I}_M \tag{5.118}$$

式中:$\boldsymbol{R}_{\hat{S}} = \mathbb{E}\{\boldsymbol{SS}^{\mathrm{H}}\}$为信号的协方差矩阵;$\sigma^2$为每根天线上的噪声功率。

假设窄带信号源数目 K 已知,$\boldsymbol{R}_Z$和 $\boldsymbol{R}_W$是酉矩阵,可以实现以下特征分解,即

$$\boldsymbol{R}_Z = \boldsymbol{U}_{Zs}\boldsymbol{R}_{Zs}\boldsymbol{U}_{Zs}^{\mathrm{H}} + \boldsymbol{U}_{Zn}\boldsymbol{R}_{Zn}\boldsymbol{U}_{Zn}^{\mathrm{H}}$$
$$\boldsymbol{R}_W = \boldsymbol{U}_{Ws}\boldsymbol{R}_{Ws}\boldsymbol{U}_{Ws}^{\mathrm{H}} + \boldsymbol{U}_{Wn}\boldsymbol{R}_{Wn}\boldsymbol{U}_{Wn}^{\mathrm{H}} \tag{5.119}$$

式中:$\boldsymbol{U}_{Zs}$和 $\boldsymbol{U}_{Ws}$分别由 $\boldsymbol{R}_Z$和 $\boldsymbol{R}_W$最大的 $4K$ 个特征值所对应的的特征矢量张成协方差矩阵的信号子空间;$\boldsymbol{U}_{Zn}$和 $\boldsymbol{U}_{Wn}$分别由 $\boldsymbol{R}_Z$和 $\boldsymbol{R}_W$剩余的 $4M-4K$ 个较小的特征值所对应的的特征矢量构成的矩阵,它们张成协方差矩阵的噪声子空间。

分别将 $\boldsymbol{Z}_{EH}(t)$和 $\boldsymbol{W}_{EH}(t)$的导向矢量投影到噪声子空间 $\boldsymbol{U}_{Zn}$和 $\boldsymbol{U}_{Wn}$,可以得到

$$\boldsymbol{A}_Z^{\mathrm{H}}(\boldsymbol{\Theta}_k)\boldsymbol{U}_{Zn} = 0$$
$$\boldsymbol{A}_W^{\mathrm{H}}(\boldsymbol{\Theta}_k)\boldsymbol{U}_{Wn} = 0 \tag{5.120}$$

实际应用中,根据 N 快拍得到的接收数据,用时间平均估计空间协方差矩阵$\hat{\boldsymbol{R}}_Z$和$\hat{\boldsymbol{R}}_W$为

$$\hat{\boldsymbol{R}}_Z = \frac{1}{N}\sum_{i=1}^{N}\boldsymbol{z}_{EH}(t_i)\boldsymbol{z}_{EH}^{\mathrm{H}}(t_i) = \hat{\boldsymbol{U}}_{Zs}\hat{\boldsymbol{R}}_{Zs}\hat{\boldsymbol{U}}_{Zs}^{\mathrm{H}} + \hat{\boldsymbol{U}}_{Zn}\hat{\boldsymbol{R}}_{Zn}\hat{\boldsymbol{U}}_{Zn}^{\mathrm{H}}$$
$$\hat{\boldsymbol{R}}_W = \frac{1}{N}\sum_{i=1}^{N}\boldsymbol{w}_{EH}(t_i)\boldsymbol{w}_{EH}^{\mathrm{H}}(t_i) = \hat{\boldsymbol{U}}_{Ws}\hat{\boldsymbol{R}}_{Ws}\hat{\boldsymbol{U}}_{Ws}^{\mathrm{H}} + \hat{\boldsymbol{U}}_{Wn}\hat{\boldsymbol{R}}_{Wn}\hat{\boldsymbol{U}}_{Wn}^{\mathrm{H}} \tag{5.121}$$

此时,$\boldsymbol{Z}_{EH}(t)$和 $\boldsymbol{W}_{EH}(t)$的导向矢量 $\boldsymbol{A}_Z(\boldsymbol{\Theta}_k)$和 $\boldsymbol{A}_W(\boldsymbol{\Theta}_k)$与噪声子空间并不严格地满足正交方程式,$\boldsymbol{A}_Z^{\mathrm{H}}(\boldsymbol{\Theta}_k)\hat{\boldsymbol{U}}_{Zn}$和 $\boldsymbol{A}_W^{\mathrm{H}}(\boldsymbol{\Theta}_k)\hat{\boldsymbol{U}}_{Wn}$并不严格等于零,而是一个很小的值。于是,可以构造如下谱函数

$$\hat{P}_Z(\boldsymbol{\Theta}) = \frac{1}{\|\boldsymbol{A}_Z^{\mathrm{H}}(\boldsymbol{\Theta})\hat{\boldsymbol{U}}_{Zn}\|_2^2}$$
$$\hat{P}_W(\boldsymbol{\Theta}) = \frac{1}{\|\boldsymbol{A}_W^{\mathrm{H}}(\boldsymbol{\Theta})\hat{\boldsymbol{U}}_{Wn}\|_2^2} \tag{5.122}$$

要正确估计出第 k 电磁源的角度和极化参数 $\boldsymbol{\Theta}_k = \{\varphi_k, \theta_k, \gamma_k, \eta_k\}$,只需在关于角度和极化参数 $\boldsymbol{\Theta} = \{\varphi, \theta, \gamma, \eta\}$的四维空间进行谱峰搜索即可。

但四维空间谱搜索非常地耗时,如只需对目标进行 DOA 参数估计,则可以通过角度参数和极化参数的解耦,直接在关于角度参数$\{\phi, \theta\}$的两维空间中进

行谱峰搜索，即

$$\hat{\boldsymbol{P}}_Z(\varphi_k,\theta_k)=\frac{1}{\|\boldsymbol{\alpha}_Z^{\mathrm{H}}(\varphi_k,\theta_k)\hat{\boldsymbol{U}}_{Zn}\|_2^2}$$

$$\hat{\boldsymbol{P}}_W(\varphi_k,\theta_k)=\frac{1}{\|\boldsymbol{\alpha}_W^{\mathrm{H}}(\varphi_k,\theta_k)\hat{\boldsymbol{U}}_{Wn}\|_2^2} \tag{5.123}$$

角度参数与极化参数可以进行如下的解耦处理

$$\begin{aligned}\|\boldsymbol{A}_Z^{\mathrm{H}}(\boldsymbol{\Theta})\hat{\boldsymbol{U}}_{Zn}\|_2^2&=\mathbb{S}\{\boldsymbol{\alpha}_Z^{\mathrm{H}}(\varphi_k,\theta_k)\boldsymbol{P}_Z^{\mathrm{H}}(\gamma_k,\eta_k)\hat{\boldsymbol{U}}_{Zn}\hat{\boldsymbol{U}}_{Zn}^{\mathrm{H}}\boldsymbol{P}_Z(\gamma_k,\eta_k)\boldsymbol{\alpha}_Z(\varphi_k,\theta_k)\}\\&=\mathbb{S}\{\boldsymbol{\alpha}_Z^{\mathrm{H}}(\varphi_k,\theta_k)\hat{\boldsymbol{U}}_{Zn}\hat{\boldsymbol{U}}_{Zn}^{\mathrm{H}}\boldsymbol{\alpha}_Z(\varphi_k,\theta_k)\}\mathbb{S}\{P_Z^{\mathrm{H}}(\gamma_k,\eta_k)\boldsymbol{P}_Z(\gamma_k,\eta_k)\}\\&=\|\boldsymbol{\alpha}_Z^{\mathrm{H}}(\varphi_k,\theta_k)\hat{\boldsymbol{U}}_{Zn}\|_2^2(1+\sin2\gamma_k\sin\eta_k)\end{aligned} \tag{5.124}$$

式中：$\boldsymbol{P}_Z(\gamma_k,\eta_k)=\cos\gamma_k-\boldsymbol{e}_{123}\sin\gamma_k\mathrm{e}^{\boldsymbol{e}_{123}\eta_k}$为标量和三重矢量构成的多矢量。

如上面所述，$\boldsymbol{Z}_{EH}(t)$如不包含极化状态为$\gamma_k=\dfrac{\pi}{4},\eta_k=-\dfrac{\pi}{2}$的电磁源信号，则$\hat{\boldsymbol{P}}_Z(\varphi_k,\theta_k)$无法实现对极化状态为$\gamma_k=\dfrac{\pi}{4},\eta_k=-\dfrac{\pi}{2}$的电磁源信号的 DOA 估计；$\boldsymbol{W}_{EH}(t)$如不包含极化状态为$\gamma_k=\dfrac{\pi}{4},\eta_k=\dfrac{\pi}{2}$的电磁源信号，$\hat{\boldsymbol{P}}_W(\varphi_k,\theta_k)$无法实现对极化状态为$\gamma_k=\dfrac{\pi}{4},\eta_k=\dfrac{\pi}{2}$的电磁源信号的 DOA 估计。为不遗漏任何极化状态的电磁信号，必须同时考虑空间谱$\hat{\boldsymbol{P}}_Z(\varphi_k,\theta_k)$和$\hat{\boldsymbol{P}}_W(\varphi_k,\theta_k)$，则 G3 - MODEL 下与极化参数无关的 MUSIC 空间谱可以定义为

$$\hat{\boldsymbol{P}}_{G3}(\varphi_k,\theta_k)=\hat{\boldsymbol{P}}_Z(\varphi_k,\theta_k)+\hat{\boldsymbol{P}}_W(\varphi_k,\theta_k) \tag{5.125}$$

采用上式的谱搜索，即可在信号极化状态未知的情况下采用二维谱搜索得到其 DOA 估计。

G3 - MUSIC 算法进行 DOA 估计的流程如下：

步骤 1 根据阵列接收数据，按式(5.112)和式(5.115)建立 G3 框架下的测量模型。

步骤 2 按式(5.121)估计协方差矩阵$\hat{\boldsymbol{R}}_Z$和$\hat{\boldsymbol{R}}_W$，并进行特征值分解。

步骤 3 分别把导向矢量角度部分投影到噪声子空间中，按式(5.125)构造二维空间谱。

步骤 4 搜索空间谱，其中最大的 K 个峰值所对应的方位角和俯仰角即估计所得参数。

本方法采用几何代数模型的 MUSIC 算法实现角度参数与极化参数的解耦，并且能检测出所有电磁源的角度信息而不考虑其极化信息。

文献[123,124]中已对电磁矢量传感器阵列的 G3 - MODEL 及其参数估计

方法的性能进行了详细的讨论,其性能优势主要体现在以下三个方面:

(1) G3 - MUSIC 的协方差矩阵可以去除或削弱电磁矢量传感器内部噪声分量之间的相关性。

(2) G3 - MUSIC 的协方差矩阵估计过程所需计算量和存储空间会大量减少。

(3) 利用 G3 - MUSIC 进行参数估计时可以很方便地实现角度参数和极化参数的解耦,在不关心极化参数的情况下采用二维角度搜索实现信号源的 DOA 估计。

5.4.4　仿真实验

本小节通过仿真实验验证采用 G3 - MUSIC 算法的进行 DOA 估计的有效性,而其 DOA 估计性能将在后文的仿真试验中进一步讨论和对比。

下面的仿真采用的是由 8 个同向均匀安置的电磁矢量传感器构成的 L 阵,其排列方式如图 5.15 所示,相邻两个传感器之间的间距为 $d = \lambda/2$,λ 为窄带完全极化信号的最小波长,采样数据的快拍数为 200。

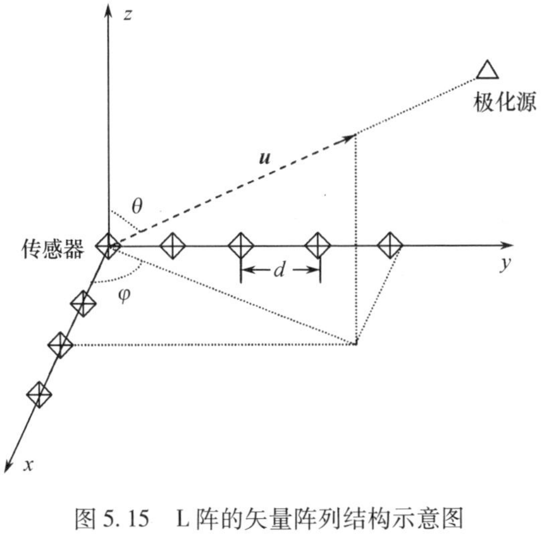

图 5.15　L 阵的矢量阵列结构示意图

仿真试验 1:G3 - MUSIC 算法的空间谱估计。

本次仿真通过 G3 - MUSIC 空间谱检测信号源的 DOA 位置,试验中考虑了 4 个完全极化的独立信号源,其角度和极化参数 $\{\theta,\varphi,\gamma,\eta\}$ 分别为 $\{24°,120°,45°,90°\}$、$\{56°,149°,45°,-90°\}$、$\{38°,223°,23°,-90°\}$ 和 $\{46°,46°,45°,0°\}$,信噪比为 15dB。前两个信号源的极化参数被设置为 $\{\gamma,\eta\} = \{45°,\pm 90°\}$,用以验证 $\hat{\boldsymbol{P}}(\varphi_k,\theta_k)$ 不会丢失任意极化状态的电磁信号。LV - MUSIC 算法和 G3 - MUSIC 算法的二维空间谱如图 5.16 所示。

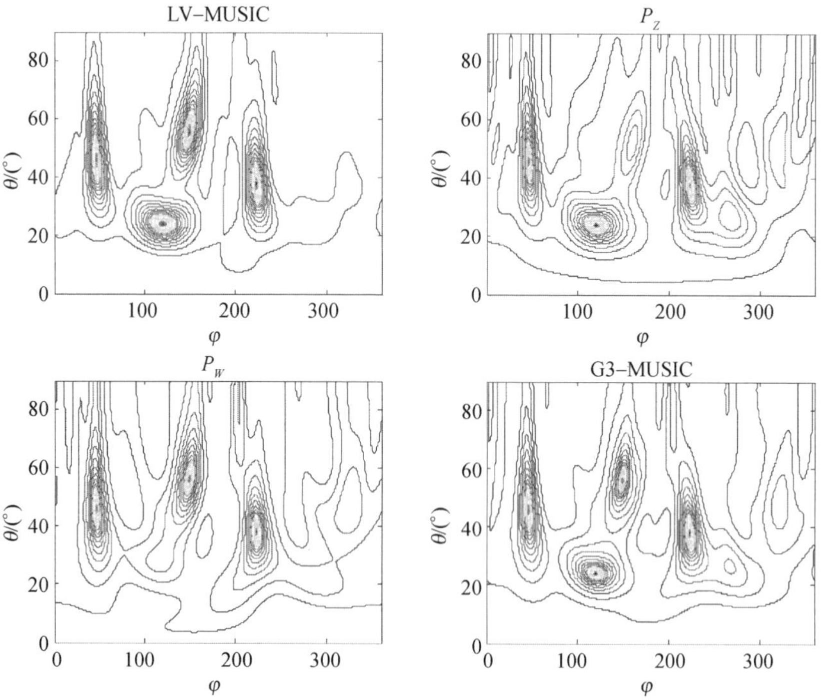

图 5.16　LV – MUSIC 算法和 G3 – MUSIC 算法 DOA 估计的二维空间谱

图 5.16 中,第 1 幅子图为基于传统长矢量模型的 LV – MUSIC 算法的二维空间谱,第 2 ~ 第 4 幅子图分别为本节介绍的 G3 – MUSIC 中$\hat{\boldsymbol{P}}_Z(\varphi_k,\theta_k)$、$\hat{\boldsymbol{P}}_W(\varphi_k,\theta_k)$和$\hat{\boldsymbol{P}}_{G3}(\varphi_k,\theta_k)$的二维空间谱。从图 5.16 可以看到,LV – MUSIC 的空间谱能够正确地检测出四个电磁源的 DOA 位置;$\hat{\boldsymbol{P}}_Z(\varphi_k,\theta_k)$的空间谱检测出了第 1、第 3 和第 4 个电磁源的 DOA 位置,不能检测极化状态为$\{\gamma,\eta\}=\{45°,-90°\}$的第 2 个电磁源;$\hat{\boldsymbol{P}}_W(\varphi_k,\theta_k)$的空间谱检测出了第 2、第 3 和第 4 个电磁源的 DOA 位置,不能检测极化状态为$\{\gamma,\eta\}=\{45°,90°\}$;$\hat{\boldsymbol{P}}_{G3}(\varphi_k,\theta_k)$的空间谱则准确地检测出了 4 个电磁源的 DOA 位置。

由此可见,$\hat{\boldsymbol{P}}_Z(\varphi_k,\theta_k)$和$\hat{\boldsymbol{P}}_W(\varphi_k,\theta_k)$对极化状态为$\{\gamma,\eta\}=\{45°,\pm 90°\}$的信号源 DOA 位置的检测能力与理论分析一致,同时也证实了 G3 – MUSIC 空间谱$\hat{\boldsymbol{P}}_{G3}(\varphi_k,\theta_k)$能检测出任意极化状态信号源的角度信息的能力,验证了 G3 – MUSIC 算法进行 DOA 估计的有效性。

5.4.5　一种改进的 G3 模型及其参数估计方法

利用 3.3 小节中的 G3 – MUSIC 算法进行参数估计时具有一定的优势,但

G3 - MUSIC 未能充分利用接收信号的所有二阶统计量信息，其 DOA 估计性能可以进一步提高。

传统长矢量模型和 G3 - MODEL 有如下对应关系

$$
\begin{array}{ll}
 & \boldsymbol{Z}_{EH}(\boldsymbol{\Theta}_k,t): \\
\boldsymbol{y}(t): & \boldsymbol{e}_1(\boldsymbol{Y}_{Ex}(\boldsymbol{\Theta}_k,t)+\boldsymbol{e}_{123}\boldsymbol{Y}_{Hx}(\boldsymbol{\Theta}_k,t)) \\
\boldsymbol{Y}_{Ex}(\boldsymbol{\Theta}_k,t) & \quad +\boldsymbol{e}_2(\boldsymbol{Y}_{Ey}(\boldsymbol{\Theta}_k,t)+\boldsymbol{e}_{123}\boldsymbol{Y}_{Hy}(\boldsymbol{\Theta}_k,t)) \\
\boldsymbol{Y}_{Ey}(\boldsymbol{\Theta}_k,t) & \quad +\boldsymbol{e}_3(\boldsymbol{Y}_{Ez}(\boldsymbol{\Theta}_k,t)+\boldsymbol{e}_{123}\boldsymbol{Y}_{Hz}(\boldsymbol{\Theta}_k,t)) \\
\boldsymbol{Y}_{Ez}(\boldsymbol{\Theta}_k,t) \Leftrightarrow & \\
\boldsymbol{Y}_{Hx}(\boldsymbol{\Theta}_k,t) & \boldsymbol{W}_{EH}(\boldsymbol{\Theta}_k,t) \\
\boldsymbol{Y}_{Hy}(\boldsymbol{\Theta}_k,t) & \boldsymbol{e}_1(\boldsymbol{Y}_{Ex}(\boldsymbol{\Theta}_k,t)-\boldsymbol{e}_{123}\boldsymbol{Y}_{Hx}(\boldsymbol{\Theta}_k,t)) \\
\boldsymbol{Y}_{Hz}(\boldsymbol{\Theta}_k,t) & \quad +\boldsymbol{e}_2(\boldsymbol{Y}_{Ey}(\boldsymbol{\Theta}_k,t)-\boldsymbol{e}_{123}\boldsymbol{Y}_{Hy}(\boldsymbol{\Theta}_k,t)) \\
 & \quad +\boldsymbol{e}_3(\boldsymbol{Y}_{Ez}(\boldsymbol{\Theta}_k,t)-\boldsymbol{e}_{123}\boldsymbol{Y}_{Hz}(\boldsymbol{\Theta}_k,t))
\end{array}
\tag{5.126}
$$

在式(5.126)左侧的长矢量模型中，若将每个快拍分开写出，则共有 $6MN$ 个复数约束方程，长矢量模型下的 MUSIC 算法是基于这 $6MN$ 个复数约束方程的一种最优解。而在右侧 G3 - MODEL 中，$\boldsymbol{e}_1$、$\boldsymbol{e}_2$ 和 $\boldsymbol{e}_3$ 的各个切片可以分别提取，因此，$\boldsymbol{Z}_{EH}(\boldsymbol{\Theta}_k,t)$ 中实质上包含了 $3MN$ 个复数约束方程，是左侧 $y(t)$ 的 $6MN$ 个复数方程相加的结果；$\boldsymbol{W}_{EH}(\boldsymbol{\Theta}_k,t)$ 中也包含了 $3MN$ 个复数约束方程，是左侧 $\boldsymbol{y}(t)$ 的 $6MN$ 个复数方程相减的结果；$\boldsymbol{Z}_{EH}(\boldsymbol{\Theta}_k,t)$ 和 $\boldsymbol{W}_{EH}(\boldsymbol{\Theta}_k,t)$ 各自保留了原本 $6MN$ 个复数约束方程中一半的信息量，这也是造成单独考虑 $\boldsymbol{Z}_{EH}(\boldsymbol{\Theta}_k,t)$ 或 $\boldsymbol{W}_{EH}(\boldsymbol{\Theta}_k,t)$ 时无法完全描述所有极化状态的电磁信号的原因。

$\hat{\boldsymbol{P}}_Z(\varphi_k,\theta_k)$ 的谱搜索是利用 $\boldsymbol{Z}_{EH}(\boldsymbol{\Theta}_k,t)$ 中的信息对 DOA 参数求最优解的过程，$\hat{\boldsymbol{P}}_W(\varphi_k,\theta_k)$ 的谱搜索则是利用 $\boldsymbol{W}_{EH}(\boldsymbol{\Theta}_k,t)$ 中的信息对 DOA 参数求最优解的过程，事实上这两次最优解都是原本问题的两个局部最优解，最后通过数据融合的方式得到最终全局最优解。

对于上述这种求解最优解的方法，一种直观的改进方法是联立 $\boldsymbol{Z}_{EH}(\boldsymbol{\Theta}_k,t)$ 和 $\boldsymbol{W}_{EH}(\boldsymbol{\Theta}_k,t)$，通过一次求解全局最优解的过程完成参数估计，即

$$
\boldsymbol{Y}_{ZW}(\boldsymbol{\Theta}_k,t)=\begin{bmatrix}\boldsymbol{Z}_{EH}(\boldsymbol{\Theta}_k,t)\\ \boldsymbol{W}_{EH}(\boldsymbol{\Theta}_k,t)\end{bmatrix} \tag{5.127}
$$

则 $\boldsymbol{Y}_{ZW}(\boldsymbol{\Theta}_k,t)$ 的协方差矩阵为

$$
\boldsymbol{R}_{ZW}=\boldsymbol{Y}_{ZW}\boldsymbol{Y}_{ZW}^{\mathrm{H}}=\begin{bmatrix}\boldsymbol{Z}_{EH}\boldsymbol{Z}_{EH}^{\mathrm{H}} & \boldsymbol{Z}_{EH}\boldsymbol{W}_{EH}^{\mathrm{H}}\\ \boldsymbol{W}_{EH}\boldsymbol{Z}_{EH}^{\mathrm{H}} & \boldsymbol{W}_{EH}\boldsymbol{W}_{EH}^{\mathrm{H}}\end{bmatrix} \tag{5.128}
$$

式(5.128)充分说明，原来的 G3 - MUSIC 仅仅利用了 $\boldsymbol{Z}_{EH}\boldsymbol{Z}_{EH}^{\mathrm{H}}$ 和 $\boldsymbol{W}_{EH}\boldsymbol{W}_{EH}^{\mathrm{H}}$ 中

的信息进行参数估计，而未能充分利用 $\boldsymbol{Z}_{EH}\boldsymbol{W}_{EH}^{\mathrm{H}}$ 中的信息。在一般统计意义下，合理利用接收数据的更多信息能够获得更优越的参数估计性能，因此下面将介绍一种改进的 G3 模型及其模型下的 DOA 估计方法。

在 G3 框架下，电磁矢量传感器接收的电场与磁场信号的多矢量表示形式，将电场多矢量和磁场多矢量列为一个 2×1 的矢量，则电磁矢量传感器的输出可以写为

$$\boldsymbol{Y}_{G3v}(\boldsymbol{\Theta}_k,t)=\begin{bmatrix}\boldsymbol{Y}_E(\boldsymbol{\Theta}_k,t)\\ \boldsymbol{Y}_H(\boldsymbol{\Theta}_k,t)\end{bmatrix}=\begin{bmatrix}\boldsymbol{e}_1\boldsymbol{Y}_{Ex}(\boldsymbol{\Theta}_k,t)+\boldsymbol{e}_2\boldsymbol{Y}_{Ey}(\boldsymbol{\Theta}_k,t)+\boldsymbol{e}_3\boldsymbol{Y}_{Ez}(\boldsymbol{\Theta}_k,t)\\ \boldsymbol{e}_1\boldsymbol{Y}_{Hx}(\boldsymbol{\Theta}_k,t)+\boldsymbol{e}_2\boldsymbol{Y}_{Hy}(\boldsymbol{\Theta}_k,t)+\boldsymbol{e}_3\boldsymbol{Y}_{Hz}(\boldsymbol{\Theta}_k,t)\end{bmatrix} \tag{5.129}$$

式中，$\boldsymbol{Y}_{Ex}(\boldsymbol{\Theta}_k,t)\sim\boldsymbol{Y}_{Hz}(\boldsymbol{\Theta}_k,t)$ 等 6 个分量的接收数据均为复数矢量，这种建模方式是将电场多矢量和磁场多矢量列为矢量的形式，故其模型被称为 G3v－MODEL。注意，由于 $\boldsymbol{Z}_{EH}(\boldsymbol{\Theta}_k,t)=\boldsymbol{Y}_E(\boldsymbol{\Theta}_k,t)+\boldsymbol{e}_{123}\boldsymbol{Y}_H(\boldsymbol{\Theta}_k,t)$，且 $\boldsymbol{W}_{EH}(\boldsymbol{\Theta}_k,t)=\boldsymbol{Y}_E(\boldsymbol{\Theta}_k,t)-\boldsymbol{e}_{123}\boldsymbol{Y}_H(\boldsymbol{\Theta}_k,t)$，所以二者等价。

考虑阵列的空间采样，则整个阵列的测量模型可表示为

$$\begin{aligned}\boldsymbol{Y}_{Gv}(\boldsymbol{\Theta}_k,t)&=\begin{bmatrix}\boldsymbol{Y}_E(\boldsymbol{\Theta}_k,t)\\ \boldsymbol{Y}_H(\boldsymbol{\Theta}_k,t)\end{bmatrix}\\ &=\sum_{k=1}^{K}(\boldsymbol{V}_G(\varphi_k,\theta_k)\boldsymbol{P}_k(\gamma_k,\eta_k))\otimes\boldsymbol{q}(\varphi_k,\theta_k)S_k(t)+\boldsymbol{N}_{Gv}(t)\end{aligned} \tag{5.130}$$

不同于 G3－MODEL 中的 $\boldsymbol{P}_Z(\gamma_k,\eta_k)$ 和 $\boldsymbol{P}_W(\gamma_k,\eta_k)$，在 G3v－MODEL 中，对于任意 $\{\gamma_k,\eta_k\}$，$\boldsymbol{P}_k(\gamma_k,\eta_k)\neq 0$，所以可以表征任意极化状态的电磁波信号。

在 G3v－MODEL 的测量模型中利用 MUSIC 算法进行参数估计的方法被称为 G3v－MUSIC。在 G3v－MODEL 中，电磁矢量传感器阵列的测量模型如式(5.130)所示，阵列的导向矢量可以表示为

$$\begin{aligned}\boldsymbol{a}_{Gv}(\boldsymbol{\Theta}_k)&=\boldsymbol{V}_G(\varphi_k,\theta_k)\boldsymbol{P}_k(\gamma_k,\eta_k)\otimes q(\varphi_k,\theta_k)\\ &=\boldsymbol{\alpha}_{Gv}(\varphi_k,\theta_k)\boldsymbol{P}_k(\gamma_k,\eta_k)\end{aligned} \tag{5.131}$$

式中：$\boldsymbol{\alpha}_{Gv}(\varphi_k,\theta_k)=\boldsymbol{V}_G(\varphi_k,\theta_k)\otimes\boldsymbol{q}(\varphi_k,\theta_k)$ 为导向矢量 $\boldsymbol{A}_{Gv}(\boldsymbol{\Theta}_k)$ 中与角度参数有关的部分；$\boldsymbol{P}_k(\gamma_k,\eta_k)$ 为与极化参数有关的部分。

设 k 个电磁源信号组成的列矢量为 $\boldsymbol{S}(t)\triangleq[S_1(t)\ S_2(t)\ \cdots\ S_K(t)]$，阵列的导向矢量为 $\boldsymbol{A}_{Gv}=[\boldsymbol{a}_{Gv}(\boldsymbol{\Theta}_1)\quad \boldsymbol{a}_{Gv}(\boldsymbol{\Theta}_2)\quad\cdots\quad \boldsymbol{a}_{Gv}(\boldsymbol{\Theta}_K)]$，则整个阵列的测量模型可以写为矩阵的形式，即

$$\boldsymbol{Y}_{Gv}(t)=\boldsymbol{A}_{Gv}\boldsymbol{S}(t)+\boldsymbol{N}_{Gv}(t) \tag{5.132}$$

在 t 时刻，阵列输出矩阵的协方差矩阵理论上可以表示为

$$\boldsymbol{R}_{Gv}=\mathbb{E}\{\boldsymbol{Y}_{Gv}\boldsymbol{Y}_{Gv}^{\mathrm{H}}\}=\boldsymbol{A}_{Gv}\boldsymbol{R}_{\hat{S}}\boldsymbol{A}_{Gv}^{\mathrm{H}}+3\sigma^2\boldsymbol{I}_{2M} \tag{5.133}$$

式中：$\boldsymbol{R}_S=\mathbb{E}\{\boldsymbol{S}\boldsymbol{S}^{\mathrm{H}}\}$为信号的协方差矩阵；$\boldsymbol{\sigma}^2$为每根天线分量上的噪声功率。

假设窄带信号源数目 K 已知，$\boldsymbol{R}_{Gv}$是酉矩阵，可以实现以下特征分解分解，即

$$\boldsymbol{R}_{Gv}=\boldsymbol{U}_{vS}\boldsymbol{R}_{vS}\boldsymbol{U}_{vS}^{\mathrm{H}}+\boldsymbol{U}_{vN}\boldsymbol{R}_{vN}\boldsymbol{U}_{vN}^{\mathrm{H}} \tag{5.134}$$

式中：$\boldsymbol{U}_{vS}$由 $\boldsymbol{R}_{vS}$最大的 $2K$ 个特征值所对应的的特征矢量张成协方差矩阵的信号子空间；$\boldsymbol{U}_{vN}$由 $\boldsymbol{R}_{vN}$剩余的 $4M-2K$ 个较小的特征值所对应的的特征矢量构成的矩阵，它们张成协方差矩阵的噪声子空间。

将 $\boldsymbol{Y}_{Gv}(t)$的导向矢量投影到噪声子空间 $\boldsymbol{U}_{vN}$，可以得

$$a_{Gv}^{\mathrm{H}}(\boldsymbol{\Theta}_k)\boldsymbol{U}_{vN}=0 \tag{5.135}$$

实际应用中，根据 N 快拍得到的接收数据，用时间平均估计空间协方差矩阵$\hat{\boldsymbol{R}}_Z$为

$$\hat{\boldsymbol{R}}_{Gv}=\frac{1}{N}\sum_{i=1}^{N}\boldsymbol{Y}_{Gv}(t_i)Y_{Gv}^{\mathrm{H}}(t_i)=\hat{\boldsymbol{U}}_{vS}\hat{\boldsymbol{R}}_{vS}\hat{\boldsymbol{U}}_{vS}^{\mathrm{H}}+\hat{\boldsymbol{U}}_{vN}\hat{\boldsymbol{R}}_{vN}\hat{\boldsymbol{U}}_{vN}^{\mathrm{H}} \tag{5.136}$$

此时，$\boldsymbol{Y}_{Gv}(t)$的导向矢量 $\boldsymbol{\alpha}_{Gv}(\boldsymbol{\Theta}_k)$与噪声子空间并不严格地满足正交方程式，$a_{Gv}^{\mathrm{H}}(\boldsymbol{\Theta}_k)\hat{\boldsymbol{U}}_{vN}$并不严格等于零，可以构造如下谱函数

$$\hat{\boldsymbol{P}}_{Gv}(\boldsymbol{\Theta})=\frac{1}{\| a_{\theta,\varphi,\gamma,\eta}^{\mathrm{H}}\hat{\boldsymbol{U}}_{vN}\|_2^2} \tag{5.137}$$

式中：$\boldsymbol{a}_{\theta,\varphi,\gamma,\eta}=\boldsymbol{a}_{Gv}(\boldsymbol{\Theta}_k)$为 G3v－MODEL 中导向矢量的参数模型；$\boldsymbol{\Theta}=\{\varphi,\theta,\gamma,\eta\}$为谱搜索参数，通过四维搜索，$\hat{\boldsymbol{P}}_{Gv}(\boldsymbol{\Theta})$最大的四个峰值所对应的$\{\theta,\varphi\}$即为所估计的 DOA 参数。

此处的谱函数无法正确估计极化参数，可参考文献[121]中双四元数模型的探讨，因此本节只讨论其 DOA 估计；此外，可以通过适当的修正，从而建立能够完成空域－极化域联合谱估计的 G3v 模型。

上面主要针对 DOA 参数进行估计，而式(5.137)的四维搜索过程则过于繁琐，这里给出一种瑞丽熵解耦技术，将角度参数和极化参数分离，直接在关于角度参数$\{\varphi,\theta\}$的两维空间中的进行谱峰搜索，可以大大降低搜索的复杂度。

对谱函数$\hat{\boldsymbol{P}}_{Gv}(\boldsymbol{\Theta})$求解最大值的问题可以描述为如下问题，即

$$\min_{\theta,\varphi,\gamma,\eta} S\{\boldsymbol{a}_{\theta,\varphi,\gamma,\eta}^{\mathrm{H}}\hat{\boldsymbol{U}}_{vN}\hat{\boldsymbol{U}}_{vN}^{\mathrm{H}}\boldsymbol{a}_{\theta,\varphi,\gamma,\eta}\}=\min_{\theta,\varphi,\gamma,\eta} S\{\boldsymbol{P}_{\gamma,\eta}^{\mathrm{H}}\boldsymbol{\Xi}_{\theta,\varphi}\boldsymbol{P}_{\gamma,\eta}\} \tag{5.138}$$

式中

$$\boldsymbol{\Xi}_{\theta,\varphi}=(\hat{\boldsymbol{U}}_{vN}^{\mathrm{H}}(\boldsymbol{V}_{\theta,\varphi}\otimes\boldsymbol{q}_{\theta,\varphi}))^{\mathrm{H}}(\hat{\boldsymbol{U}}_{vN}^{\mathrm{H}}(\boldsymbol{V}_{\theta,\varphi}\otimes\boldsymbol{q}_{\theta,\varphi})) \tag{5.139}$$

因为 $\boldsymbol{\Xi}_{\theta,\varphi}$为 G3 酉矩阵，而且 $\boldsymbol{P}_{\gamma,\eta}$只含有$\{1,\boldsymbol{e}_{123}\}$部分，所以

$$\begin{aligned} S\{\boldsymbol{P}_{\gamma,\eta}^{\mathrm{H}}\boldsymbol{\Xi}_{\theta,\varphi}\boldsymbol{P}_{\gamma,\eta}\} &= S\{\boldsymbol{P}_{\gamma,\eta}^{\mathrm{H}}\boldsymbol{\Xi}_{00}\boldsymbol{P}_{\gamma,\eta}\} \\ &= \boldsymbol{P}_{\gamma,\eta}^{\mathrm{H}}S\{\boldsymbol{\Xi}_{\theta,\varphi}\,|\,\{1,\boldsymbol{e}_{123}\}\}\boldsymbol{P}_{\gamma,\eta} \end{aligned} \tag{5.140}$$

式中：$S\{\cdot\,|\,\{1,\boldsymbol{e}_{123}\}\}$为取$\{\cdot\}$的标量部分和伪标量部分。

又 $\boldsymbol{P}(\gamma_k,\eta_k)=[\cos\gamma_k \quad \sin\gamma_k \mathrm{e}^{e_{123}\eta_k}]^{\mathrm{T}}$,所以 $\boldsymbol{P}_{\gamma,\eta}^{\mathrm{H}}\boldsymbol{P}_{\gamma,\eta}=1$,由瑞丽熵(Rayleigh - Ritz)定理可得

$$\begin{aligned}&\min_{\theta,\varphi,\gamma,\eta} S\{\boldsymbol{a}_{\theta,\varphi,\gamma,\eta}^{\mathrm{H}}\hat{\boldsymbol{U}}_{vN}\hat{\boldsymbol{U}}_{vN}^{\mathrm{H}}\boldsymbol{a}_{\theta,\varphi,\gamma,\eta}\}\\ &=\min_{\theta,\varphi,\gamma,\eta}\frac{\boldsymbol{P}_{\gamma,\eta}^{\mathrm{H}}S\{\boldsymbol{\Xi}_{\theta,\varphi}|\{1,\boldsymbol{e}_{123}\}\}\boldsymbol{P}_{\gamma,\eta}}{\boldsymbol{P}_{\gamma,\eta}^{\mathrm{H}}\boldsymbol{P}_{\gamma,\eta}}\\ &=\boldsymbol{\lambda}_{\min}(S\{\boldsymbol{\Xi}_{\theta,\varphi}|\{1,\boldsymbol{e}_{123}\}\})\end{aligned} \tag{5.141}$$

式中:$\boldsymbol{\lambda}_{\min}(\cdot)$为求$(\cdot)$的最小特征值。

由以上分析可知,基于 G3v - MUSIC 的 DOA 估计可以通过以下谱函数的二维搜索完成

$$\hat{\boldsymbol{P}}_{music}(\boldsymbol{\Theta})=\frac{1}{\boldsymbol{\lambda}_{\min}(S\{\boldsymbol{a}_{\theta,\varphi,\gamma,\eta}^{\mathrm{H}}\hat{\boldsymbol{U}}_{vN}\hat{\boldsymbol{U}}_{vN}^{\mathrm{H}}\boldsymbol{a}_{\theta,\varphi,\gamma,\eta}|\{1,\boldsymbol{e}_{123}\}\})} \tag{5.142}$$

综上所述,G3v - MUSIC 算法进行 DOA 估计的流程如下:

步骤 1 根据阵列接收数据,按照式(5.130)建立 G3v - MODEL 的测量模型。

步骤 2 按式(5.136)估计协方差矩阵$\hat{\boldsymbol{R}}$,并进行特征值分解。

步骤 3 把导向矢量角度部分投影到噪声子空间中,按式(5.142)构造二维空间谱。

步骤 4 搜索空间谱搜索空间谱,其中最大的 K 个峰值所对应的俯仰角和方位角即估计所得参数。

本方法采用 G3v - MODEL 下的 MUSIC 算法,通过采用瑞丽熵定理实现角度参数与极化参数的解耦,能在电磁源极化信息未知的情况下估计出所有电磁源的角度信息。

相比于 G3 - MUSIC 算法,G3v - MUSIC 算法将所有信息包含于一个协方差矩阵中,求取协方差矩阵和求取导向矢量与噪声子空间的空间投影都可以通过一次计算完成,而且不会遗漏任何极化状态的信号源。此外,G3v - MUSIC 算法的协方差矩阵包含了更多的信息,在一般统计意义下,合理利用接收数据的更多信息能够获得更优越的参数估计性能。

最后,G3v - MUSIC 算法将所有接收数据的二阶信息统一于同一协方差矩阵中,虽然在实现角度参数和极化参数的解耦时引入了更多的计算量(计算一个 2×2 矩阵的最小特征值),但这同时也为实现阵列的空域 - 极化域联合谱估计提供了必要的条件:可以通过对 G3v - MODEL 进行适当修正,以实现基于 G3 框架下的矢量阵列的角度参数和极化参数的同时估计,而 G3 - MUSIC 算法却因为未充分利用接收数据的所有信息而无法实现极化参数的估计。

下面基于改进 G3 模型的 G3v - MUSIC 算法进行仿真实验。仿真实验主要包含两部分:①验证采用 G3v - MUSIC 算法的进行 DOA 估计的有效性;②对比

G3 - MUSIC 算法,考察理论上利用了更多信息的 G3v - MUSIC 算法在 DOA 估计时的性能表现。

仿真试验中依然采用由 8 个电磁矢量传感器构成的 L 阵列,阵列结构采样数据的快拍数为 200。

仿真试验 2:G3v - MUSIC 算法的空间谱估计。

本次仿真通过 G3v - MUSIC 空间谱检测信号源的 DOA 位置,考虑 4 个完全极化的独立信号源,信号源的参数设置与仿真试验 1 相同,信噪比为 15dB。G3v - MUSIC 算法的空间谱如图 5.17 所示,对比仿真试验 1 中的仿真结果可以知道,G3v - MUSIC 通过一次谱搜索就准确地检测出了所有极化状态的信号源 DOA 位置,验证了 G3v - MUSIC 算法对完全极化的独立信号源进行 DOA 估计的有效性。

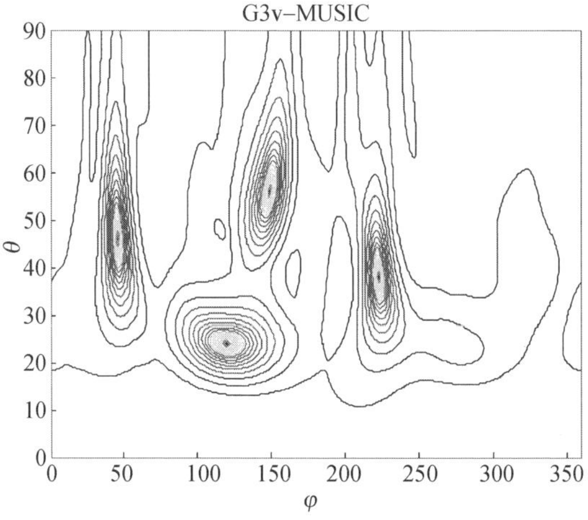

图 5.17　G3v - MUSIC 算法 DOA 估计的二维空间谱(见彩图)

仿真试验 3:G3v - MUSIC 与 G3 - MUSIC 进行 DOA 估计时的性能比较。

本次仿真考虑了 3 个完全极化的独立信号源,其方向角参数和极化参数 $\{\theta,\varphi,\gamma,\eta\}$ 分别为 $\{90°,35°,75°,75°\}$、$\{90°,60°,25°,115°\}$ 和 $\{90°,8°,65°,-50°\}$(不失一般性,这里仅考虑信号在 xoy 平面里入射的情况,并假设信号的俯仰角 θ 已知[125,126])。采用 200 次蒙特卡罗独立实验来考察两种算法的 DOA 估计性能。多个信号源时,蒙特卡罗实验对角度参数的均方根误差(RMSE)定义为

$$\mathrm{RMSE}_{\alpha} = \frac{1}{K}\sum_{k=1}^{K}\sqrt{\frac{1}{\mathrm{Tr}}\sum_{\mathrm{tr}}^{\mathrm{Tr}}(\boldsymbol{\alpha}_k - \hat{\alpha}_{k,tr})^2} \tag{5.143}$$

式中:K 为信号源个数;Tr 为蒙特卡罗独立实验的次数;$\hat{\alpha}_{k,tr}$ 为第 tr 次独立实验时对真实角度 α_k 的估计参数($\alpha\in\{\theta,\varphi,\gamma,\eta\}$)。

图 5.18 给出了两种 MUSIC 算法中方位角的均方根误差随信噪比的变化曲线。由图中曲线可以看出，随着信噪比的提高，两种算法的 RMSE 都逐渐减小并接近于 CRB 曲线；此外，在信噪比高于 0dB 时，G3v－MUSIC 与 G3－MUSIC 算法的 DOA 估计性能十分接近，但在信噪比小于 0dB 时，G3v－MUSIC 算法的估计性能则略好于 G3－MUSIC 算法。由此说明，相比于 G3－MUSIC 算法，利用了接收数据更多信息的 G3v－MUSIC 算法具有更高的参数估计性能。

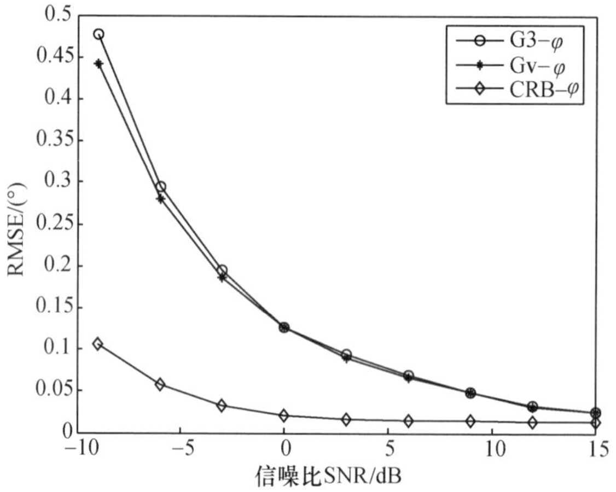

图 5.18　不同信噪比下 G3－MUSIC 与 G3v－MUSIC 的 RMSE 比较

5.5　小　　结

本章主要介绍了基于矢量阵列的参数估计，包括角度参数和极化参数的估计。

首先，介绍了几种很常用的长矢量方法，并对它们相互之间和标量阵列之间进行了比较，分析了各自的特点。特别是基于单矢量传感器的 DOA，可以实现标量阵元（列）无法达到的效果。

然后，为了充分利用矢量天线所增加的信息，引入了两种高维数据处理中常用的方法——张量和几何代数。5.3 节和 5.4 节中的推导和仿真充分证明了其相对于长矢量方法的独特优势。

需要指出的是，电场矢量传感器的方法可以推广到声矢量传感器，张量和几何代数可以应用于其他高维数据场合。

第6章 矢量传感器阵列稳健波束形成

6.1 概　　述

波束形成是是一种广泛应用于雷达、声纳、无线通信和医学成像的阵列信号处理技术。为了更好地抑制干扰和增强感兴趣信号(Signal of Interest, SOI),自适应阵列需要在干扰方向方向产生更深的零限,同时保证感兴趣信号所在位置不失真,例如大家所熟知的最小方差无失真响应(Minimum Variance Distortionless Response,MVDR)波束形成器[127]。但是,传统波束形成器对以下两种实际应用中经常用到的误差比较敏感:①由 SOI 波达角匹配或阵列校准误差等引起的阵列方向矢量误差;②由有限观测数据造成的阵列协方差矩阵估计误差。实际上,由于信号源可能存在移动和阵列未校准,将不可避免地引起某种程度的失配,由此导致阵列输出信干噪比(Signal to Interference plus Noise ratio, SINR)下降和错误的 SOI 能量估计。当估计协方差矩阵的快拍数有限时,性能也会衰减[128]。阵元之间的耦合同其他误差的效果相同[129]。

为提高传统自适应波束形成算法的性能,学术界提出了许多新的方法[130]。当干扰和噪声的统计信息先验已知时,自适应波束形成不会受方向矢量失配的影响。但在被动声呐和无线通信应用中,通常阵列数据包含期望信号。在这种情况下,自适应波束形成器的性能将会随着方向矢量失配而急剧恶化。基于子空间方法[131-133]和对角加载(Diagonal Loading, DL)方法[133-134]可以提高方向矢量失配情况下的 MVDR 波束形成的稳健性,但基于子空间的波束形成方法在低 SNR 或大信干比的情况下效果较差,而 DL 方法的一个缺点是难以确定最优的加载因子。

最近,接收波束形成因引入了凸优化技术而取得很大进步。为了提高传统自适应波束形成方法在方向矢量存在误差情况下的稳健性。已有学者提出基于恶劣场景性能优化思想的稳健波束形成方法[135-148]。这些算法在规定的方向矢量不确定集下是等价的,可看作是扩展的 DL 类方法。事实上,当期望导向矢量的不确定集是一个椭圆,则该方法[135-139]可得到与 DL 类方法相同的权矢量。

当导向矢量失配较大时，需要一个较大的不确定集来描述期望阵列导向矢量误差。虽然这些波束形成可以适用于大导向矢量失配[135-139]，但因抑制干扰和噪声能力下降而使输出 SINR 降低。与文献[135]的方法不同，文献[139]通过利用阵列权自相关序列强加大小响应约束，实现了对大导向矢量误差增加稳健性的目的，但在寻找期望导向矢量时仅用一个终止准则。上述方法的一个突出优势是利用凸优化理论，将许多稳健波束形成设计问题表示成易于求解的凸问题。最近针对压缩感知(Compressive Sensing，CS)理论的研究成果[149]已经用于自适应波束形成[150,151]。针对标量传感器阵列的许多波束形成方法可以拓展到针对矢量传感器阵列的极化波束形成方法。

另外，针对矢量传感器阵列的波束综合问题，对于一个传统标量阵列，源于一组全向天线的无线电信号一般通过不同的权值组合以实现空间能量图的控制。与标量阵列相比，电磁矢量传感器阵列具有控制波束图极化状态和虚拟增加阵列大小的优势。为了获得具有期望空间能量密度和极化状态的极化波束图，则需要联合设计波形极化状态和空间能量波束图。

此外，传播方向和极化状态是空间传播电磁信号的重要特征参量，它们携带了空间电磁信号的重要信息。极化阵列可以同时获得信号的空间信息和极化信息，这为阵列性能的提高奠定了物理基础。在实际应用中，利用这种波形极化信息可以增加通信系统的容量、改善主动传感系统的性能。与普通标量阵列相比，其具有较强的抗干扰能力、检测能力、系统分辨能力和极化多址能力的优势。

6.2 稳健最小方差波束形成

6.2.1 最小方差波束形成准则

考虑一个由 N 对正交偶极子构成的均匀线性矢量传感器为例，如图 6.1 所示。$2N$ 个天线阵元位于 y 轴。相邻偶极子之间的间距 d 为信号的半波长。

假定 $K<N$ 个具有任意椭圆电磁极化的连续波从 yoz 平面的 $\theta_k(k=1,2,\cdots,K)$ 方向入射阵列，其中 θ_k 的范围为 $[-\pi/2,\pi/2]$。从坐标原点观测来波的电场所形成的极化椭圆具有横向电场分量

$$\boldsymbol{E}_k = E_{\phi_k}\boldsymbol{e}_{\phi_k} + E_{\theta_k}\boldsymbol{e}_{\theta_k} \tag{6.1}$$

式中：E_{ϕ_k} 和 E_{θ_k} 分别为沿 ϕ 和 θ 的电场方向。

E_{ϕ_k} 和 E_{θ_k} 的时变性可以用极化椭圆描述，如图 6.2 所示。为了避免模糊度，令 $\alpha\in(-\pi/2,\pi/2]$ 和 $\beta\in(-\pi/4,\pi/4]$。按照电场矢量的旋转方向确定 α 的正负，α 为正，则电场矢量的旋转方向为顺时针方向，否则为逆时针方向。那么复电场可以表示为有关 α 和 β 的函数

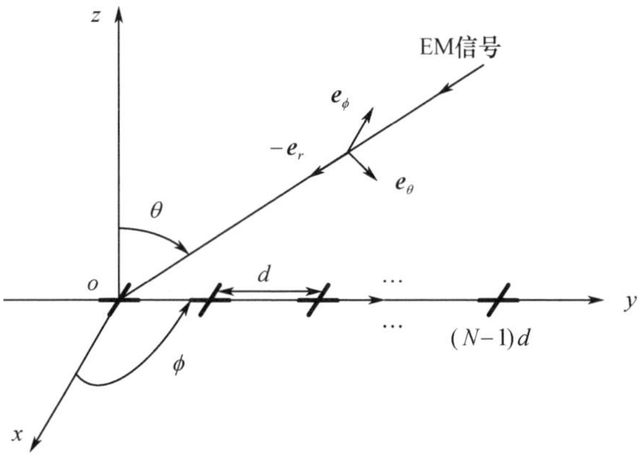

图 6.1　均匀线性正交偶极子阵列示意图

$$\boldsymbol{E}_k=\boldsymbol{B}(\theta_k,\phi_k)\boldsymbol{Q}(\alpha_k)\boldsymbol{h}(\beta_k) \tag{6.2}$$

式中：$\boldsymbol{Q}(\alpha)=\begin{bmatrix}\cos\alpha & \sin\alpha\\ -\sin\alpha & \cos\alpha\end{bmatrix}$；$\boldsymbol{h}(\beta)=\begin{bmatrix}\cos\beta\\ \mathrm{j}\sin\beta\end{bmatrix}$。$\boldsymbol{Q}(\alpha)$ 为关于 α 的旋转矩阵；$\boldsymbol{h}(\beta_k)$ 为一个表示极化波椭率的 $\mathbb{C}^{2\times1}$ 维单位范数矢量；$\boldsymbol{B}(\theta,\phi)$ 为一个极化传感器针对来波方向为 (θ,ϕ) 信号的导向矩阵，即

$$\boldsymbol{B}(\theta,\phi)=\begin{bmatrix}-\sin\phi & \cos\theta\cos\phi\\ \cos\phi & \cos\theta\sin\phi\\ 0 & -\sin\theta\\ \cos\theta\cos\phi & \sin\phi\\ \cos\theta\sin\phi & -\cos\phi\\ -\sin\theta & 0\end{bmatrix} \tag{6.3}$$

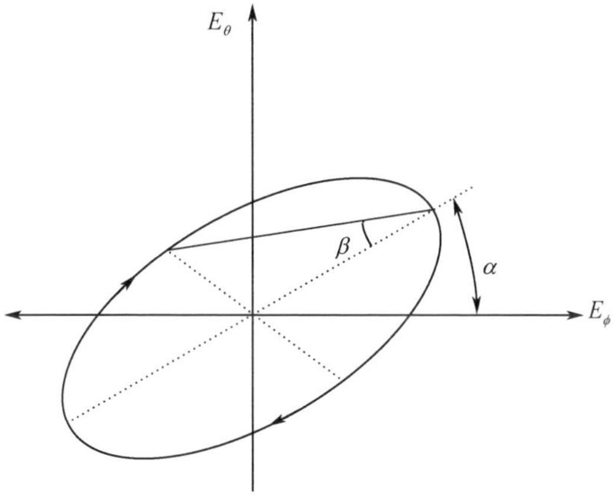

图 6.2　极化椭圆示意图

针对 N 个传感器的空间相位因子可以表示为

$$q_k = \mathrm{e}^{\mathrm{j}(2\pi d/\lambda)\sin\theta_k \sin\phi_k} \tag{6.4}$$

式中:λ 为信号的波长。

由 $2N$ 个天线单元构成的阵列,其对第 k 个信号的空间波数为

$$\boldsymbol{U}_k = \begin{bmatrix} 1 & 1 & 0 & 0 & 0 & 0 & 0 \\ 0 & 0 & q_k & q_k & 0 & 0 & 0 \\ 0 & 0 & 0 & 0 & \ddots & 0 & 0 \\ 0 & 0 & 0 & 0 & 0 & q_k^{N-1} & q_k^{N-1} \end{bmatrix} \tag{6.5}$$

和

$$\boldsymbol{\Omega} = \begin{bmatrix} E_x & 0 & 0 & 0 & 0 & 0 \\ 0 & E_y & 0 & 0 & 0 & 0 \\ 0 & 0 & E_z & 0 & 0 & 0 \\ 0 & 0 & 0 & H_x & 0 & 0 \\ 0 & 0 & 0 & 0 & H_y & 0 \\ 0 & 0 & 0 & 0 & 0 & H_z \end{bmatrix} \tag{6.6}$$

式中:E_x、E_y、E_z、H_x、H_y和 H_z分别为用于探测入射波电场成份和磁场成份的天线位置。针对正交偶极子阵列,仅有 $E_x = E_y = 1$。根据以上定义,则位置矩阵 $\boldsymbol{P}$ 可以定义为

$$\boldsymbol{P} = [\boldsymbol{\Omega}_1\ \boldsymbol{\Omega}_2 \cdots\ \boldsymbol{\Omega}_N]^{\mathrm{T}} \tag{6.7}$$

式中:$\boldsymbol{P}$ 为一个 $2N \times 6$ 维位置矩阵。此时正交偶极子阵列的空间流形可以定义为

$$\boldsymbol{S}_k^{\in \mathbb{C}^{2N\times 6}} = \boldsymbol{U}_k \boldsymbol{P} \tag{6.8}$$

结合式(6.2)和式(6.8),可以得到一个关于矢量传感器阵列的空间-极化流形,即

$$\boldsymbol{a}(\boldsymbol{\varphi}_k) = \boldsymbol{U}_k \boldsymbol{P} \boldsymbol{B}_k \boldsymbol{Q}_k \boldsymbol{h}_k \tag{6.9}$$

式中:$\boldsymbol{\varphi}_k = (\theta_k, \phi_k, \alpha_k, \beta_k)$,$\boldsymbol{a}(\boldsymbol{\varphi}_k)$为一个$\mathbb{C}^{2N\times 1}$维导向矢量。

由 N 对正交偶极子所构成的阵列针对 $K = J + 1$ 个信号及加性噪声的 t 时刻输出为

$$\boldsymbol{Y}(t) = s(t)a(\varphi_s) + \sum_{j=1}^{J} i_j(t)a(\varphi_j) + n(t), t = 1,2,\cdots,T \tag{6.10}$$

式中:$\boldsymbol{a}(\boldsymbol{\varphi}_s)$和 $\boldsymbol{a}(\boldsymbol{\varphi}_j)$分别为期望信号方向矢量和干扰信号方向矢量;$s(t)$和 $n(t)$假定为不相关的零均值高斯随机过程。

令 R_y为阵列输出矢量的 $2N\times 2N$ 维理论协方差矩阵。假定 R_y为一个正定矩阵,可以表示为如下形式,即

$$\boldsymbol{R}_y = \sigma_s^2\boldsymbol{a}(\boldsymbol{\varphi}_s)\boldsymbol{a}^{\mathrm{H}}(\boldsymbol{\varphi}_s) + \sum_{j=1}^{J}\sigma_j^2\boldsymbol{a}(\boldsymbol{\varphi}_j)\boldsymbol{a}^{\mathrm{H}}(\boldsymbol{\varphi}_j) + \boldsymbol{G} \tag{6.11}$$

式中:σ_s^2和 $\sigma_j^2(j=1,2,\cdots,J)$分别为不相关期望信号和干扰信号的能量;$\boldsymbol{G}$ 为噪声协方差矩阵。此时波束形成器的输出可为

$$\hat{\boldsymbol{s}}_d(t) = \boldsymbol{w}_d^{\mathrm{H}}\boldsymbol{Y}(t) \tag{6.12}$$

式中:$\boldsymbol{w}_d \in \mathbb{C}^{2N\times 1}$为期望的权矢量。假定入射信号的空间-极化信息已知,即其对应的空时-极化导向矢量 $\boldsymbol{a}(\boldsymbol{\varphi}_s)$已知,则针对最小方差波束形成,亦称最小方差极化敏感(Minimum Variance Polarization Sensity,MVPS)波束形成所对应的期望加权矢量可以通过优化如下问题获得

$$\begin{gathered}\underset{w}{\text{Minimize}}\ \boldsymbol{w}^{\mathrm{H}}\boldsymbol{R}_y\boldsymbol{w}\\ \text{Subject to}\ \boldsymbol{w}^{\mathrm{H}}\boldsymbol{a}(\boldsymbol{\varphi}_s) = g\end{gathered} \tag{6.13}$$

式中:常数 $g=1$ 的响应保证期望信号响应不失真,此时由式(6.13)可得 MVPS 波束形成器所对应的期望权矢量,即

$$\boldsymbol{w}_d = \frac{\boldsymbol{R}_y^{-1}\boldsymbol{a}(\boldsymbol{\varphi}_s)}{\boldsymbol{a}^{\mathrm{H}}(\boldsymbol{\varphi}_s)\boldsymbol{R}_y^{-1}\boldsymbol{a}(\boldsymbol{\varphi}_s)} \tag{6.14}$$

MVPS 波束形成器将通过期望权矢量 $\boldsymbol{w}_d$抑制除期望信号之外的所有极化干扰。

MVPS 波束形成是一种特殊的线性约束最小方差波束形成,泛化的线性约束最小方差波束形成通过引入一组 h 个线性约束

$$\begin{gathered}\text{Minimize}\ \boldsymbol{w}^{\mathrm{H}}\boldsymbol{R}_y\boldsymbol{w}\\ \text{Subject to}\ \boldsymbol{C}^{\mathrm{H}}\boldsymbol{w} = \boldsymbol{g}\end{gathered} \tag{6.15}$$

其解为

$$\boldsymbol{w}_{\mathrm{LCMV}} = \boldsymbol{R}_y^{-1}\boldsymbol{C}(\boldsymbol{C}^{\mathrm{H}}\boldsymbol{R}_y^{-1}\boldsymbol{C})^{-1}\boldsymbol{g} \tag{6.16}$$

式中:$\boldsymbol{C}$ 为 $M\times h$ 维矩阵,包含了 h 个线性约束的系数;$\boldsymbol{g}$ 为 $h\times 1$ 维矢量。注意,上式线性约束个数 h 需小于天线元素个数。

针对式(6.16)中的 R_y,在实际应用中通常由样本协方差矩阵$\hat{R}_y$代替,即

$$\hat{\boldsymbol{R}}_y = \frac{1}{T}\sum_{t=1}^{T}\boldsymbol{y}(t)\boldsymbol{y}(t)^{\mathrm{H}} \tag{6.17}$$

式中：T 为观测样本数。

对上述方法进行仿真实验，仿真参数设置如：由 $N=8$ 对正交偶极子组成一个均匀线阵，相邻偶极子对之间间隔为信号的半波长，两个不相关极化信号，其极化信息已知，采样快拍数为 $T=100$，SNR = 0dB，SINR = −20dB。

本小节对三种场景进行仿真。

（1）第一种场景：期望信号和干扰信号空间域和极化域分别间隔 40°和 20°，即期望信号和干扰信号分别为 $(\theta_s,\phi_s,\alpha_s,\beta_s)=(20°,90°,-20°,30°)$，$(\theta_j,\phi_j,\alpha_j,\beta_j)=(-20°,90°,-40°,30°)$。利用式(6.14)的加权复矢量进行抑制干扰。图 6.3 给出了三维波束图和空间－极化二维波束图仿真结果，从图 6.3(b)可以看出利用式(6.13)的加权复矢量可以有效抑制 $(\theta_j,\boldsymbol{\alpha}_j)=(-20°,-40°)$ 处的干扰。

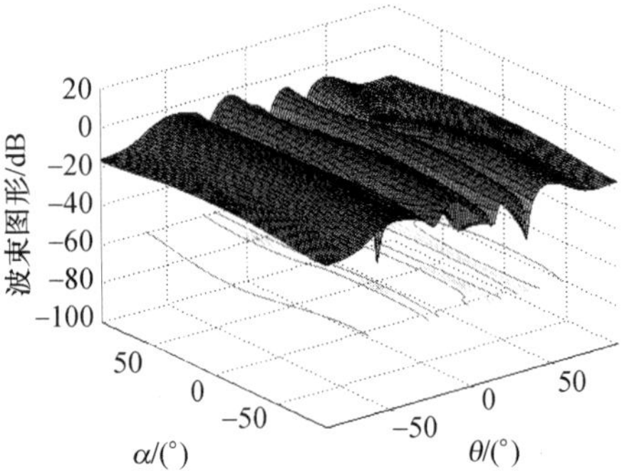

(a) 三维波束图

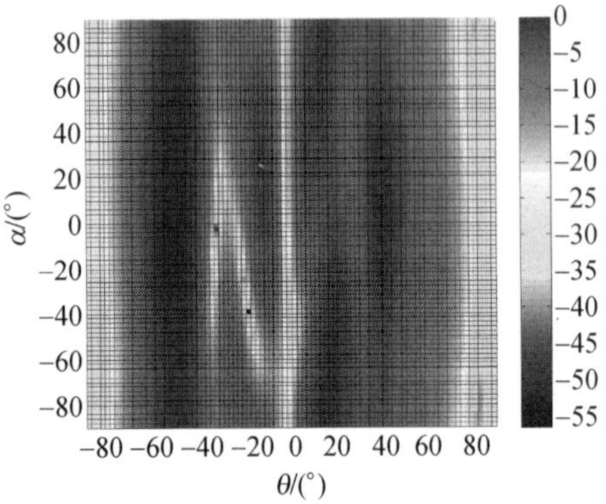

(b) 空间−极化二维波束图

图 6.3　第一种场景下的波束图（见彩图）

（2）第二种场景：期望信号和干扰信号空间域角度相同，极化域间隔 20°，即期望信号和干扰信号分别为 $(\theta_s,\phi_s,\alpha_s,\beta_s)=(20°,90°,-20°,30°)$，$(\theta_j,\phi_j,\alpha_j,\beta_j)=(20°,90°,-40°,30°)$。利用式(6.14)的加权复矢量进行抑制干扰，图 6.4 给出了三维波束图和空间－极化二维波束图仿真结果，从图 6.4(b)可以看出利用式(6.13)的加权复矢量依然可以有效地抑制 $(\theta_j,\alpha_j)=(20°,-40°)$ 处的干扰。

（3）第三种场景：期望信号和干扰信号空间域和极化域均相同，即期望信号和干扰信号分别为 $(\theta_s,\phi_s,\alpha_s,\beta_s)=(-20°,90°,-20°,30°)$，$(\theta_j,\phi_j,\alpha_j,\beta_j)=(-20°,90°,-40°,30°)$。依然利用式(6.14)的加权复矢量进行波束形成，图 6.5 给出了三维波束图和空间－极化二维波束图仿真结果，从图 6.5(b)可以看出 $(\theta_j,\alpha_j)=(-20°,-20°)$ 处的干扰和信号均被抑制。

MVPS 波束形成器不仅可以抑制空域中的干扰，而且可以抑制极化域中的

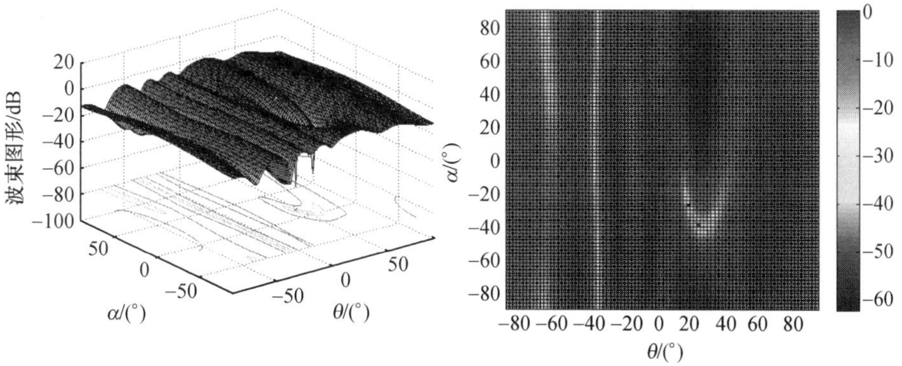

(a) 三维波束图　　(b) 空间–极化二维波束图

图 6.4　第二种场景下的波束图

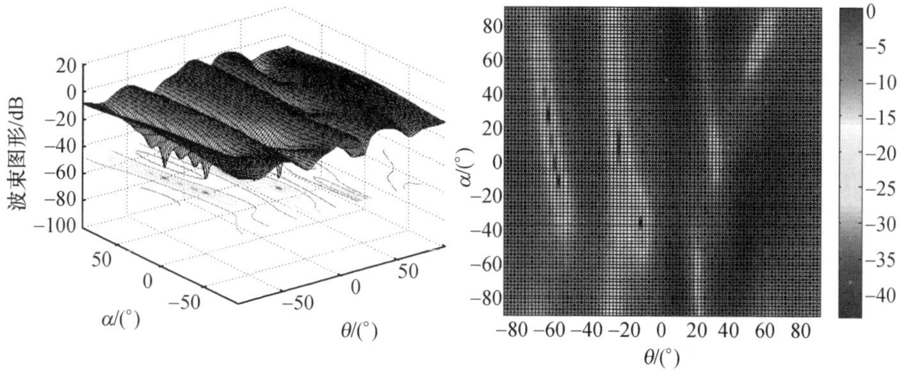

(a) 三维波束图　　(b) 空间–极化二维波束图

图 6.5　第三种场景下的波束图

干扰，即使信号之间的空域信息相同，MVPS 波束器依然可以精确地抑制极化域不同的干扰，当期望信号和干扰信号的空域－极化信息完全相同时，此时干扰信号处无抑制波束。

6.2.2　稳健最小方差波束形成方法

近年来，接收波束形成因利用凸优化取得很大进步。为了保证针对干扰具有一定抑制度的情况下，进一步提高针对期望信号的输出信干噪比，以及失配实际情况下的稳健性，这里引入压缩感知理论进行稳健波束形成设计。并将该稳健波束形成设计问题表示成易于求解的凸问题。

针对极化入射信号，稀疏约束促使针对所有阵列增益 $\tilde{\boldsymbol{A}} = [\boldsymbol{a}(\boldsymbol{\varphi}_1)\ \boldsymbol{a}(\boldsymbol{\varphi}_2)\ \cdots\ \boldsymbol{a}(\boldsymbol{\varphi}_L)]$（$L \gg K$）的稀疏分布，但主波束域的阵列增益不是稀疏的，即波束图

的元素分布稠密。因此基于1－范数的稀疏约束仅用于相应于旁瓣域$\boldsymbol{\varphi}_s$的阵列增益$\tilde{\boldsymbol{A}}_s=[\boldsymbol{a}(\boldsymbol{\varphi}_1)\ \boldsymbol{a}(\boldsymbol{\varphi}_2)\ \cdots\ \boldsymbol{a}(\boldsymbol{\varphi}_{s-q})\ \boldsymbol{a}(\boldsymbol{\varphi}_{s+q})\ \cdots\ \boldsymbol{a}(\boldsymbol{\varphi}_{L-1})\ \boldsymbol{a}(\boldsymbol{\varphi}_L)]$，其中$q$为界定波束主瓣和旁瓣区域的一个正整数。为了进一步提高波束图性能，针对旁瓣域增益亦增加无穷范数约束。该基于MVPS的稀疏约束波束形成可以表示为

$$\begin{aligned}&\underset{\boldsymbol{w}}{\text{minimize}}\ \boldsymbol{w}^{\mathrm{H}}\boldsymbol{R}_y\boldsymbol{w}+\eta\|\boldsymbol{w}^{\mathrm{H}}\tilde{\boldsymbol{A}}_s\|_1\\&\text{subject to}\begin{cases}\|\boldsymbol{w}^{\mathrm{H}}\boldsymbol{a}(\boldsymbol{\varphi}_s)-1\|_\infty<\xi\\\|\boldsymbol{w}^{\mathrm{H}}\tilde{\boldsymbol{A}}_s\|_\infty<\xi\end{cases}\end{aligned}\tag{6.18}$$

式中：权值因子η可均衡总输出能量的最小方差约束和波束图的稀疏约束，根据期望的阵列性能选择参数ξ。$\boldsymbol{w}^{\mathrm{H}}\tilde{\boldsymbol{A}}_s$为旁瓣的阵列增益，增加稀疏波束图约束$\|\boldsymbol{w}^{\mathrm{H}}\tilde{\boldsymbol{A}}_s\|_1$可以进一步限制旁瓣电平。其中$\|\cdot\|_1$和$\|\cdot\|_\infty$分别表示针对矢量的1－范数和无穷范数。式(6.18)可以更好地接近期望波束图，下面将通过仿真将进一步证明。

6.2.3 仿真与分析

为了证明基于MVPS的稀疏约束波束形成方法的性能，本小节主要给出信号导向矢量未失配和失配两种情况下的仿真结果。

仿真参数设置：由$N=8$对正交偶极子组成一个均匀线阵，相邻偶极子对之间间隔d为信号的半波长，假定SIR＝－20dB。为了简单起见，假定所有的极化信号、干扰和噪声均分别具有相同的能量σ_s^2、σ_j^2和σ_n^2。且定义SNR为$10\lg(\sigma_s^2/\sigma_n^2)$。SINR按如下方式计算，即

$$\text{SINR}\triangleq\frac{\sigma_s^2\boldsymbol{w}^{\mathrm{H}}\boldsymbol{a}(\boldsymbol{\varphi}_s)\boldsymbol{a}^{\mathrm{H}}(\boldsymbol{\varphi}_s)\boldsymbol{w}^{\mathrm{H}}}{\boldsymbol{w}^{\mathrm{H}}\left(\sum_{j=1}^{J}\sigma_j^2\boldsymbol{a}(\boldsymbol{\varphi}_j)\boldsymbol{a}^{\mathrm{H}}(\boldsymbol{\varphi}_j)+\sigma_n^2\boldsymbol{I}_n\right)\boldsymbol{w}^{\mathrm{H}}}\tag{6.19}$$

(1) 期望信号导向矢量理想未失配的情况：期望信号和干扰信号空间域和极化域分别间隔20°，即期望信号和干扰信号分别为$(\theta_s,\phi_s,\alpha_s,\beta_s)=(20°,90°,-20°,30°)$和$(\theta_j,\phi_j,\alpha_j,\beta_j)=(-20°,90°,-40°,30°)$。期望信号导向矢量精确已知，图6.6首先给出SNR＝0dB，且快拍数$L=100$时，分别基于MVPS、DL及MVPS稀疏约束波束形成方法的单次仿真结果。从图6.6可以看出，基于MVPS稀疏约束波束形成方法如同MVPS，可以抑制干扰$(\theta_j,\alpha_j)=(-20°,-40°)$。同时，图6.7给出了100次蒙特卡罗仿真的统计结果，基于MVPS稀疏约束波束形成方法的输出SINR高于MVPS方法，但低于DL方法。图6.8给出固定SNR＝0dB情况下，期望信号输出SINR关于快拍数的100次蒙特卡罗仿真

曲线。

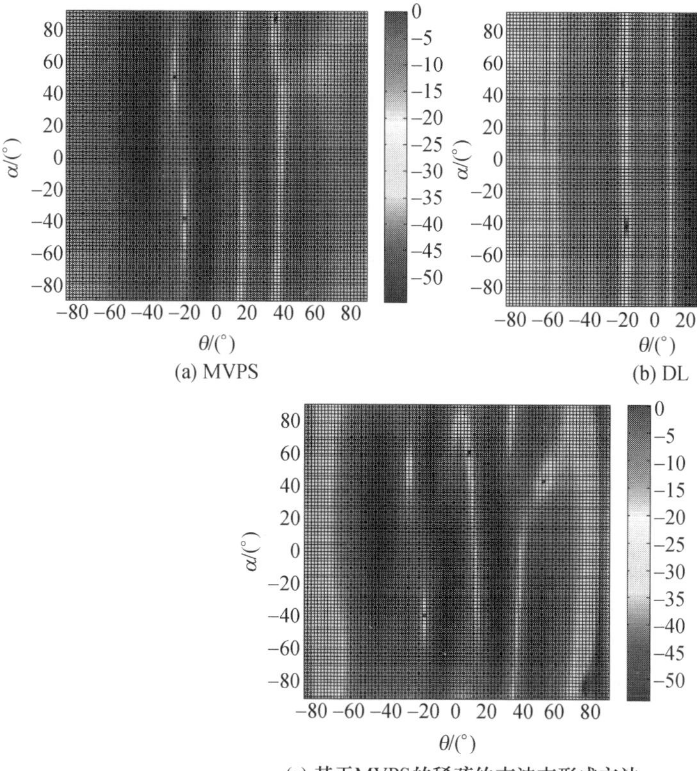

图 6.6　基于不同波束形成方法下的波束图(见彩图)

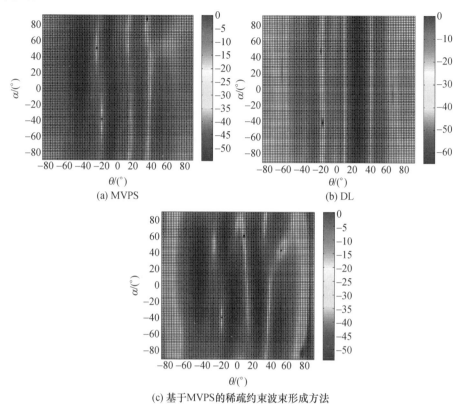

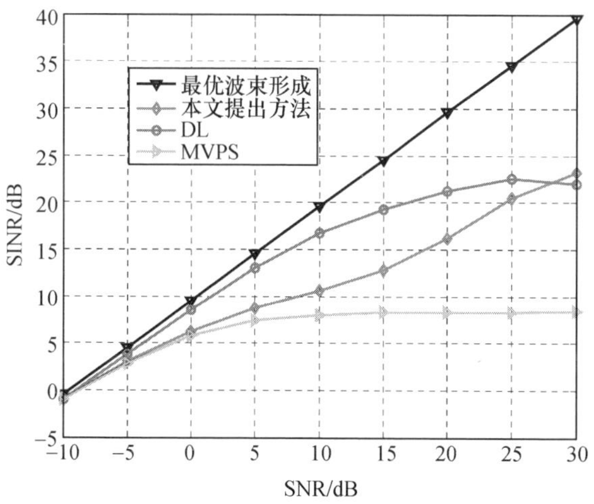

图 6.7　输出 SINR 关于输入 SNR 的关系曲线(未失配)

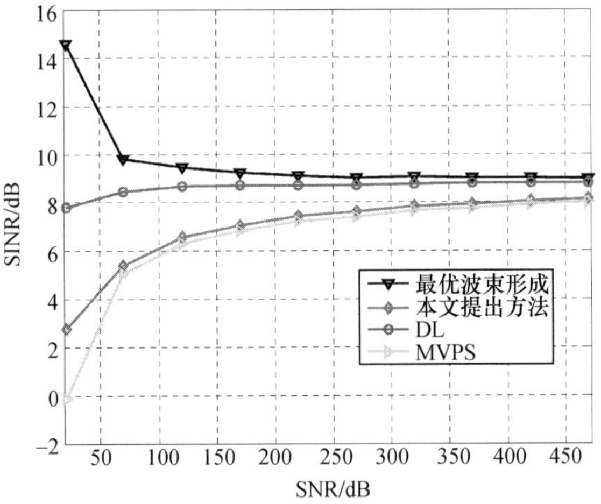

图 6.8　输出 SINR 关于快拍数的关系曲线(未失配)

为了证明基于 MVPS 稀疏约束波束形成方法的优势,图 6.9 和图 6.10 给出针对期望信号和干扰信号空间－极化特性相似情况下的统计结果,即期望信号和干扰信号分别为$(\theta_s,\phi_s,\alpha_s,\beta_s)=(20°,90°,-20°,30°)$和$(\theta_j,\phi_j,\alpha_j,\beta_j)=(20°,90°,-10°,30°)$。从图 6.9 和图 6.10 可以看出基于 MVPS 稀疏约束波束形成方法优于 MVPS 方法和 DL 方法,性能更稳健。

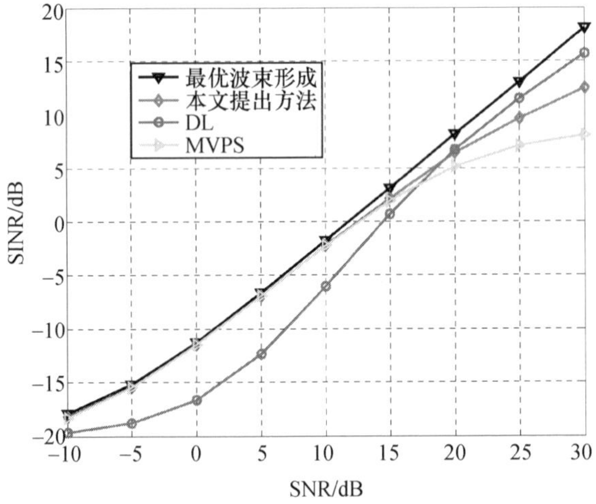

图 6.9　输出 SINR 关于输入 SNR 的关系曲线(信号和干扰空间－极化信息相似)

(2) 期望信号导向矢量失配情况:期望信号和干扰信号空间域和极化域分别间隔 20°,即期望信号和干扰信号分别为$(\theta_s,\phi_s,\alpha_s,\beta_s)=(20°,90°,-20°,30°)$和$(\theta_j,\phi_j,\alpha_j,\beta_j)=(-20°,90°,-40°,30°)$,期望信号导向矢量在空间域存

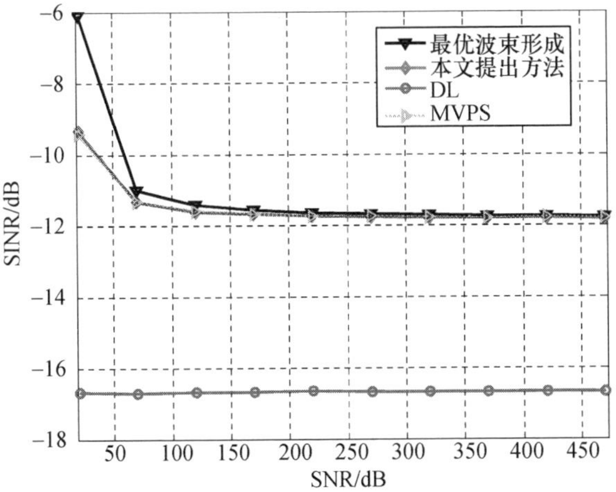

图 6.10 输出 SINR 关于快拍数的关系曲线(信号和干扰空间 - 极化信息相似)

在 1°的失配,图 6.11 和图 6.12 给出了 100 次蒙特卡罗统计仿真曲线。从图 6.11 和图 6.12 可以看出基于 MVPS 稀疏约束波束形成方法依然优于 MVPS 方法。由以上仿真结果可知,相比理想的无失配情况,基于 MVPS 稀疏约束波束形成方法在期望信号导向矢量失配情况下性能损失很小。

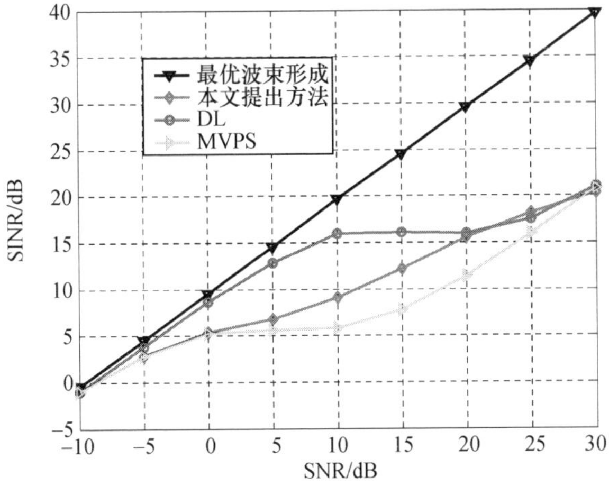

图 6.11 输出 SINR 关于输入 SNR 的关系曲线(失配)

本小节对 MVPS 稀疏约束波束形成方法,其性能通过失配和无失配两种情况下的仿真结果进行了验证。在期望信号方向矢量失配情况下,MVPS 稀疏约束波束形成方法优于 MVPS。相比理想的无失配情况,所提波束形成算法在失配情况下的性能损失很小。另外,本节所提的波束形成算法可以描述成凸问题,并可以利用凸优化软件有效地解决。所提方法的计算复杂度与传统样本矩阵求

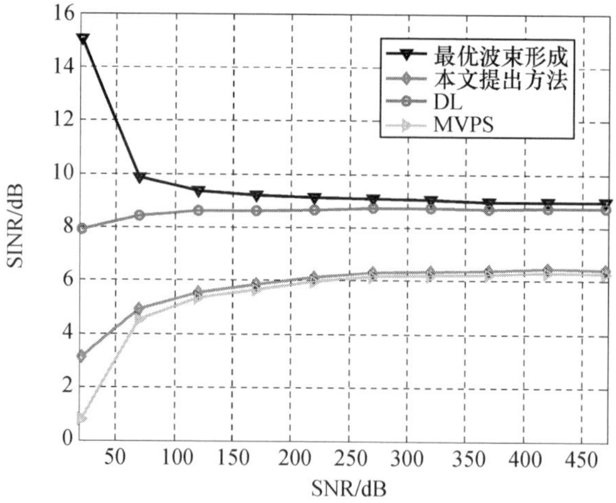

图 6.12　输出 SINR 关于快拍数的关系曲线(失配)

逆方法和加载样本矩阵求逆自适应波束形成方法的计算复杂度相当。

6.3　小　　结

本章首先介绍了传统的最小方差波束形成方法,并提出基于 MVPS 稀疏约束波束形成算法,其有效性通过失配和无失配两种情况下的仿真结果进行验证。另外,本章所提的波束形成算法可以描述成易于凸优化软件处理的凸问题,其计算复杂度与传统样本矩阵求逆方法和加载样本矩阵求逆自适应波束形成方法的计算复杂度相当。

第7章 矢量传感器阵列优化布阵与阵列校正

7.1 矢量传感器阵列优化布阵

7.1.1 概述

对于阵列雷达的天线布阵设计，由于具有均匀间隔的天线阵列结构简单，且对应数学模型最为直观，因而得到了广泛的研究与应用。然而该类阵列在实际应用中必须要满足如下三个因素：①不存在栅瓣；②天线间的耦合效应不存在或可忽略；③天线的波束宽度需要达到实际应用的要求（也就是波束宽度必须在一定范围内）。这就要求：①阵元间距必须不大于收/发信号的半个波长，否则会导致栅瓣的出现，栅瓣的出现会导致发射信号泄露和接收信号的误判；②需控制耦合等误差对方向图的影响，耦合误差的存在将直接影响到阵列天线的波束宽度、口径分布等参数，方向图的变形直接可能导致雷达不能正常工作，同时，随着辐射频率的升高阵元间距越小，对天线性能的要求更高；③阵列具有相应的孔径，阵列的波束宽度与阵列口径成反比，在对分辨率要求高的场合中要求阵列需要更大的口径，然而此时整个雷达系统的造价随着阵元数目的增加而显著增加。

为了避免或者缓和上述问题，可以将阵列天线非均匀放置，利用非均匀放置的阵列天线去逼近具有一定特性的波束图。学界将如何确定各个天线的位置及激励称为阵列综合问题。阵列的优化设计大致可以分为两类：第一，固定阵元位置对阵列激励进行优化；第二，将阵列激励赋值，对阵元位置进行优化。

对于第一种情况，阵列方向图函数是关于阵列激励的线性函数。因此，此类优化问题属于线性优化问题，可以借助成熟的线性最优化理论进行优化。阵列响应是关于阵元位置的复指数函数（非对称阵列）或三角函数（对称阵列），是属于非线性优化问题。此类优化问题由于其数学处理的复杂性，它一直是稀布天线阵列综合研究的难点。

对于稀布天线阵列综合问题,具体来说,阵列的方向图可以由天线数目、阵列形状、天线间距以及各天线的激励(包括幅度和相位)四个参数唯一确定。天线数目决定成本以及辐射功率(作用距离);阵列形状决定应用场合以及孔径大小,如线阵、矩形阵、拱形阵、圆形面阵、椭圆形面阵等;天线间距以及阵列形状共同决定阵列中各天线的具体位置。针对均匀阵列的问题,在阵列综合中往往会给定天线数目、天线最小间距参数以及阵列孔径三个条件,优化对象为峰值旁瓣电平(Peak Side - Lobe Level,PSLL)或主瓣波束宽度。

以往的研究对象局限于天线位于等距网格上称之为稀疏阵列(相当于对均匀阵列选取一个子集,以达到降低天线个数同时避免栅瓣)。针对该问题所提出的综合方法包括加权法[160]、动态规划法[152]、穷举法[153]等。然而非均匀布置的阵列的天线只可能位于网格上,这样做的目的在于简化稀布阵列综合设计过程,这种简化降低了稀布阵列综合问题中天线位置的自由度,在网格化意义下得到的最优阵元位置并不能保证其是全局上的最优解。

随着计算机技术的飞速发展,一大批依赖于计算机技术的计算智能算法逐渐应用到稀布阵列综合设计问题中,使得阵列优化设计研究具有处理大规模、多约束问题的能力。智能优化算法主要包括:遗传算法(模拟生物进化过程性概率搜索算法)[154](Genetic Algorithm,GA)、模拟退火算法(模拟热力学中固体退火原理的全局优化算法)[155](Simulated Annealing SA)、蚁群算法(模拟蚂蚁寻找食物时寻找最优路径的启发式搜索优化算法)[156](Ant Colony Optimization ACO)、粒子群算法(模拟鸟群的觅食行为,通过粒子间合作与竞争以实现多维空间最优区域搜索的优化算法)[157](Particle Swarm Algorithm PSA)等。智能优化算法从本质上来说是基于随机性的自然算法,搜索过程需要花费大量的时间才能够得到最终优化结果。另外还有数值优化算法[158],混合类算法[159],差分进化算法[160],但是数值优化算法的全局最优性仍不能保证[172]。

基于人工智能的方法,可以在布阵优化问题上得到满意的结果,若考虑电磁矢量传感器阵列需要对极化域上的方向图和布阵问题进行讨论。上述算法与极化方向图综合对象的矢量传感器阵列优化布阵的思路是一致的,只是在处理维度、数学约束和阵元辐射方向图上有所不同。

本章中阵列误差部分均为本书作者最新的研究成果,在目前国内相关书籍和文献中尚属首例。

7.1.2 优化布阵实例

圆柱阵列对应的方向图函数是关于阵元位置的复指数函数,因而阵元间距的优化设计是一个非线性最优化问题，对于传统的数值优化方法很难找到关于此类问题的最优解，穷举法也会因为阵元数目增多而使计算量过大，模拟退火算法通过在当前解领域进行微扰得到新解，并构造一个适应度函数来评价当前解与新解之间的优劣，反复迭代就能在解空间范围内得到近最优解。

由于模拟退火算法求解的特点，它能够解决诸如稀布圆柱阵列这类复杂的非线性问题。

设圆柱阵列的半径为 5λ，高为 2λ。$\theta=30°$时，选取 $-\theta$ 到 θ 所对应的圆柱表面为方位角平面孔径。在程序中，在 $u=\sin\theta\cos\varphi$，$v=\sin\theta\sin\varphi$ 平面内采样 2500 个点，选取

$$\text{fitness}(D)=\max\left\{\left|\frac{F(\varphi,\theta,\varphi_0,\theta_0)}{FF_{\max}}\right|\right\} \tag{7.1}$$

为仿真优化中的适应度函数。

以下给出取个体矩阵为满阵，且等于阵元数 N 时的结果。两阵元间的最小间距限制为 $d_c \geqslant 0.5\lambda$。模拟退火算法的基本参数选择如下：初始温度为 200，降温系数为 0.95，采取指数降温方式。在每次等温过程中，若接受次数或拒绝次数超过 1000 次则进行降温处理，循环终止条件为温度小于 0.5。如图 7.1 所示，最优个体所对应的全平面的峰值旁瓣电平为 -13.124dB。

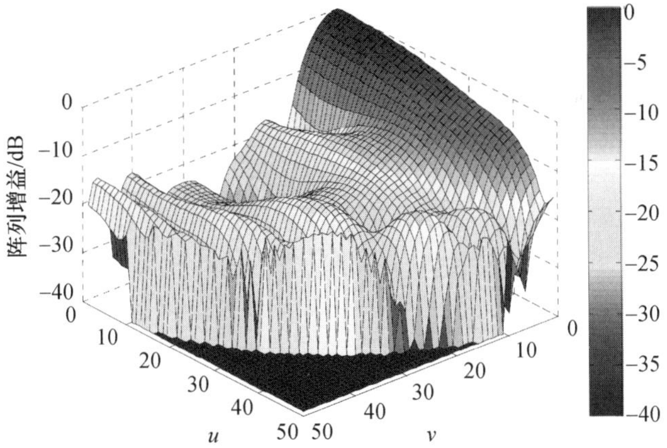

图 7.1　最优个体对应的三维方向图（见彩图）

图 7.2 为 $\varphi=0°$、$\varphi=90°$、$\varphi=45°$三个切面的平面方向图（由 $u=\sin\theta\cos\varphi$ 和 $v=\sin\theta\sin\varphi$ 可知，三个切面分别代表 $v=0$、$u=0$、$u=v$）。图 7.3 则给出了优化后的是阵元布置图，坐标轴上的数值均为实际坐标位置与波长的比值。

仿真结果说明，基于人工智能的方法，可以在布阵优化问题上得到满意的结果。

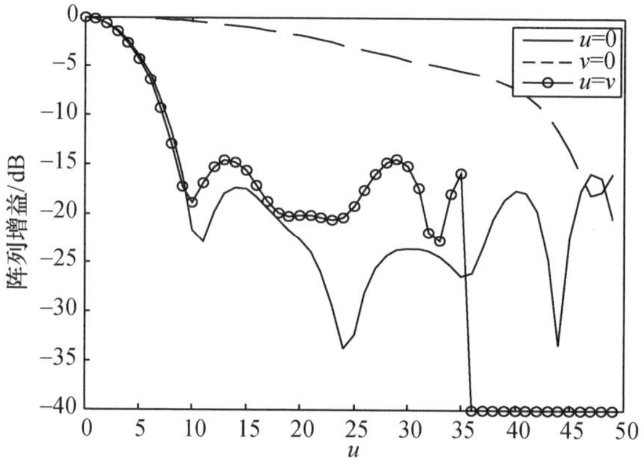

图 7.2　三个切面方向图

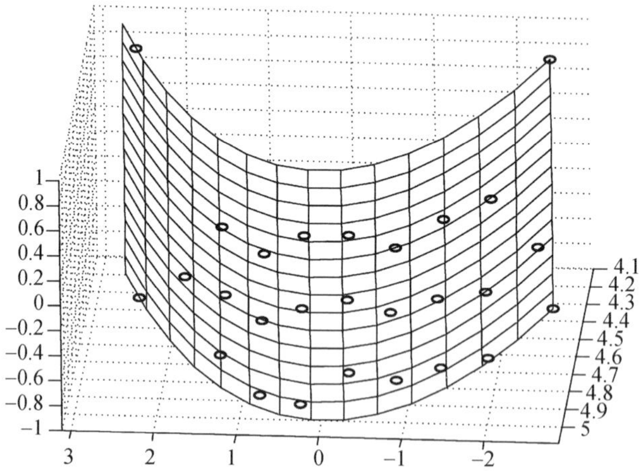

图 7.3　最优阵元布置图

7.2　阵列误差校正

7.2.1　概述

阵列校正问题多年来一直是一个研究的热点和难点，是能否发挥阵列信号处理诸多优势的前提，也是制约着阵列处理技术能否走向实用化的关键因素之一。如图 7.4 所示，阵列校正技术大致可以分为三类。

阵列系统误差会严重影响测向系统，特别是利用超分辨算法测向系统的估计性能。作为实际工程应用中不能回避的问题，阵列系统误差校正问题引起了

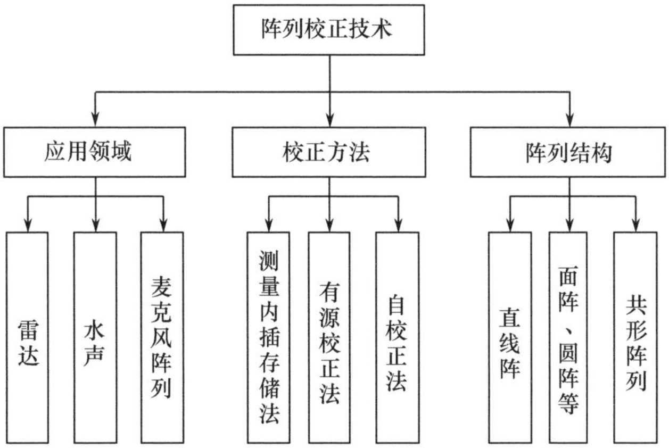

图 7.4　阵列校正技术分类

一大批国内外学者的关注与研究。同时,针对这个问题也出现了一大批优秀的算法,在一定程度上为工程中的阵列系统误差校正提供了解决方案。

对于标量传感器阵列,其系统误差一般包括幅相误差、阵元位置误差以及互耦等。主要研究成果包括系统误差校正的性能分析及校正算法。

其性能分析包括研究阵列系统误差对超分辨算法测向精度的影响[161-164]以及系统误差存在的情况下,校正算法可以达到的理论下界[165]。该类问题的研究为评判算法的有效性提供了一个有效的参照,同时对阵列测向系统的设计与检验提供了理论上的指导。

校正算法包括利用已知校正源信息的有源校正类算法[166-171]及校正与测向同时进行的自校正类算法[172,173]。不同于单纯的测向问题,标量传感器阵列系统误差校正问题中,所有误差的建模均以非线性误差的形式存在于信号模型中,每个类型的误差建模中未知参量的个数均与阵元个数成正比,同时还可能包括与信源个数成正比的未知参量,因此阵列系统误差的求解是一个比测向更为复杂的问题。对于有源校正算法,需要设置一个或若干个辅助信号源,要求辅助信号源的方位精确已知,这样降低了未知参量的个数,将阵列系统误差校正问题独立出来,在一定程度上简化了问题,有利于校正算法的实现。但是,辅助信号源方位角度信息的误差会对校正结果引入额外的误差,针对这个问题,提出了一些改进的算法[174-178],这类算法不需要校正源的精确方位。但是该类方法只适用于离线校正,不能用于实时校正。对于自校正类算法,大都不需要设置辅助阵元,因此系统复杂度较有源校正简单,在算法复杂度允许的条件下可以对阵列进行实时校正,同时由于未知参量个数较多,往往得不到闭式解,而通过迭代的方式进行求解导致算法计算复杂度较高,并且可能得不到全局最优解。有源校正与自校正算法互有优缺,应该根据工程中的实际情况选择合适有效的算法进行阵列系统误差校正。

以上所述算法均针对考虑对理想环境下的标量传感器阵列的系统误差进行校正,如何针对复杂环境,特别是在多径、干扰、色噪声等条件下进行有效的阵列误差校正起步较晚,公开的研究成果较少,主要是针对均匀线阵在多径环境以及阵列误差的条件下同时对阵列误差模型参数与方向参数进行估计[179,180],同时复杂环境还涉及高维、非线性优化的问题,有计算量大、收敛速度慢、全局收敛性无法保证等缺点。因此复杂环境中的阵列校正仍是一个有待深入研究的命题。

与传统的标量传感器不一样,电磁矢量传感器由多个具有相同空间相位中心的子标量传感器组成,可以感应横电磁波的全部或部分电场、磁场瞬态矢量等信息。与标量传感器的一个阵元对应,典型的电磁矢量传感器阵列的 1 个阵元包括 3 个正交的电振子和 3 个正交的磁振子共 6 个通道构成,它能够完备地接收空间的电磁分量及极化信息。正因为如此,对于矢量传感器,除了标量传感器所提到的幅相误差、阵元位置误差以及阵元间的互耦误差,还包括各阵元间方向不一致导致的方向误差(传感器阵列取向误差)和单个阵元内部各通道的互耦误差。由于电磁矢量传感器相对于标量传感器结构更为复杂,且考虑了电磁波的极化信息,因此上述针对标量传感器的阵列误差校正算法均不能够应用于电磁矢量传感器阵列。

电磁矢量传感器阵列的模型误差同样严重影响着基于电磁矢量传感器的参数估计,进而限制这电磁矢量传感器在工程中的应用。然而由于电磁矢量传感器阵列自身结构的复杂性以及未知参量的增多,给基于电磁矢量传感器阵列的参数估计,特别是电磁矢量传感器阵列误差的建模及求解带来了一定的困难。现阶段针对电磁矢量传感器阵列模型误差研究的公开文献较少,但同时也引起了一批学者的关注与研究。研究成果主要集中在电磁矢量传感器各通道的幅相误差校正[181]、各通道互耦误差校正[182,185]以及阵列取向误差校正[186]三个方面。

7.2.2 传感器阵列误差校正

在相干信号测向研究中,将阵列在 θ 方向入射的信号对应的阵列响应记为 $\boldsymbol{a}(\theta)$,阵列校正问题则相应于在测向范围内测量 $\boldsymbol{a}(\theta)$。解决方案为:首先在固定位置放置校正源,然后待校正的阵列按照一定的角度间隔旋转,依次测得每个角度上的阵列响应。若放置多个信号源,则可实现多径分离。这类似于单输入多输出系统中的盲辨识问题,单个通道不可辨识,然而两个通道就可以辨识。

阵列接收的多径信号模型为

$$\boldsymbol{y} = \sum_{c=1}^{C} \boldsymbol{a}(\tilde{\omega}_c)\tilde{s}_c + \boldsymbol{e} \tag{7.2}$$

式中：$\boldsymbol{y} \in \mathbb{C}^{N\times1}$为得到的数据矢量；$\boldsymbol{e} \in \mathbb{C}^{N\times1}$为噪声；$\hat{s}_c \in \mathbb{C}$和$\tilde{\boldsymbol{\omega}}_c \in \Omega$为第$c$个信号的未知参数；$\boldsymbol{a}(\cdot):\Omega \to \mathbb{C}^{N\times1}$为一个已知函数。

为了解决多径问题，这里采用的具体解决方法是基于协方差的稀疏迭代估计方法，具体流程如下：

(1) 对各权矢量进行初始化。

令迭代次数为$i=0$，$w_k = \|\boldsymbol{a}_k\| / \|\boldsymbol{y}(t)\| (k=1,2,\cdots,K+N)$，$p_k(0) = |\boldsymbol{a}_k^{\mathrm{H}}\boldsymbol{y}(t)| / \|\boldsymbol{a}_k\|^4 (k=1,2,\cdots,K+N)$，$\boldsymbol{R}(0) = \sum_{k=1}^{K+N}\boldsymbol{a}_k\boldsymbol{a}_k^{\mathrm{H}}$。

(2) 迭代更新。

$\boldsymbol{z}(i+1) = \boldsymbol{R}^{-1}(i)\boldsymbol{y}(t)$，$r_k(i+1) = |\boldsymbol{a}_k^{\mathrm{H}}\boldsymbol{z}(i+1)| (k=1,2,\cdots,K+N)$，$\rho(i+1) = \sum_{k=1}^{N} w_k p_k(i) r_k(i+1)$，$p_k(i+1) = p_k(i)\boldsymbol{r}_k(i+1)/\boldsymbol{w}_k\rho(i+1) (k=1,\cdots,K+N)$，$\boldsymbol{R}(i+1) = \sum_{k=1}^{N} p_k(i+1)\boldsymbol{a}_k\boldsymbol{a}_k^{\mathrm{H}}$。

(3) 算法运行停止条件。$\dfrac{\|\boldsymbol{p}(i+1)-\boldsymbol{p}(i)\|}{\|\boldsymbol{p}(i)\|}<$阈值。

上述多径信号测向算法虽然具有计算效率和收敛性能方面的优势，但是利用该算法进行在线幅相误差校准和阵元位置误差校准仍有待进一步的深入研究，这里利用与子空间分析技术相结合的方法，使上述多径信号测向算法具有在线幅相误差校准和阵元位置误差校准功能。

考虑虑M个天线阵元，下变频到中频后的第m个阵元的接收信号可以建模为

$$y_m(t) = \sum_{l=1}^{L} a_m(\theta_l) d_m \alpha_l x(t-\hat{t}_l) \mathrm{e}^{\mathrm{j}2\pi t f_{\mathrm{IF}}} + n_m(t), m=1,2,\cdots,M \tag{7.3}$$

式中：$x(t)$为信源信号，其同相分量和正交分量满足希尔伯特变换；f_{IF}为中频频率。需要校正的误差$d_m = \beta_m \mathrm{e}^{\mathrm{j}\varphi_m}$为幅相误差；$n_m(t)$为加性高斯白噪声；$a_m(\theta_l)$为第$m$个阵元对第$l$条多径信号（入射角为$\theta_l$）的阵列响应增益。第$l$条多径的路径增益和时延分别记为$\alpha_l$和$\tilde{t}_l$；记采样时间间隔为$T_s$，则第$i$个采样时刻阵列的离散时间信号输出矢量为

$$\boldsymbol{y}_i = \sum_{l=1}^{L} (\boldsymbol{a}(\theta_l) \odot \boldsymbol{d}) \alpha_l x_{i-\tau_l} \mathrm{e}^{\mathrm{j}\omega_i} + \boldsymbol{n}_i \tag{7.4}$$

式中

$$\boldsymbol{y}_i=\begin{bmatrix}y_1(iT_s)\\y_2(iT_s)\\\vdots\\y_M(iT_s)\end{bmatrix},\boldsymbol{a}(\theta_l)=\begin{bmatrix}a_1(\theta_l)\\a_2(\theta_l)\\\vdots\\a_M(\theta_l)\end{bmatrix},\boldsymbol{d}=\begin{bmatrix}d_1\\d_2\\\vdots\\d_M\end{bmatrix},\boldsymbol{n}_i=\begin{bmatrix}n_1(iT_s)\\n_2(iT_s)\\\vdots\\n_M(iT_s)\end{bmatrix}$$

并且 $x_{i-\tau_l}=x((i-\tau_l)T_s)$，$\omega_i=2\pi \mathrm{i}f_{\mathrm{IF}}T_s$。$\tau_l=(\tilde{t}_l/T_s)$的取整数时的值，$\boldsymbol{n}_i$的协方差矩阵为$\sigma^2\boldsymbol{I}_M$。

根据阵列输出得到接收信号的阵列协方差矩阵为

$$\boldsymbol{R}_y=E\{\boldsymbol{y}\boldsymbol{y}^{\mathrm{H}}\}=\sum_{l=1}^{L}\alpha_l^2E_x\boldsymbol{D}\boldsymbol{A}(\theta_l)\boldsymbol{A}^{\mathrm{H}}(\theta_l)\boldsymbol{D}^{\mathrm{H}}+\sigma^2\boldsymbol{I}_M \tag{7.5}$$

式中

$$\boldsymbol{A}(\theta_l)=\mathrm{diag}\{a_1(\theta_l),a_2(\theta_l),\cdots,a_M(\theta_l)\}$$

$$\boldsymbol{D}=\mathrm{diag}\{d_1,d_2,\cdots,d_M\}\ E_x=E\{|x_i|^2\}$$

协方差矩阵可以分解为

$$\boldsymbol{R}_y=\boldsymbol{U}_s\boldsymbol{\Lambda}_s\boldsymbol{U}_s^{\mathrm{H}}+\boldsymbol{U}_n\boldsymbol{\Lambda}_n\boldsymbol{U}_n^{\mathrm{H}} \tag{7.6}$$

式中

$$\boldsymbol{U}_s=[\boldsymbol{u}_1\quad\boldsymbol{u}_2\quad\cdots\quad\boldsymbol{u}_L]\in\mathbb{C}^{M\times L}$$

$$\boldsymbol{U}_n=[\boldsymbol{u}_{L+1}\quad\boldsymbol{u}_{L+2}\quad\cdots\quad\boldsymbol{u}_M]\in\mathbb{C}^{M\times(M-L)}$$

$$\Lambda_s=\mathrm{diag}(\lambda_1,\lambda_2,\cdots,\lambda_L)$$

$$\Lambda_n=\mathrm{diag}(\lambda_{L+1},\lambda_{L+2},\cdots,\lambda_M)=\sigma^2\boldsymbol{I}_{M-L}$$

$$\lambda_1\geqslant\cdots\geqslant\lambda_{L+1}=\cdots=\lambda_M=\sigma^2$$

$\boldsymbol{u}_i$为矩阵$\boldsymbol{U}$的第i列。可以通过最小化如下问题，求得多径信号的来波方向和校正误差矢量，即

$$\boldsymbol{J}(\theta)=\|\boldsymbol{U}_n\boldsymbol{D}\boldsymbol{a}(\theta)\|^2\ \text{或}\ \boldsymbol{J}(\boldsymbol{d})=\sum_{l=1}^{L}\|\boldsymbol{U}_n\boldsymbol{A}(\theta_l)\boldsymbol{d}\|^2 \tag{7.7}$$

利用初始化多径信号角度信息的一个估计，在约束条件下利用估计最小化式(7.7)，就可以进一步求得校正误差。按照上面两步迭代求解，直到代价函数$\boldsymbol{J}(\theta)$和$\boldsymbol{J}(\boldsymbol{d})$收敛到最小值。即可完成基于子空间的幅相误差校准。

下面基于增加辅助阵元来提供扰动参数估计可利用的信息量，以解决阵元位置误差带来的影响。这一思想，引入少量精确校正的辅助阵元，在多源情况下对信源方位及其对应的阵元幅相误差进行无模糊联合估计。该方法适用性广。且无需以前阵列校正方法中经常使用的阵列误差的微扰动假设，更加符合实际

的误差模型。

假设阵列阵元数为 M,两个校正源分别从已知的 θ_1 和 θ_2 方向发射直达波信号,其中第二个校正源的信号还沿着一条非直达波路径到达阵列,未知的非直达波到达方向为 θ_3。

若以第一通道为参考通道,阵列幅相响应矩阵可以表示为

$$\boldsymbol{G}=\operatorname{diag}(\boldsymbol{g}) \tag{7.8}$$

式中

$$\boldsymbol{g}=[1 \quad g_2 \quad \cdots \quad g_M]^{\mathrm{T}} \tag{7.9}$$

阵列在 t 时刻接收的信号矢量可以表示为

$$\boldsymbol{y}(t)=\boldsymbol{G}(\boldsymbol{a}(\theta_1)s_1(t)+(\boldsymbol{a}(\theta_2)+\alpha\boldsymbol{a}(\theta_3))s_2(t))+\boldsymbol{n}(t) \tag{7.10}$$

式中:$\boldsymbol{a}(\theta_k)$为阵列方向矢量,$k=1,2$;$s_1(t)$和 $s_2(t)$为校正信号源;α 为相对于直达波信号的多径信号复幅度;$\boldsymbol{n}(t)$为接收噪声矢量。

问题就是在多径非直达波信号存在时,在两个校正源的直达波信号方向 θ_1 和 θ_2已知,而非直达波到达方向 θ_3和多径信号复幅度 α 未知的条件下,如何利用阵列接收的数据矢量 $y(t)$,确定未知的阵列幅相响应矢量 $\boldsymbol{g}$。此时,对协方差矩阵 $\boldsymbol{R}=\{\boldsymbol{y}(t)\boldsymbol{y}^{\mathrm{H}}(t)\}$进行奇异值分解

$$\boldsymbol{R}=[\boldsymbol{U}_S,\boldsymbol{U}_N]\boldsymbol{\Sigma}[\boldsymbol{U}_S,\boldsymbol{U}_N]^{\mathrm{H}} \tag{7.11}$$

可以得到信号子空间 $\boldsymbol{U}_{\hat{S}}\in\mathbb{C}^{M\times 2}$,噪声子空间 $\boldsymbol{U}_N\in\mathbb{C}^{M\times(M-2)}$,其中对角矩阵 $\boldsymbol{\Sigma}$ 的对角元素为奇异值,且从大到小排列。

样本协方差矩阵为$\hat{\boldsymbol{R}}$,即

$$\hat{\boldsymbol{R}}=\frac{1}{L}\sum_{t=1}^{L}\boldsymbol{y}_k(t)\boldsymbol{y}_k^{\mathrm{H}}(t) \tag{7.12}$$

式中:L 为快拍数。在得到信号子空间后,容易得到

$$\boldsymbol{U}_N^{\mathrm{H}}\boldsymbol{G}\boldsymbol{a}(\theta_1)=\boldsymbol{0}_{(M-1)\times 1} \tag{7.13}$$

和

$$\boldsymbol{U}_N^{\mathrm{H}}\boldsymbol{G}(\boldsymbol{a}(\theta_2)+\alpha\boldsymbol{a}(\theta_3))=\boldsymbol{0}_{(M-1)\times 1} \tag{7.14}$$

由于辅助源放置方向已知,因此又可写成

$$\begin{cases}\boldsymbol{U}_N^{\mathrm{H}}\boldsymbol{A}_1\boldsymbol{g}=\boldsymbol{0}_{(M-2)\times 1}\\ \boldsymbol{U}_N^{\mathrm{H}}(\boldsymbol{A}_2+\alpha\boldsymbol{A}_3)\boldsymbol{g}=\boldsymbol{0}_{(M-2)\times 1}\end{cases} \tag{7.15}$$

式中:$\boldsymbol{A}_k=\operatorname{diag}(\boldsymbol{a}(\theta_k))$,$k=1,2,3$。式(7.15)是关于未知量 $\boldsymbol{g}$、α 和 θ_3的非线性方程,难以直接求解决。因此,可将式(7.15)改写为

$$\boldsymbol{D}_1\boldsymbol{g}=\alpha\boldsymbol{D}_2\boldsymbol{g} \tag{7.16}$$

式中：$\boldsymbol{D}_1,\boldsymbol{D}_2\in\mathbb{C}^{2(M-4)\times M}$，有

$$\boldsymbol{D}_1=\begin{bmatrix}\boldsymbol{U}_N^{\mathrm{H}}\boldsymbol{A}_1\\ \boldsymbol{U}_N^{\mathrm{H}}\boldsymbol{A}_2\end{bmatrix},\boldsymbol{D}_2=\begin{bmatrix}\boldsymbol{0}_{(M-2)\times 1}\\ \boldsymbol{U}_N^{\mathrm{H}}\boldsymbol{A}_3\end{bmatrix}$$

可见，未知量 α、$\boldsymbol{g}$ 分别是矩阵$(\boldsymbol{D}_2^{\mathrm{H}}\boldsymbol{D}_2)^{-1}\boldsymbol{D}_2^{\mathrm{H}}\boldsymbol{D}_1$的特征值和特征矢量。

由于矩阵 $\boldsymbol{D}_1$已知，但是矩阵 $\boldsymbol{D}_2$中的 θ_3未知，因此构造如下的一维非直达波空间谱，即

$$f(\theta)=\frac{1}{\min\limits_k\|\boldsymbol{D}_1\boldsymbol{g}_k(\theta)-\alpha_k(\theta)\boldsymbol{D}_2(\theta)\boldsymbol{g}_k(\theta)\|_F}\tag{7.17}$$

式中：$\alpha_k(\theta)$和 $\boldsymbol{g}_k(\theta)$分别为矩阵$(\boldsymbol{D}_2^{\mathrm{H}}\boldsymbol{D}_2(\theta))^{-1}\boldsymbol{D}_2^{\mathrm{H}}(\theta)\boldsymbol{D}_1$的第 k 个特征值和特征矢量，其中

$$\boldsymbol{D}_2(\theta)=\begin{bmatrix}\boldsymbol{0}_{(M-2)\times 1}\\ \boldsymbol{U}_N^{\mathrm{H}}\mathrm{diag}(\boldsymbol{a}(\theta))\end{bmatrix}$$

通过搜索非直达波空间谱的谱峰位置，即可确定非直达波来波方向 θ_3的估计$\hat{\theta}_3$为

$$\hat{\theta}_3=\arg\max_{\theta}f(\theta)\tag{7.18}$$

最后，利用非直达波信号到达方向估计确定幅相响应矢量的估计为矩阵

$$\boldsymbol{D}_2(\hat{\theta}_3)=\begin{bmatrix}\boldsymbol{0}_{(M-2)\times 1}\\ \boldsymbol{U}_N^{\mathrm{H}}\mathrm{diag}(\boldsymbol{a}(\hat{\theta}_3))\end{bmatrix}$$

的第$\hat{\boldsymbol{k}}$个特征矢量 $\boldsymbol{g}_{\hat{k}}(\hat{\theta}_3)$，其中

$$\hat{k}=\arg\min_k\|\boldsymbol{D}_1\boldsymbol{g}_k(\hat{\theta}_3)-\alpha_k(\hat{\theta}_3)\boldsymbol{D}_2(\hat{\theta}_3)\boldsymbol{g}_k(\hat{\theta}_3)\|_F\tag{7.19}$$

下面进行仿真验证。采用 8 个阵元组成的均匀线阵，信噪比为 10dB，快拍数为 1024。考虑一个直达波信号的来波方向为 $-23.65°$，另一个多径信号的直达波来波方向为 $-11.12°$，直达波信号的来波方向为 $-3.79°$。各个通道的幅度响应为 $-0.9\sim1.1$ 的独立均匀分布，相位响应为 $0\sim2\pi$ 的独立均匀分布。

首先，确定噪声子空间，一次仿真实验中样本协方差矩阵的奇异值由大到小分别为：37.7946、16.2236、0.2199、0.2109、0.1984、0.1923、0.1869、0.1820，可见信号源的个数等于 2，噪声子空间维数为 6。

其次，估计非直达波空间谱，一次仿真实验中的估计结果如图 7.5 所示。

可见，直达波的信号到达方向估计分别为 $-23.6°$和 11.1°，非直达波的信号到达方向估计为 $-3.8°$，测向误差小于 0.1°。因此，利用本方法估计的非直达波空间谱，即使在幅相响应存在误差的条件下，也能准确的估计直达波、非直达波的信号到达方向。

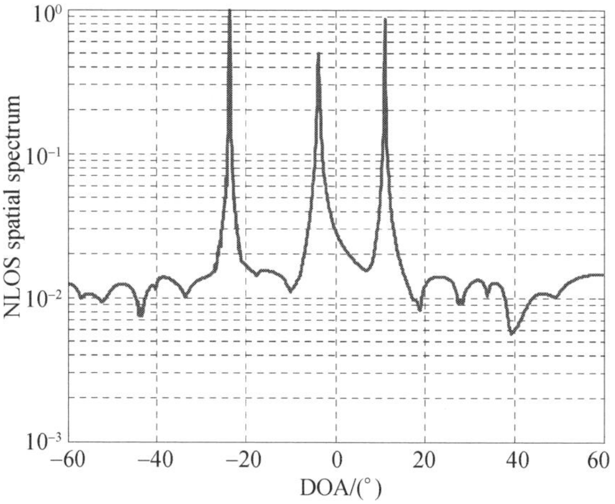

图 7.5　谱峰搜索图

最后,利用非直达波的信号到达方向估计确定幅相响应矢量,一次仿真实验中的各个通道的实际幅相响应、估计幅相响应、幅度测量误差以及相位测量误差分别如表 7.1 所列。

表 7.1　实际幅相响应以及估计误差

通道	实际的幅相响应	估计的幅相响应	幅度误差	相位误差/(°)
1	1.0000	1.0000	0	0
2	−0.0222 −0.9938i	−0.0198 −0.9790i	0.0148	0.1213
3	0.1491 +1.2158i	0.1346 +1.2140i	0.0035	0.6663
4	−1.1939 +0.1964i	−1.1746 +0.1860i	0.0207	0.3464
5	0.8844 −0.9891i	0.8852 −0.9626i	0.0191	0.8036
6	0.4761 +1.0444i	0.4538 +1.0420i	0.0113	0.9750
7	0.5357 −1.1297i	0.5452 −1.1267i	−0.0014	0.4490
8	0.1207 −1.2724i	0.1357 −1.2604i	0.0105	0.7255

该方法不仅能在各个通道的幅相响应未知的条件下准确的估计非直达波的信号到达方向,而且能利用估计的非直达波信号到达方向,准确的测量各个通道的幅相响应。

本方法可推广应用于两个校正信号都存在非直达波到达信号且非直达波到达信号个数大于 1 的情况,只是所需的计算更复杂。

7.3 针对部分校正分布式电磁矢量传感器阵列的稳健 DOA 估计算法

传播方向和极化状态是空间传播电磁信号重要的特征参量，它们携带了空间电磁信号的重要信息。极化阵列可以同时获得信号的空间信息和极化信息，这为阵列性能的提高奠定了物理基础。在实际应用中，利用这种波形极化信息可以增加通信系统的容量，同时改善主动传感系统的性能。与普通标量阵列相比，其具有较强的抗干扰能力、检测能力、系统分辨能力和极化多址能力的优势。另外，分布式电磁矢量传感器阵列属于极化阵列的一种，其极化域稀疏，因其具有大孔径而拥有更好的信号分辨力。而现有针对分布式电磁矢量传感器阵列的 DOA 估计算法因待估参数多而存在计算量大的问题。

针对标量阵列的现有大部分 DOA 估计算法，每一个传感器的输出都是一个标量，如声学传感器阵列输出的是声压，电磁学传感器阵列输出的为电场的标量函数。而空间电磁信号是一个矢量信号，一个电磁场的完整信息是一个 6 维复矢量。它的主要优点是充分利用了所有有用的电磁信息而具有优于利用标量传感器阵列进行 DOA 估计的精度。除 DOA 估计算法之外[188]，利用极化信息可以改善主动传感系统像雷达[189,190]的性能、增加通信系统的容量。在雷达系统中，极化散射信息有利于区分目标的几何结构、形状、方向等特征。另外，利用部分校正传感器阵列进行 DOA 估计的问题在实际应中也非常重要[191,192]，例如基于子阵列的稀疏阵列情况，整个阵列的孔径远大于单个子阵的孔径，因此可以假定每一个子阵已校准，但整个阵列因完全未知或不能精确已知子阵之间的相对位置、子阵之间时间不精确同步、相距较远子阵之间的通道失配，或由以上各种影响的组合而导致阵列不能很好地得到校正。

针对以上涉及的问题，传统的子空间算法，如 MUSIC 算法已不能应用，因为 MUSIC 算法针对一个很小的阵列模型误差都会非常敏感[193]。通常，可以针对整个阵列进行完全离线校正，但这项工作非常复杂[194]。几种自我校正的解决方案[195-199]可以进行联合校正阵列和信源 DOA 估计，这些算法的计算复杂度非常高，且当阵元位置误差较大时，估计性能将大大降低[199]。另外，当子阵之间时间不精确同步或信道失配未知时，以上这些方法将不再适用。已有作者提出另外一种针对部分校正阵列的 DOA 估计方法，即降秩估计（Rank Reduction Estimator, RARE）算法[192,200]，该方法可用于子阵之间相对位置未知的特殊情况，其具有简单执行和估计性能接近于 CRB 的优势。但这些方法受限于阵列的几何结构，每一个子阵必须是同向阵列且阵元间隔为某一最短基线的整数倍。为了克服这些限制，一种广义的信号模型[201]可以应用于基于子阵的部分未校准阵列,其子阵几何结构可以是任意的,且针对该未校正阵列提出一种基于子空间的 DOA 估计算法,即 G - RARE 算法。这一方法可视为原始 Root - RARE 算法[192,200]的拓展。然而,这一类似 MUSIC 算法的 G - RARE 算法仅适用于标量阵列。为了利用大孔径而获得更好的分辨力和估计精度,Chong - Meng Samson See 和 Arye Nehorai 将用于标量传感器阵列的 G - RARE 算法拓展到分布式电磁矢量传感器阵列[51]。

7.3.1　问题描述

根据文献[188],一个紧凑的六维 EMVS 的测量模型为

$$\begin{bmatrix} \boldsymbol{y}_E(t) \\ \boldsymbol{y}_H(t) \end{bmatrix} = \begin{bmatrix} \boldsymbol{I}_3 \\ (\boldsymbol{u}\times) \end{bmatrix} \boldsymbol{VQWs}(t) + \begin{bmatrix} \boldsymbol{e}_E(t) \\ \boldsymbol{e}_H(t) \end{bmatrix} \tag{7.20}$$

式中:$\boldsymbol{I}_3$为三阶单位矩阵,且

$$(\boldsymbol{u}\times) \triangleq \begin{bmatrix} 0 & -u_z & u_y \\ u_z & 0 & -u_x \\ -u_y & u_x & 0 \end{bmatrix} \tag{7.21}$$

式中:u_x,u_y,u_z分别为矢量 $\boldsymbol{u}=[\cos\theta\cos\varphi \quad \sin\theta\cos\varphi \quad \sin\varphi]^{\mathrm{T}}$的 x 轴、y 轴和 z 轴分量,$\boldsymbol{u}$ 为从传感器到信号源的单位方向矢量。矩阵 $\boldsymbol{V}$ 为

$$\boldsymbol{V} = \begin{bmatrix} \boldsymbol{V}_x^{(E)} \\ \boldsymbol{V}_y^{(E)} \\ \boldsymbol{V}_z^{(E)} \end{bmatrix} = \begin{bmatrix} -\sin\theta & -\cos\theta\sin\varphi \\ \cos\theta & -\sin\theta\sin\varphi \\ 0 & \cos\varphi \end{bmatrix} \tag{7.22}$$

定义极化状态为

$$\boldsymbol{Q} = \begin{bmatrix} \cos\alpha & \sin\alpha \\ -\sin\alpha & \cos\alpha \end{bmatrix} \tag{7.23}$$

和

$$\boldsymbol{W} = \begin{bmatrix} \cos\beta \\ \mathrm{j}\sin\beta \end{bmatrix} \tag{7.24}$$

式中:$\theta\in[0,2\pi)$、$\varphi\in[-\pi/2,\pi/2]$、$\alpha\in(-\pi/2,\pi/2]$和$\beta\in[-\pi/4,\pi/4]$分别为方位角、俯仰角、极化椭圆方向和椭率。$\boldsymbol{e}_E(t)$和$\boldsymbol{e}_H(t)$分别为电场和磁场的噪声成分。$\boldsymbol{V}_x^{(E)}$,$\boldsymbol{V}_y^{(E)}$和$\boldsymbol{V}_z^{(E)}$分别为沿 x 轴、y 轴和 z 轴方向的3个电偶极子响应,同时可以对$\boldsymbol{V}_x^{(M)}$,$\boldsymbol{V}_y^{(M)}$和$\boldsymbol{V}_z^{(M)}$做相似的定义。

假定信号源为窄带,拓展测量式(7.20)可得如图7.6所示的针对多个信源的测量模型[203,204],即

$$\underbrace{\begin{bmatrix} \boldsymbol{y}_E(t) \\ \boldsymbol{y}_H(t) \end{bmatrix}}_{\boldsymbol{y}(t)} = \sum_{k=1}^{K} \boldsymbol{a}(\Lambda_k)\boldsymbol{s}_k(t) + \underbrace{\begin{bmatrix} \boldsymbol{e}_E(t) \\ \boldsymbol{e}_H(t) \end{bmatrix}}_{\boldsymbol{n}(t)} \tag{7.25}$$

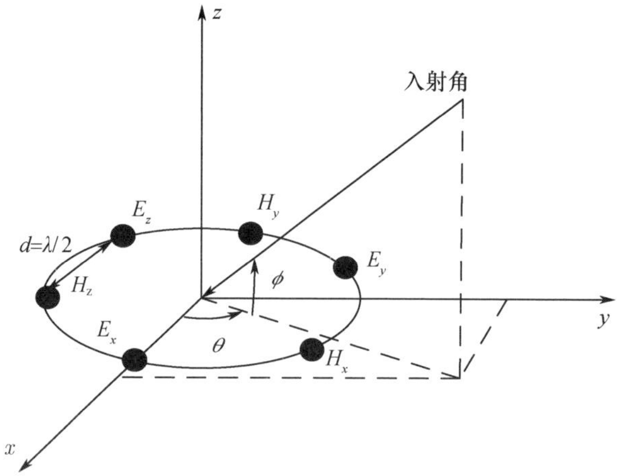

图 7.6　分布式电磁分量传感器阵列

$$\boldsymbol{a}(\Lambda_k)=\boldsymbol{\Gamma}(\theta_k,\varphi_k)\boldsymbol{\Omega}\begin{bmatrix}\boldsymbol{I}_3\\(\boldsymbol{u}\times)_k\end{bmatrix}\boldsymbol{V}_k\boldsymbol{Q}_k\boldsymbol{W}_k=\boldsymbol{b}(\theta_k,\varphi_k)\boldsymbol{W}_k \tag{7.26}$$

式中：$\Lambda_k=[\theta_k \quad \varphi_k \quad \alpha_k \quad \beta_k]$定义为第 k 个信号的方向参数和极化参数；$\boldsymbol{\Gamma}(\theta,\varphi)$为一个 $N\times N$（N 为天线的分量个数）对角矩阵，其第 n 个对角元素为$[\boldsymbol{\Gamma}(\theta,\varphi)]_{nn}=\mathrm{e}^{\mathrm{j}2\pi q_n^{\mathrm{T}}u/\lambda}$，$n=1,2,\cdots,N$。这一矩阵提供了矢量传感器的中心和该矢量传感器第 n 个元素位置 $\boldsymbol{q}_n$之间的相移。$\boldsymbol{\Omega}$ 为一个由“1”或“0”构成的 $N\times 6$ 维选择矩阵，其表明传感器 n 测量了电磁场的某些分量。如图 7.6 所示，$\boldsymbol{\Omega}=\boldsymbol{I}_6$。

与紧凑的电磁矢量传感器不同，分布式电磁矢量传感器阵列不仅综合了矢量传感器阵列，且联合利用由分量传感器的不同空间位置而产生的不同时延和电磁场测量值进行信源参数估计。给定完整的电磁场信息和空间信息，与矢量传感器阵列或标量阵列相比，可以获得更好的参数估计。

假定阵列由 L 个 DEMCA 子阵构成，第 l 个子阵的响应可以表示为

$$\boldsymbol{a}_l(\Lambda_k)=P_l(\theta_k,\varphi_k)\cdot\boldsymbol{a}(\Lambda_k) \tag{7.27}$$

式中：$P_l(\theta,\varphi)=\mathrm{e}^{\mathrm{j}2\pi\boldsymbol{q}_l^{\mathrm{T}}\boldsymbol{u}/\lambda}$为平面波到达位于 $\boldsymbol{p}_l(l=1,2,\cdots,L)$处子 l 的相位；λ 为信号波长。那么包含 L 个部分未校正 DEMCA 子阵的阵列导向矢量为

$$\boldsymbol{a}_F(\Lambda_k)=\boldsymbol{D}(\theta_k,\varphi_k)\boldsymbol{F}(\boldsymbol{Q}_k\boldsymbol{W}_k)\boldsymbol{h}^{(k)} \tag{7.28}$$

式中

$$\boldsymbol{D}(\theta_k,\varphi_k)=\mathrm{blkdiag}(\boldsymbol{c}_1(\theta_k,\varphi_k),\boldsymbol{c}_2(\theta_k,\varphi_k),\cdots,\boldsymbol{c}_L(\theta_k,\varphi_k))$$

$$\boldsymbol{c}_i(\theta_k,\varphi_k)=P_i(\theta_k,\varphi_k)\boldsymbol{\Gamma}(\theta_k,\varphi_k)\boldsymbol{\Omega}\begin{bmatrix}\boldsymbol{I}_3\\(\boldsymbol{u}\times)_k\end{bmatrix}\boldsymbol{V}_k$$

$$\boldsymbol{F}(\boldsymbol{Q}_k\boldsymbol{W}_k)=\mathrm{blkdiag}(\boldsymbol{Q}_1\boldsymbol{W}_1,\boldsymbol{Q}_2\boldsymbol{W}_2,\cdots,\boldsymbol{Q}_L\boldsymbol{W}_L)$$

$$\boldsymbol{h}^{(k)}=[h_1^{(k)}\ h_2^{(k)}\cdots\ h_L^{(k)}]^{\mathrm{T}} \tag{7.29}$$

式中:blkdiag$\{\boldsymbol{Z}_1,\boldsymbol{Z}_2\}$为对角矩阵为$\boldsymbol{Z}_1$和$\boldsymbol{Z}_2$的块对角矩阵;$h_l$为由子阵之间位置误差、接收通道失配和样本抵消引起的误差。另外,可以利用$\boldsymbol{a}_F(\Lambda)$将阵列接收快拍数据写成紧凑的矩阵形式,即

$$\boldsymbol{Y}(t)=\boldsymbol{A}(\boldsymbol{\Theta})S(t)+\boldsymbol{N}(t),t=1,2,\cdots,T \tag{7.30}$$

式中:$\boldsymbol{A}(\boldsymbol{\Theta})=[\boldsymbol{a}_F(\Lambda_1)\quad \boldsymbol{a}_F(\Lambda_2)\quad\cdots\quad \boldsymbol{a}_F(\Lambda_K)]$;$\boldsymbol{\Theta}=[\Lambda_1\quad\Lambda_2\quad\cdots\quad\Lambda_K]$;$\boldsymbol{S}(t)=[\boldsymbol{s}_1(t)\quad\boldsymbol{s}_2(t)\quad\cdots\quad\boldsymbol{s}_K(t)]^{\mathrm{T}}$。

针对式(7.30),做如下常用假设:

(1) 信号源序列$\{\boldsymbol{s}(1),\boldsymbol{s}(2),\cdots,\boldsymbol{s}(T)\}$是来自于不相关平稳(复)高斯过程的一系列样本,且

$$E\{\boldsymbol{s}(m)\boldsymbol{s}^{\mathrm{H}}(m)\}=\boldsymbol{R}_{\hat{S}}\delta_{m,n},E\{\boldsymbol{s}(m)\boldsymbol{s}^{\mathrm{T}}(n)\}=0(\text{针对所有的 } m \text{ 和 } n)$$

式中:$\delta_{m,n}$为克罗内克符号(Kronecker Delta)函数。

(2) 噪声$\boldsymbol{n}(t)$一个零均值(复)高斯分布过程,且

$$E\{\boldsymbol{n}(m)\boldsymbol{n}^{\mathrm{H}}(n)\}=\sigma^2\boldsymbol{I}\delta_{m,n},E\{\boldsymbol{n}(m)\boldsymbol{n}^{\mathrm{T}}(n)\}=0(\text{针对所有的 } m \text{ 和 } n)$$

同时假设$\boldsymbol{s}(t)$和$\boldsymbol{n}(t)$之间的元素相互独立。

利用$\boldsymbol{Y}(t)$,阵列协方差矩阵

$$\boldsymbol{R}_y\triangleq E\{\boldsymbol{Y}(t)\boldsymbol{Y}^{\mathrm{H}}(t)\}=\boldsymbol{A}(\boldsymbol{\Theta})\boldsymbol{R}_s\boldsymbol{A}(\boldsymbol{\Theta})^{\mathrm{H}}+\sigma^2\boldsymbol{I} \tag{7.31}$$

的样本估计为

$$\hat{\boldsymbol{R}}_y=\frac{1}{T}\sum_{t=1}^{T}\boldsymbol{Y}(t)\boldsymbol{Y}^{\mathrm{H}}(t) \tag{7.32}$$

式中:$\boldsymbol{R}_s\triangleq E\{\boldsymbol{S}(t)\boldsymbol{S}^{\mathrm{H}}(t)\}$为信源自相关矩阵;$\sigma^2$为每一个传感器上的噪声方差,且相同。

当$K<6L$时,式(7.31)和式(7.32)的特征分解可以表示为

$$\begin{aligned}\boldsymbol{R}_y&=\boldsymbol{E}_s\boldsymbol{\Lambda}_s\boldsymbol{E}_s^{\mathrm{H}}+\boldsymbol{E}_N\boldsymbol{\Lambda}_N\boldsymbol{E}_N^{\mathrm{H}}\\ \hat{\boldsymbol{R}}_y&=\hat{\boldsymbol{E}}_s\hat{\Lambda}_s\hat{\boldsymbol{E}}_s^{\mathrm{H}}+\hat{\boldsymbol{E}}_N\hat{\boldsymbol{\Lambda}}_N\hat{\boldsymbol{E}}_N^{\mathrm{H}}\end{aligned} \tag{7.33}$$

式中:$K\times K$维对角矩阵$\boldsymbol{\Lambda}_s$和$\hat{\boldsymbol{\Lambda}}_s$分别含有$\boldsymbol{R}_y$和$\hat{\boldsymbol{R}}_y$的$K$个信号子空间特征值,$(6L-K)\times(6L-K)$对角矩阵$\boldsymbol{\Lambda}_N$和$\hat{\boldsymbol{\Lambda}}_N$分别含有$\boldsymbol{R}_y$和$\hat{\boldsymbol{R}}_y$的$6L-K$个噪声子空间特征值。因此,$6L\times K$维矩阵$\boldsymbol{E}_s$和$\hat{\boldsymbol{E}}_s$的列分别为相应于$\boldsymbol{R}_y$和$\hat{\boldsymbol{R}}_y$的$K$个最大特征值所对应的信号子空间特征矢量,同时$6L\times(6L-K)$维矩阵$\boldsymbol{E}_N$和$\hat{\boldsymbol{E}}_N$的列分别为相应于$\boldsymbol{R}_y$和$\hat{\boldsymbol{R}}_y$的$6L-K$个最小特征值所对应的噪声子空间特征矢量。

7.3.2 算法描述

MUSIC 算法[193]可以通过如下函数的K个峰值估计出信号 DOA,即

$$f(\Lambda)=\frac{1}{\boldsymbol{a}_F^{\mathrm{H}}(\Lambda)\boldsymbol{E}_N\boldsymbol{E}_N^{\mathrm{H}}\boldsymbol{a}_F(\Lambda)} \tag{7.34}$$

在精确已知 $\boldsymbol{R}_y$ 的理想情况下，可以通过下面的等式估计出 DOA，即

$$\boldsymbol{a}_F^{\mathrm{H}}(\Lambda)\boldsymbol{E}_N\boldsymbol{E}_N^{\mathrm{H}}\boldsymbol{a}_F(\Lambda)=0 \tag{7.35}$$

为了找出式(7.35)中的 K 个最大峰值，必须利用关于 θ、φ、α 和 β 的四维参数搜索，其计算量非常大，变得不切实际。为了克服这一问题，重写式(7.35)为

$$\begin{aligned}f(\Lambda)&=\frac{1}{\|\boldsymbol{a}_F^{\mathrm{H}}(\Lambda)\boldsymbol{E}_N\|^2}=\frac{1}{\|\boldsymbol{E}_N^{\mathrm{H}}\boldsymbol{a}_F(\Lambda)\|^2}=\frac{1}{\|\boldsymbol{E}_N^{\mathrm{H}}\boldsymbol{D}(\theta,\varphi)\boldsymbol{F}(\boldsymbol{QW})\boldsymbol{h}\|^2}\\&=\frac{1}{[\boldsymbol{F}(\boldsymbol{QW})\boldsymbol{h}]^{\mathrm{H}}\boldsymbol{D}^{\mathrm{H}}(\theta,\varphi)\boldsymbol{E}_N\boldsymbol{E}_N^{\mathrm{H}}\boldsymbol{D}(\theta,\varphi)[\boldsymbol{F}(\boldsymbol{QW})\boldsymbol{h}]}\\&=\frac{1}{\boldsymbol{g}^{\mathrm{H}}\boldsymbol{C}\boldsymbol{g}}\end{aligned} \tag{7.36}$$

式中：$\boldsymbol{g}=\boldsymbol{F}(\boldsymbol{QW})\boldsymbol{h}$；$\boldsymbol{C}=\boldsymbol{D}^{\mathrm{H}}(\theta,\varphi)\boldsymbol{E}_N\boldsymbol{E}_N^{\mathrm{H}}\boldsymbol{D}(\theta,\varphi)$。从式(7.36)可以明显看出，极化信息和误差信息仅包含在矢量 $\boldsymbol{g}$ 中，而矩阵 $\boldsymbol{C}$ 与极化信息和误差信息均不相关。另外，实际仿真中利用样本矩阵 $\hat{\boldsymbol{C}}=\boldsymbol{D}^{\mathrm{H}}(\theta,\varphi)\hat{\boldsymbol{E}}_N\hat{\boldsymbol{E}}_N^{\mathrm{H}}D(\theta,\varphi)$ 代替理想的 $\boldsymbol{C}$。因此可以通过下面谱函数中的 K 个最大峰值估计出信号 DOA，即

$$f_1(\theta,\varphi)=\frac{1}{\lambda_{\min}\{\hat{\boldsymbol{C}}\}} \tag{7.37}$$

式中：$\lambda_{\min}\{\cdot\}$ 为矩阵最小特征值。

从降秩角度来分析这一问题，通常矩阵 $\hat{\boldsymbol{C}}$ 满秩，如果

$$L\leqslant 6L-K \tag{7.38}$$

因为 $\hat{\boldsymbol{C}}$ 的列秩不会小于 L，因此式(7.38)成立的条件是仅当矩阵 $\hat{\boldsymbol{C}}$ 降秩，即

$$\mathrm{rank}(\hat{\boldsymbol{C}})<L \tag{7.39}$$

因此当 (θ,φ) 为信号集合 $\{\theta_k,\varphi_k\}_{k=1}^K$ 中的其中一个信号时，$\hat{\boldsymbol{C}}$ 的行列式和其最小特征值将会存在一个最小值，则可以利用另一个谱函数代替，即

$$f_2(\theta,\varphi)=\frac{1}{\det\{\hat{\boldsymbol{C}}\}} \tag{7.40}$$

式中：$\det\{\cdot\}$ 为矩阵的行列式。

这里展示了 $T\to\infty$ 情况下利用降秩准则进行信号 DOA 估计的唯一性和分辨能力。首先定义一个参数 γ_l，如果第 l 个子阵的流形不模糊，则 $\gamma_l=1$，否则 $\gamma_l=0$。

按照文献[192]，如果满足条件

$$K<\sum_{l=1}^{L}\gamma_l(M_l-1) \tag{7.41}$$

式中：M_l 为第 l 个子阵的传感器数，参数 $\boldsymbol{h}$ 在式(7.41)中是固定的。信号 DOA$\{\theta_k,\varphi_k\}_{k=1}^{K}$是式(7.35)所有可能的解。另外，如果 rank$(\hat{\boldsymbol{C}})<L$，式(7.41)成立。这里所提的方法满足以上所提到的条件。

下面推导基于子阵部分校正阵列 DOA 估计的统计。为了更方便推导 CRB 表达式，重写由 L 个子阵所构成阵列的导向矢量[202]，即

$$\boldsymbol{a}_F(\Lambda)=\boldsymbol{G}(\theta_k,\varphi_k,\boldsymbol{w}_k)\boldsymbol{h}^{(k)} \tag{7.42}$$

式中：$\boldsymbol{G}(\theta_k,\varphi_k,\boldsymbol{w}_k)=\begin{bmatrix}\boldsymbol{a}_1(\Lambda_k) & 0 & 0 & \cdots & 0\\ 0 & \boldsymbol{a}_2(\Lambda_k) & 0 & \cdots & 0\\ 0 & 0 & \ddots & 0 & \vdots\\ \vdots & \vdots & 0 & \ddots & 0\\ 0 & 0 & \cdots & 0 & \boldsymbol{a}_L(\Lambda_k)\end{bmatrix}$。

同样地，表达式(7.42)也可以重写为

$$\boldsymbol{a}_F(\Lambda_k)=\boldsymbol{\Phi}(\theta_k,\varphi_k,\boldsymbol{h}^{(k)})\boldsymbol{w}_k \tag{7.43}$$

式中：$\boldsymbol{\Phi}(\theta_k,\varphi_k,\boldsymbol{h}^{(k)})=\begin{bmatrix}P_1(\theta_k,\varphi_k)\boldsymbol{b}_1(\theta_k,\varphi_k)h_1^{(k)}\\ P_2(\theta_k,\varphi_k)\boldsymbol{b}_2(\theta_k,\varphi_k)h_2^{(k)}\\ \vdots\\ P_L(\theta_k,\varphi_k)\boldsymbol{b}_L(\theta_k,\varphi_k)h_L^{(k)}\end{bmatrix}$。

利用式(7.42)，式(7.30)可以重写为

$$\boldsymbol{Y}(t)=\sum_{k=1}^{K}\boldsymbol{G}(\theta_k,\varphi_k,\boldsymbol{w}_k)\boldsymbol{h}^{(k)}\boldsymbol{s}_k(t)+\boldsymbol{e}(t)=\hat{\boldsymbol{A}}(\boldsymbol{\Theta})\boldsymbol{S}(t)+\boldsymbol{N}(t) \tag{7.44}$$

从式(7.44)可以地看出，每一个矢量 $\boldsymbol{h}^{(k)}$ 由一个比例常数标识。为了避免在计算 CRB 时产生模糊，固定矢量 $\boldsymbol{h}^{(k)}(k=1,2,\cdots,K)$中的第一个元素，即假定它们已知。

引入 $2KL\times1$ 维矢量

$$\boldsymbol{\eta}\triangleq[\boldsymbol{\Lambda}^{\mathrm{T}}\quad \boldsymbol{\xi}_2^{\mathrm{T}}\quad\cdots\quad\boldsymbol{\xi}_L^{\mathrm{T}}\quad \varsigma_2^{\mathrm{T}}\quad\cdots\quad\varsigma_L^{\mathrm{T}}]^{\mathrm{T}} \tag{7.45}$$

式中：$\boldsymbol{\xi}_l\triangleq[\mathrm{Re}\{h_{1,l}\},\cdots,\mathrm{Re}\{h_{K,l}\}]^{\mathrm{T}}$；$\varsigma_l\triangleq[\mathrm{Im}\{h_{1,l}\},\cdots,\mathrm{Im}\{h_{K,l}\}]^{\mathrm{T}}$。

令采样满足如下统计模型

$$\boldsymbol{s}(t)\sim\mathcal{N}\{0,\boldsymbol{R}_s\} \tag{7.46}$$

未知参数包括矢量 $\boldsymbol{\eta}$ 中的元素、噪声方差 σ^2 和信源协方差矩阵 $\boldsymbol{R}_s$ 中的参数。关于信源协方差矩阵中的参数和噪声协方差矩阵的问题，针对 $2KL\times2KL$ 维 CRB 矩阵中元素的表达式[187]为

$$[\mathrm{CRB}^{-1}(\boldsymbol{\eta})]_{kl}=\frac{2N}{\sigma^2}\mathrm{Re}\left\{\mathrm{tr}\left(\boldsymbol{\Sigma}\frac{\partial\tilde{\boldsymbol{A}}^{\mathrm{H}}(\boldsymbol{\Theta})}{\partial\eta_l}\boldsymbol{\Pi}_C\frac{\partial\tilde{\boldsymbol{A}}(\boldsymbol{\Theta})}{\partial\boldsymbol{\eta}_k}\right)\right\}$$

$$(k=1,2,\cdots,K;l=1,2,\cdots,L) \tag{7.47}$$

式中：$\boldsymbol{\Sigma}=\boldsymbol{R}_s(\tilde{\boldsymbol{A}}^{\mathrm{H}}(\boldsymbol{\Theta})\tilde{\boldsymbol{A}}(\boldsymbol{\Theta})\boldsymbol{R}_s+\sigma^2\boldsymbol{I}_K)^{-1}\tilde{\boldsymbol{A}}^{\mathrm{H}}(\boldsymbol{\Theta})\tilde{\boldsymbol{A}}(\boldsymbol{\Theta})\boldsymbol{R}_s$ 为 $K\times K$ 维矩阵；$\mathrm{tr}(\cdot)$ 为矩阵迹；$\boldsymbol{\Pi}_C=\boldsymbol{I}_{6L}-\hat{\boldsymbol{A}}(\boldsymbol{\Theta})(\tilde{\boldsymbol{A}}^{\mathrm{H}}(\boldsymbol{\Theta})\tilde{\boldsymbol{A}}(\boldsymbol{\Theta}))^{-1}\tilde{\boldsymbol{A}}^{\mathrm{H}}(\boldsymbol{\Theta})$ 为 $6L\times 6L$ 维正交投影矩阵。为了简化符号，暂时忽略 $\boldsymbol{A}(\boldsymbol{\Theta})$ 中的 $\boldsymbol{\Theta}$，可得

$$\frac{\partial\tilde{\boldsymbol{A}}}{\partial\theta_k}=\underbrace{\left[\boldsymbol{0}\cdots\frac{\partial G(\theta_k,\varphi_k,\boldsymbol{w}_k)\boldsymbol{h}_k}{\partial\theta_k}\cdots\boldsymbol{0}\right]}_{6L\times K}\qquad \frac{\partial\tilde{\boldsymbol{A}}}{\partial\varphi_k}=\underbrace{\left[\boldsymbol{0}\cdots\frac{\partial \boldsymbol{G}(\theta_k,\varphi_k,\boldsymbol{w}_k)\boldsymbol{h}_k}{\partial\varphi_k}\cdots\boldsymbol{0}\right]}_{6L\times K}$$

$$\frac{\partial\hat{\boldsymbol{A}}}{\partial\xi_k}=\underbrace{\left[\boldsymbol{0}\cdots\boldsymbol{G}(\theta_i,\varphi_i,\boldsymbol{w}_i)\boldsymbol{e}_k\cdots\boldsymbol{0}\right]}_{6L\times K}\qquad \frac{\partial\tilde{\boldsymbol{A}}}{\partial\varsigma_k}=\mathrm{j}\,\frac{\partial\boldsymbol{A}}{\partial\xi_k}(i=1,2,\cdots,K) \tag{7.48}$$

式中：$\boldsymbol{e}_k$ 为 $K\times 1$ 维矢量，其第 k 个元素为 1，其余元素均为 0。则可以利用式(7.47)很容易地获得 CRB 矩阵。

7.3.3 仿真实验

在本小节中，给出利用所提方法针对基于两个分布式子阵构成的未校正阵列的 DOA 估计结果。首先通过绘信号源的空间谱来显示所提算法的仿真结果，然后将利用所提方法所获得的性能与现有方法[192,193]和 CRB 在不同 SNR 情况下进行比较。在仿真中，假定两个非相关信号源分别从[20°,40°,45°,−5°]和[50°,−30°,60°,−60°]入射到部分校正阵列。每一个子阵由均匀排列在圆阵上的指向 x 轴、y 轴和 z 轴的电偶极子和磁偶极子分量传感器组成，阵元间隔为 $\lambda/2$。相对于中心放置在坐标原点的第一个子阵，第二个子阵的中心位于[5λ, 5λ, 0]，且利用 $T=100$ 个独立快拍采样估计阵列协方差矩阵，所有仿真结果均是 1000 次蒙特卡罗仿真结果的平均。

在第一个仿真实验中，固定 SNR 为 20dB，所提方法可以同 MUSIC－类算法[193]一样能够分辨和估计出信号 DOAs，如图 7.7 和图 7.8 所示，但 MUSIC－类算法需要利用循环迭代方法找可以最小化下式代价函数的 $\hat{\boldsymbol{w}}$ 和 $\hat{\boldsymbol{h}}$，即

$$\begin{aligned}J(\theta,\varphi)&=\boldsymbol{w}^{\mathrm{H}}\boldsymbol{\Phi}^{\mathrm{H}}(\theta,\varphi,\boldsymbol{h})\hat{\boldsymbol{E}}_N\hat{\boldsymbol{E}}_N^{\mathrm{H}}\boldsymbol{\Phi}(\theta,\varphi,\boldsymbol{h})\boldsymbol{w}\\&=\boldsymbol{h}^{\mathrm{H}}\boldsymbol{G}^{\mathrm{H}}(\theta,\varphi,\boldsymbol{w})\hat{\boldsymbol{E}}_N\hat{\boldsymbol{E}}_N^{\mathrm{H}}\boldsymbol{G}(\theta,\varphi,\boldsymbol{w})\boldsymbol{h}\end{aligned} \tag{7.49}$$

另外，每一次迭代需要一次特征值分解，因此 MUSIC－like 算法的计算复杂度比所提方法高。

为了检验所提方法在不同 SNR 情况下所获得的性能，定义来自 1000 次蒙特卡罗仿真实验下 DOA 估计的 RMSE，即

$$\mathrm{RMSE}=\sqrt{\frac{\sum_{n=1}^{1000}\sum_{k=1}^{K}((\hat{\theta}_k(n)-\theta_k)^2+(\hat{\varphi}_k(n)-\varphi_k)^2)}{1000K}} \tag{7.50}$$

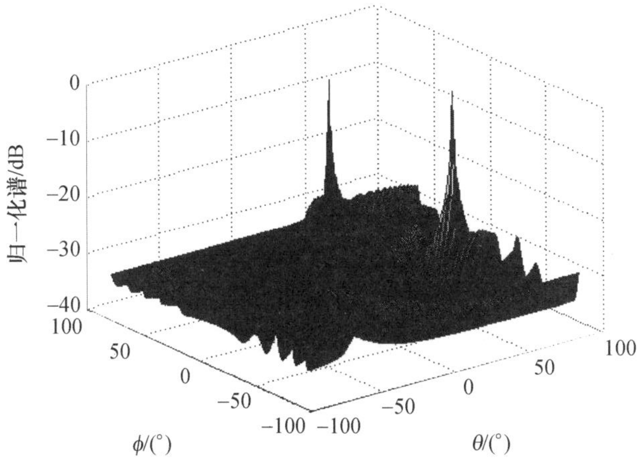

图7.7 所提方法的归一化谱(见彩图)

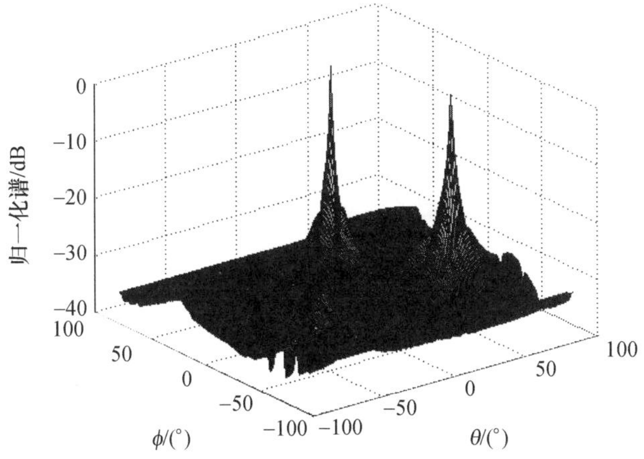

图7.8 MUSIC-类方法的归一化谱

式中：$\hat{\theta}_k(n)$和$\hat{\varphi}_k(n)$分别为第n次蒙特卡罗仿真时θ_k和φ_k的估计值；K为所有信号个数。在第二个仿真实验中，依然考虑第一个仿真中所涉及的两个信号，图7.9给出了RMSE关于SNR的曲线，从仿真结果可以看出，该方法优于MUSIC-类算法。同时，与MUSIC-类方法相比，低计算复杂度是所提方法的另一个优势。

这里的部分校正阵列的低复杂度DOA估计算法，由自身校正好的分布式子阵组成，但子阵之间没有校正，同时推导出针对部分校正阵列的CRB，并给出组合误差影响下的仿真例子。仿真结果表明所提方法具有提高DOA估计精度和降低计算复杂度的优势。

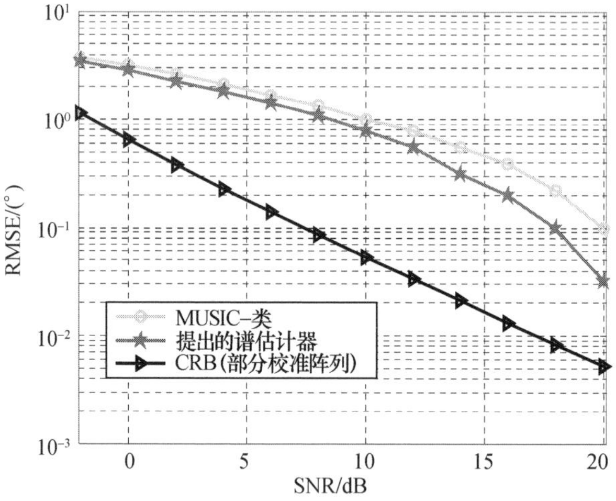

图 7.9　RMSE 曲线

7.4 小　　结

本章首先介绍了矢量传感器阵列优化布阵问题,基于人工智能算法,实现布阵优化;针对传感器误差校正,首先针对多径环境下的幅相及阵元位置误差进行校正,仿真实验证明了所提算法的有效性。最后本章为了充分利用极化阵列的自身优势,提高阵列参数估计性能,同时为了降低计算复杂度,提出一种针对部分校正阵列、未校正阵列的低复杂度、稳健 DOA 估计方法,并给出相应的理论分析证明,最后给出仿真结果。

参考文献

[1] BOERNER W M, YAMAGUCHI Y. A state - of - the - art review in radar polarimetry and its applications in remote sensing[J]. Aerospace and Electronic Systems Magazine, IEEE, 1990, 5(6): 3 -6.

[2] 庄钊文. 极化敏感阵列信号处理[M]. 北京:国防工业出版社,2005.

[3] 王永良. 空间谱估计理论与算法[M]. 北京:清华大学出版社,2004.

[4] RAHAMIN D, TABRIKIAN J, SHAVIT R. Source localization using vector sensor array in a multipath environment[J]. Signal Processing, IEEE Transactions, 2004, 52(11): 3096 - 3103.

[5] LI J, COMPTON R T. Two - dimensional angle and polarization estimation using the ESPRIT algorithm[J]. Antennas and Propagation, IEEE Transactions, 1992, 40(5): 550 -555.

[6] LI J. Direction and polarization estimation using arrays with small loops and short dipoles[J]. Antennas and Propagation, IEEE Transactions, 1993, 41(3): 379 -387.

[7] WONG K T, ZOLTOWSKI M D. Closed - form direction finding and polarization estimation with arbitrarily spaced electromagnetic vector - sensors at unknown locations[J]. Antennas and Propagation, IEEE Transactions, 2000, 48(5): 671 -681.

[8] BIHAN N L, MARS J. Singular value decomposition of quaternion matrices: a new tool for vector - sensor signal processing[J]. Signal Processing, 2004, 84(7): 1177 -1199.

[9] ALEXOPOULOS A. Metric tensor approach to surveillance analysis of phased array radar[J]. Microwaves, Antennas Propagation, IET, 2008, 2(6): 547 -557.

[10] HURTADO M, XIAO J J, NEHORAI A. Target estimation, detection, and tracking[J]. Signal Processing Magazine, IEEE, 2009, 26(1): 42 -52.

[11] SANJEEV A M, MASKELL S, GORDON N, et al. A tutorial on particle filters for online nonlinear/non - Gaussian Bayesian tracking[J]. Signal Processing, IEEE Transactions, 2002, 50(2): 174 -188.

[12] MUSICKI D, LA SCALA B F, EVANS R J. Multi - target tracking in clutter without measurement assignment [C]. IEEE Conference on Decision and Control, 2004, V: 716 -721.

[13] THOMPSON J S, GRANT P M, MULGREW B, et al. Generalised algorithm for DOA estimation in a passive sonar[J]. Radar and Signal Processing, IEE Proceedings, 1993, 140(5): 339 -340.

[14] Al - ARDI E M, SHUBAIR R M, Al - MUALLA M E. Computationally efficient high - reso-

lution DOA estimation in multipath environment[J]. Electronics Letters, 2004, 40(14): 908 - 910.

[15] FARINA D J. Superresolution compact array radiolocation technology (SuperCART) project [J]. FLAM and Russell Technical Report ,1990:185.

[16] SINCLAIR G. The transmission and reception of elliptically polarized waves[J]. Proceedings of the IRE, 1950, 38(2): 148 -151.

[17] KENNAUGH E M, Sloan R W. Effects of type of polarization on echo characteristics [R]. 389 -13: DTIC Document, 1952.

[18] HUYNEN J R, RICHARD J. Phenomenological theory of radar targets [D]. [S. l.]: Rotterdam Netherlands Drukkerij Bronder - OffsetNV, 1970.

[19] IOANNIDIS G, HAMMERS D. Optimum antenna polarizations for target discrimination in clutter[J]. Antennas and Propagation, IEEE Transactions on, 1979, 27(3): 357 -363.

[20] CHANEY R D, BUD M C, NOVAK L M. On the performance of polarimetric target detection algorithms [C] . Radar Conference, 1990. Record of the IEEE 1990 I: IEEE, 1990: 520 -525.

[21] NOVAK L M, SECHTIN M B, CARDULLO M J. Studies of target detection algorithms that use polarimetric radar data[J]. Aerospace and Electronic Systems, IEEE Transaction on, 1989, 25(2): 150 -165.

[22] COMPTON R J. On the performance of a polarization sensitive adaptive array[J]. Antennas and Propagation, IEEE Transactions on, 1981, 29(5): 718 -725.

[23] FERRARA E J, PARKS T. Direction finding with an array of antennas having diverse polarizations[J]. Antennas and Propagation, IEEE Transactions on, 1983, 31(2): 231 -236.

[24] HOWARD S D, CALDERBANK A R, MORAN W. A simple signal processing architecture for instantaneous radar polarimetry[J]. Information Theory, IEEE Transactions on, 2007, 53 (4): 1282 -1289.

[25] HURTADO M, NEHORAI A. Performance analysis of passive low - grazing - angle source localization in maritime environments using vector sensors[J]. Aerospace and Electronic Systems, IEEE Transaction, 2007, 43(2): 780 -789.

[26] NEHORAI A, PALDI E. Vector - sensor array processing for electromagnetic source localization[J]. Signal Processing, IEEE Transactions on, 1994, 42(2): 376 -398.

[27] GARREN D A, ODOM A C, OSBORN M K, et al. Full - polarization matched - illumination for target detection and identification[J]. Aerospace and Electronic Systems, IEEE Transaction, 2002, 38(3): 824 -837.

[28] COMPTON R. The tripole antenna: An adaptive array with full polarization flexibility[J]. Antennas and Propagation, IEEE Transactions on, 1981, 29(6): 944 -952.

[29] NEHORAI A, PALDI E. Vector - sensor array processing for electromagnetic source localization[J]. Signal Processing, IEEE Transactions on, 1994, 42(2): 376 -398.

[30] HOCHWALD B, NEHORAI A. Identifiability in array processing models with vector - sensor

applications[J]. Signal Processing, IEEE Transactions on, 1996, 44(1): 83 -95.

[31] TAN K, H0 K, NEHORAI A. Uniqueness study of measurements obtainable with arrays of electromagnetic vector sensors[J]. IEEE Transactions on Signal Processing, 1996, 44(4): 1036 -1039.

[32] LI J, COMPTON R T. Two - dimensional angle and polarization estimation using the ESPRIT algorithm[J]. Antennas and Propagation, IEEE Transactions on, 1992, 40(5): 550 -555.

[33] LI J. Direction and polarization estimation using arrays with small loops and short dipoles [J]. Antennas and Propagation, IEEE Transactions on, 1993, 41(3): 379 -387.

[34] ZOLTOWSKI M D, WONG K T. ESPRIT - based 2 - D direction finding with a sparse uniform array of electromagnetic vector sensors[J]. Signal Processing, IEEE Transactions on, 2000, 48(8): 2195 -2204.

[35] WONG K T, ZOLTOWSKI M D. Uni - vector - sensor ESPRIT for multisource azimuth, elevation, and polarization estimation[J]. Antennas and Propagation, IEEE Transactions on, 1997, 45(10): 1467 -1474.

[36] WONG K T, ZOLTOWSKI M D. Self - initiating MUSIC - based direction finding and polarization estimation in spatio - polarizational beamspace[J]. Antennas and Propagation, IEEE Transactions on, 2000, 48(8): 1235 -1245.

[37] ZOLTOWSKI M D, WONG K T. Closed - form eigenstructure - based direction finding using arbitrary but identical subarrays on a sparse uniform Cartesian array grid[J]. IEEE Transactions on Signal Processing, 2000, 48(8): 2205 -2210.

[38] 徐友根,刘志文. 电磁矢量传感器阵列相干信号源波达方向和极化参数的同时估计:空间平滑方法[J]. 通信学报,2004,25(5):28 -38.

[39] 王洪洋,王兰美,廖桂生. 基于单矢量传感器的信号多参数估计方法[J]. 电波科学学报,2005,20(1):15 -19.

[40] MIRON S, BINHAN N L, MARS J. Vector - sensor MUSIC for polarized seismic sources localization[J]. Eurasip Journal on Advances in Signal Processing, 1900, 2005(1): 74 -84.

[41] 龚晓峰,刘志文,徐友根. 电磁矢量传感器阵列信号波达方向估计:双模 MUSIC[J]. 电子学报,2008,36(9):1698 -1703.

[42] GONG X. Source localization via trilinear decomposition of cross covariance tensor with vector - sensor arrays[J]. 2010 Seventh International Conference on Fuzzy Systems and Knowledge Discovery (FSKD), 2010,5: 2119 -2123.

[43] GONG X, LIU Z, XU Y. Regularised parallel factor analysis for the estimation of direction - of - arrival and polarisation with a single electromagnetic vector - sensor[J]. IET Signal Processing, 2011, 5(4): 390 -396.

[44] GUO X, MIRON S, BRIE D. The effect of polarization separation on the performance of Candecomp/Parafac - based vector sensor array processing[J]. Physical Communication, 2012, 5(4): 289 -295.

[45] KRUSKAL J B. Three - way arrays: rank and uniqueness of trilinear decompositions, with

application to arithmetic complexity and statistics[J]. Linear Algebra and Its Applications, 1977, 18(2): 95 - 138.

[46] GUO X, MIRON S, BRIE D. Identifiability of the PARAFAC model for polarized source mixture on a vector sensor array [C]. Acoustics, Speech and Signal Processing, 2008. ICASSP 2008. IEEE International Conference on, 2008: 2401 - 2404.

[47] GUO X, MIRON S, BRIE D, et al. A CANDECOMP/PARAFAC perspective on uniqueness of DOA estimation using a vector sensor array[J]. Signal Processing, IEEE Transactions on, 2011, 59(7): 3475 - 3481.

[48] LIU X Q, SIDIROPOULOS N D. Crammer - Rao lower bounds for low - rank decomposition of multidimensional arrays[J]. Signal Processing, IEEE Transactions on, 2001, 49(9): 2074 - 2086.

[49] BIHAN N L, MARS J I. Singular value decomposition of quaternion matrices: a new tool for vector - sensor signal processing[J]. Signal Processing, 2004, 84(7): 1177 - 1199.

[50] MIRON S, BIHAN N L, MARS J I. Quaternion - MUSIC for vector - sensor array processing [J]. Signal Processing, IEEE Transactions on, 2006, 54(4): 1218 - 1229.

[51] MIRON S, BIHAN N L, MARS J I. High resolution vector - sensor array processing based on biquaternions[J]. 2006 IEEE International Conference on Acoustics, Speech and Signal Processing, 2006,4.

[52] BIHAN N L, MIRON S, MARS J I. MUSIC algorithm for vector - sensors array using biquaternions[J]. Signal Processing, IEEE Transactions on, 2007, 55(9): 4523 - 4533.

[53] GONG X, LIU Z, XU Y. Quad - quaternion MUSIC for DOA estimation using electromagnetic vector sensors[J]. Eurasip Journal on Advances in Signal Processing, 2009, 2008(1): 1 - 14.

[54] GONG X, LIU Z, XU Y. Direction finding via biquaternion matrix diagonalization with vector - sensors[J]. Signal Processing, 2011, 91(4): 821 - 831.

[55] JIANG J F, ZHANG J Q. Geometric algebra of Euclidean 3 - space for electromagnetic vector - sensor array processing, part I: Modeling[J]. Antennas and Propagation, IEEE Transactions on, 2010, 58(12): 3961 - 3973.

[56] ISHIDE A, COMPTON R. On grating nulls in adaptive arrays[J]. Antennas and Propagation, IEEE Transactions on, 1980, 28(4): 467 - 475.

[57] WEISS A J, FRIEDLANDER B. Maximum likelihood signal estimation for polarization sensitive arrays [J]. Antennas and Propagation, IEEE Transactions on, 1993, 41 (7): 918 - 925.

[58] WEISS A J, FRIEDLANDER B. Analysis of a signal estimation algorithm for diversely polarized arrays[J]. Signal Processing, IEEE Transactions on, 1993, 41(8): 2628 - 2638.

[59] NEHORAI A, HO K, TAN B. Minimum - noise - variance beamformer with an electromagnetic vector sensor[J]. Signal Processing, IEEE Transactions on, 1999, 47(3): 601 - 618.

[60] XU Y G, LIU T, LIU Z W. Output SINR of MV beamformer with one EM vector sensor of

and magnetic noise power [C]. Signal Processing, 2004. Proceedings. ICSP'04. 2004 7th International Conference on, 1, 2004: 419 - 422.

[61] WONG K T. Blind beamforming/geolocation for wideband - FFHs with unknown hop - sequences[J]. Aerospace and Electronic Systems, IEEE Transactions on, 2001, 37(1): 65 - 76.

[62] WONG K T. Adaptive geolocation and blind beamforming for wideband fast frequency - hop signals of unknown hop sequences and unknown arrival angles using an electromagnetic vector sensor [C]. Communications, 1998. ICC 98. Conference Record. 1998 IEEE International Conference on, 2, 1998: 758 - 762.

[63] 游娜. 电磁矢量传感器取向误差校正和干扰抑制研究[Z]. 2011.

[64] 黄家才,陶建武,温秀兰. 电磁矢量传感器原位误差校正方法[N]. 电子学报,2009,37(2):351 - 356.

[65] 王桂宝,陶海红,王兰美. 一种矢量传感器耦合误差的校正方法[N]. 电子与信息学报,2012,34(7):1558 - 1561.

[66] 邹安静,张扬,熊键,等. 一种矢量传感器阵列误差的自校正算法及 DOA 估计[N]. 通信技术,2010(4):161 - 163.

[67] 张锐戈. 极化阵列参数估计及误差校正[Z]. 2006.

[68] ROY R, PAULRAJ A, KAILATH T. ESPRIT - A subspace rotation approach to estimation of parameters of cisoids in noise[J]. IEEE Transactions on Acoustics, Speech and Signal Processing, 1986, 34(5): 1340 - 1342.

[69] ROY R, KAILATH T. ESPRIT - Estimation of Signal Parameters via Rotational Invariance Techniques[J]. IEEE Transactions on Acoustics, Speech and Signal Processing, 1989, 37(7): 984 - 995.

[70] SCHMIDT R. Multiple Emitter Location and Signal Parameter Estimation[J]. IEEE Transactions on Antennas and Propagation, 1986, 34(3): 276 - 280.

[71] WANG B H, GUO Y, Wang Y L, et al. Frequency - invariant Pattern Synthesis of Conformal Array Antenna With Low Cross - polarisation[J]. IET Microwaves, Antennas & Propagation, 2008, 2(5): 442 - 450.

[72] 何庆强. 共形辐射单元及共形阵列研究[D]. 成都:电子科技大学,2008.

[73] QI Z S, GUO Y, Wang B H. Blind Direction - of - arrival Estimation Algorithm for ConformalArray Antenna With Respect To Polarisation Diversity[J]. IET Microwaves, Antennas &Propagation, 2011, 5(4): 433 - 442.

[74] ZOU L, LASENBY J, HE Z S. Beamformer for Cylindrical Conformal Array of Non - isotropic Antennas[J]. Advances in Electrical and Computer Engineering, 2011, 11(1): 39 - 42.

[75] MILLIGAN T. More Applications of Euler Rotation Angles[J]. IEEE Antennas Propagation Magazine, 1999, 41(4): 78 - 83.

[76] TSUI K M, CHAN S C. Pattern Synthesis of Narrowband Conformal Arrays Using Iterative-Second - Order Cone Programming[J]. IEEE Transactions on Antennas and Propagation,

2010, 58(6): 1959 - 1970.

[77] KOJIMA N, HARIU K, CHIBA I. Low sidelobe pattern synthesis using projection method with mutual coupling compensation[J]. 2003 IEEE International Symposium on Phased Arraysystems and Technology, 559 - 564.

[78] JOSEFSSON L, PERSON P. Conformal Array Antenna Theory and Design [M]. New Jersey: JohnWiley & Sons, Inc. , 2006.

[79] TSOULOS G. Adaptive Antennas for Wireless Communications [M]. New York: Wiley - IEEE Press, 2001.

[80] HUANG K B, ANDREWS J G, HEATH R W. Performance of orthogonal beamforming for SDMA with limited feedback[J]. IEEE Transactions on Vehicular Technology, 2009, 58 (1): 152 - 164.

[81] MUNDARATH J, KOTECHA J. Optimal Receive Array Beamforming for Non - collaborative MIMO Space Division Multiple Access[J]. IEEE Transactions on Communications, 2010, 58 (1): 218 - 227.

[82] HAMMARWALL D, BENGTSSON M, OTTERSTEN B. Utilizing the Spatial Information Provided by Channel Norm Feedback in SDMA Systems[J]. IEEE Transactions on Signal Processing, 2008, 56(7): 3278 - 3293.

[83] DIETRICH C B, DIETZE K, NEALY J R, et al. Spatial, Polarization, and Pattern Diversity for Wireless Handheld Terminals [J]. IEEE Transactions on Antennas and Propagation, 2001, 49(9): 1271 - 1281.

[84] VAUGHAN R G. Polarization Diversity in Mobile Communications[J]. IEEE Transactions on Vehicular Technology, 1990, 39(3): 177 - 186.

[85] NABAR R U, BOLCSKEI H, ERCEG V, et al. Performance of Multiantenna Signaling Techniques in the Presence of Polarization Diversity[J]. IEEE Transactions on Signal Processing, 2002, 50(10): 2553 - 2562.

[86] VASKELAINEN L I. Iterative Least - squares Synthesis Methods for Conformal Array Antennaswith Optimized Polarization and Frequency Properties[J]. IEEE Transactions on Antennas and Propagation, 1997, 45(7): 1179 - 1185.

[87] LEBRET H, BOYD S. Antenna Array pattern Synthesis via Convex Optimization[J]. IEEE Transactions on Signal Processing, 1997, 45(3): 526 - 532.

[88] BOYD S, VANDENBERGHE L. Convex Optimization [M]. Cambridge: Cambridge University Press, 2004.

[89] TSUI K M, CHAN S C. Pattern Synthesis of Narrowband Conformal Arrays Using Iterative-Second - Order Cone Programming[J]. IEEE Transactions on Antennas and Propagation, 2010, 58(6): 1959 - 1970.

[90] FUCHS B. Shaped Beam Synthesis of Arbitrary Arrays via Linear Programming[J]. IEEE Antennas and Wireless Propagation Letters, 2010, 9: 481 - 484.

[91] VASKELAINEN L I. Phase Synthesis of Conformal Array Antennas[J]. IEEE Transactions

on Antennas and Propagation, 2000, 48(6): 987 -991.

[92] BANACH M, CUNNINGHAM J. Synthesis of Arbitrary and Conformal Arrays Using Non - linear Optimization Techniques[J]. Proceedings of the IEEE National Radar Conference, 1988: 38 -43.

[93] FERREIRA J A, ARES F. Pattern Synthesis of Conformal Arrays by the Simulated Annealing Technique[J]. Electronics Letters, 1997, 33(14): 1187 -1189.

[94] JOHNSON J M, RAHMAT - SAMII V. Genetic Algorithms in Engineering Electromagnetics [J]. IEEE Antennas and Propagation Magazine, 1997, 39(4): 7 -21.

[95] BUCCI OM, FRANCESCHETTI G, MAZZARELLA G, et al. Intersection Approach to Array Pattern Synthesis[J]. IEE Proceedings H: Microwaves, Antennas and Propagation, 1990, 137(6): 349 -357.

[96] BOTHA E, MCNAMARA D. Conformal Array Synthesis Using Alternating Projections, with Maximal Likelihood Estimation Used in One of the Projection Operators[J]. Electronics Letters, 1993, 29(20): 1733 -1734.

[97] STEYSKAL H. Pattern Synthesis for a Conformal Wing Array [C]. IEEE Aerospace Conference Proceedings, 2002, 2: 2 -819 -2 -824.

[98] FONDEVIA - GOMEZ J, RODRIGUEZ - GONZALEZ J A, BREGAINS J, MORENO E, et al. Very Fast Method to Synthesise Conformal Arrays[J]. Electronics Letters, 2007, 43 (16): 856 -857.

[99] XIAO J J, NEHORAI A. Optimal Polarized Beampattern Synthesis Using a Vector Antenna Array[J], IEEE Transactions on SignalProcessing, 2009, 57(2):576 -587.

[100] CARROL J D, CHANG J. Analysis of individual differences in multidimensional scaling via an N - way generalization of'Eckart - Young' decomposition[J]. Psychometrika, 1970, 35 (3): 283 -319.

[101] HARSHAMN R A. Foundations of the PARAFAC procedure: Models and conditions for an ' explanatory' multimodal factor analysis[J], 1970.

[102] BRO R. Parafac:Tutorial and applications[J]. Chemometrics and Intelligent Laboratory Systems, 1997, 38(2): 149 -171.

[103] CARDOSO J F, SOULOUMIAC A. Blind beamforming for non - Gaussian signals[J]. Radar and Signal Processing, IEE Proceedings F, 1993, 140(6): 362 -370.

[104] COMOM P. Independent component analysis,a new concept[J]. Signal Processing, 1994, 36(04):287 -314.

[105] NION D, MOKIOS K N, SIDIROPOULOS N D, et al. Batch and adaptive PARAFAC - based blind separation of convolutive speech mixtures[J]. Audio, Speech and Language Processing, IEEE Trans, 2010, 18(6): 1193 -1207.

[106] SIDIROPOULOS N D, BRO R, GIANNAKIS G B. Parallel factor analysis in sensor array processing[J]. Signal Processing, IEEE Transactions on, 2000, 48(8):2377 -2388.

[107] TUCKER L R. The extension of factor analysis to three - dimensional matrices[J]. Contri-

butions to Mathematical Psychology, 1964: 109 – 127.

[108] SWINDLEHURST A L, OTTERSTEN B, ROY R, KAILATH T. Multiple invariance esprit [J]. IEEE Trans Signal Process 1992, 1992,40(4):867 – 881

[109] KIKUCHI S, TSUJI H, SANO A. Pair – matching method for estimating 2 – d angle of arrival with a cross – correlation matrix[J]. IEEE Antennas Wireless Propag Lett 2006, 2006, 5(1):35 – 40.

[110] KOLDA T G, BADER B W. Tensor decompositions and applications[J]. SIAM Rev 2009, 2009,51(3):455 – 500.

[111] MARCOS S, MARSAL A, BENIDIR M. The propagator method for source bearing estimation[J]. Signal Processing 1995, 1995,42(2): 121 – 138.

[112] ZHANG X, LI J, XU L. Novel two – dimensional DOA estimation with L – shaped array [J]. EURASIP J Adv Signal Process 2011;2011,1:1 – 7.

[113] STOICA P, LARSSON E G, GERSHMAN A B. The stochastic CRB for array processing: a textbook derivation[J]. IEEE Signal Process Lett 2001;2001,8(5):148 – 150.

[114] SHAN T J, WAX M, KAILATH T. On spatial smoothing for direction – of – arrival estimation of coherent signals[J]. IEEE Trans Acoust Speech Signal Process 1985;1985,33(4): 806 – 811.

[115] PILLAI S U, KWON B H. Forward/backward spatial smoothing techniques for coherent signal identification[J]. IEEE Trans Acoust Speech Signal Process 1989; 1989, 37 (1): 8 – 15.

[116] GU J F, WEI P. Joint SVD of two cross – correlation matrices to achieve automatic pairing in 2 – D angle estimation problems[J]. IEEE Antennas Wireless Propag Lett 2007;2007,6: 553 – 556.

[117] HESTENES D. Curvature calculations with spacetime algebra[J]. International Journal of Theoretical Physics, 1986, 25(6):581 – 588.

[118] CLIFFORD W K. Applications of Grassmann's extensive algebra[J]. American Journal of Mathematics, 1878, 1(4): 350 – 358.

[119] SABBATA V D, DATTA B K. Geometric algebra and applications to physics [M]. Taylor & Francis,2006.

[120] JIANG J F, ZHANG J Q. Biquaternion beamspace for polarization estimation and directionfinding [C]. 2011 Fifth International Conference on Sensing Technology (ICST), 2011: 307 – 310.

[121] XIAO H K, ZOU L, et al. Direction and polarization estimation with modified quad – quaternion MUSIC for vector sensor arrays [C]. ICSP Proceedings, Hangzhou, 2014: 352 – 357.

[122] JIANG J F,ZHANG J Q. Geometric algebra of euclidean 3 – space for electromagneticvector – sensor array processing, Part I: Modeling [J]. IEEE Trans. Antennas Propagation, 2010, 58(12): 3961 – 3973.

[123] 蒋景飞. 几何代数模型矢量天线阵列信号的方法及应用[D]. 上海:复旦大学,2011.

[124] GONG X F, LIU Z W, XU Y G. Quad - quaternion MUSIC for DOA estimation usingelectromagnetic vector sensors[J]. EURASIP Journal on Advances in Signal Processing 2009, 2008,1:1 - 14.

[125] 龚晓峰. 基于张量和多元数的电磁矢量传感器阵列信号多维参数估计[D]. 北京:北京理工大学,2008.

[126] CAPON J. High - resolution frequency - wavenumber spectrum analysis [C]. Proceedings of IEEE, 1969: 1408 - 1418.

[127] ZHU X, LI J, STOICA P. Knowledge - aided adaptive beamforming [C]. IET Signal Processing, 2008, 2(4): 335 - 345.

[128] YE Z, LIU C. Non - sensitive adaptive beamforming against mutual coupling [C]. IET Signal Processing, 2009, 3(1): 1 - 6.

[129] GERSHMAN A B, SIDIROPOULOS N D, SHAHBAZPANAHI S, et al. Convex optimization - based beamforming[J]. IEEE Signal Processing Magazine, 2010, 27 (3): 62 - 75.

[130] FELDMAN D D, GRIFFITHS L J. A projection approach for robust adaptive beamforming [J]. IEEE Transactions on Signal Processing, 1994, 42 (4): 867 - 876.

[131] CHOI Y H. Subspace based adaptive beamforming method with low complexity[J]. Electronics Letters, 2011, 47(9): 529 - 530.

[132] JONATHAN L, BRIAN D J, WARNICK K F. Model - Based subspace projection beamforming for deep interference nulling[J]. IEEE Transactions on Signal Processing, 2012, 60(3): 1215 - 1228.

[133] LI J, STOICA P, WANG Z S. On robust Capon beamforming and diagonal loading[J]. IEEE Transactions on Signal Processing, 2003, 51(7):1702 - 1715.

[134] SHABAZPANNAHI S, GERSHMAN A B, LUO Z Q, et al. Robust adaptive beamforming for general - rank signal models[J]. IEEE Transactions on Signal Processing, 2003, 51(9): 2257 - 2269.

[135] VOROBYOV S A, GERSHMAN A B, LUO Z Q. Robust adaptive beamforming using worst - case performance optimization: a solution to the signal mismatch problem[J]. IEEE Transactions on Signal Processing, 2003, 51(2): 313 - 324.

[136] LORENZ R G, BOYD S P. Robust minimum variance beamforming[J]. IEEE Transactions on Signal Processing, 2005, 53(5): 1684 - 1696.

[137] ELNASHAR A. Efficient implementation of robust adaptivebeamforming based on worst - case performance optimization[J]. IET Signal Processing, 2008, 2(4): 381 - 393.

[138] YU Z L, SER W, ER M H, et al. Robust adaptive beamformers based on worst - case optimization and constraints on magnitude response[J]. IEEE Transactions on Signal Processing, 2009, 57(7): 2615 - 2628.

[139] VOROBYOV S A, GERSHMAN A B, LUO Z Q, et al. Adaptive beamforming with joint robustness against mismatched signal steering vector and interference nonstationarity[J]. IEEE

Signal Processing Letters, 2004, 11: 108 – 111.

[140] KIM S J, MAGNANI A, MUTAPCIC A, et al. Robust beamforming via worst – case SINR maximization[J]. IEEE Transactions on Signal Processing, 2008, 56: 1539 – 1547.

[141] KEYI A E, KIRUBARAJAN T, GERSHMAN A B. Wideband robust beamforming based on worst – case performance optimization [C]. The 13th Workshop on Statistical Signal Processing, 2005, 265 – 270.

[142] RUBSAMEN M, KEYI A E, GERSHMAN A B, et al. Robust broadband adaptive beamforming using convex optimization [A]. Convex Optimization in Signal Processing and Communications, D. Palomar and Y. C. Eldar, Eds. Cambridge, MA: Cambridge University Press, 2010, 9: 315 – 339.

[143] LI J, STOICA P. Robust Adaptive Beamforming [M]. New York: Wiley, 2006.

[144] RUBSAMEN M, GERSHMAN A B. Robust adaptive beamforming using multidimensional covariance fitting[J]. IEEE Transactions on Signal Processing, 2012, 60 (2): 740 – 753.

[145] NAI S E, SER W, YU Z L, et al. Iterative robust minimum variance beamforming[J]. IEEE Trans. Signal Process., 2011, 59(4): 1601 – 1611.

[146] VOROBYOV S, CHEN H, GERSHMAN A B. On the relationship between robust minimum variance beamformers with probabilistic and worst – case distortionless response constraints [J]. IEEE Transactionson Signal Processing, 2008, 56: 5719 – 5724.

[147] RONG Y, SHABAZPANAHI S, GERSHMAN A B. Robust linear receivers for space – time block coded multi – access MIMO systems with imperfect channel state information[J]. IEEE Transactionson Signal Processing, 2005, 53: 3081 – 3090.

[148] DONOHO D. Compressed sensing[J]. IEEE Transactions on Information Theory, 2006, 52 (4): 1289 – 1306.

[149] LU Y, AN J P, BU X Y. Adaptive bayesian beamforming with sidelobe constraint[J]. IEEE Communications Letters, 2010, 14(5): 369 – 371.

[150] HUANG J Y, WANG P, WAN Q. Sidelobe suppression for blind adaptive beamforming with sparse constraint[J]. IEEE Communications Letters, 2011, 15(3): 343 – 345.

[151] SKOLNIK M I, NEMHAUSER G, SHERMAN J W. Dynamic programming applied to unequally spaced arrays[J]. IEEE Transactions on Antennas and Propagation, 1964, 12(1): 35 – 43.

[152] LO Y T, LEE S W. A study of space – tapered arrays[J]. IEEE Transactions on Antennas and Propagation, 1966, 14(1): 22 – 30.

[153] HAUPT R L. Thinned arrays using genetic algorithms[J]. IEEE Transactions on Antennas and Propagation, 1994, 42(7): 993 – 999.

[154] TRUCCO A. Thinning and weighting of large planar arrays by simulated annealing[J]. IEEE Transactions on Ultrasonics, Ferroelectrics and Frequency Control, 1999, 46(2): 347 – 355.

[155] TERUEL O Q, IGLESIAS E R. Ant colony optimization in thinned array synthesis with min-

imum sidelobe level[J]. IEEE Antennas and Wireless Propagation Letters, 2006, 5(1): 349 – 352.

[156] JIN N, SAMII Y R. Advances in particle swarm optimization for antenna designs: Real – number, binary, single – objective and multiobjective implementations[J]. IEEE Transactions on Antennas and Propagation, 2007, 55(3): 556 – 567.

[157] OLIVERI G, DONELLI M, MASSA A. Linear array thinning exploiting almost differencesets [J]. IEEE Transactions on Antennas and Propagation, 2009, 57(12):3800 – 3812.

[158] CAOSI S, LOMMI A, MASSA A, et al. Peak sidelobe reduction with a hybridapproach based on GAs and difference sets[J]. IEEE Transactions on Antennas and Propagation, 2004, 52(4): 1116 – 1121.

[159] CHAO K, ZHAO Z, WU Z, et al. Application of the differential evolution algorithm to the optimization of two – dimensional synthetic aperture microwave radiometer circle array [C]. Proceedings of the IEEE Microwave and Millimeter Wave Technology (ICMMT), 2010: 1212 – 1215.

[160] FRIEDLANDER, BENJAMIN. A sensitivity analysis of the MUSIC algorithm[J]. Acoustics, Speech and Signal Processing, IEEE Transactions on, 1990,38(10) : 1740 – 1751.

[161] LI F, RICHARDR J. Vaccaro. Sensitivity analysis of DOA estimation algorithms to sensor errors[J]. Aerospace and Electronic Systems, IEEE Transactions on,1992, 28(3): 708 – 717.

[162] SWINDLEHURST A L, KAILATH T. A performance analysis of subspace – based methods in the presence of model errors. I. The MUSIC algorithm[J]. Signal Processing, IEEE Transactions on, 1992, 40(7): 1758 – 1774.

[163] FRIEDLANDER, BENJAMIN. Sensitivity analysis of the maximum likelihood direction – finding algorithm[J]. Aerospace and Electronic Systems, IEEE Transactions on, 1990, 26 (6): 953 – 968.

[164] FERREOL A, LARZABAL P, VIBERG M. On the asymptotic performance analysis of subspace DOA estimation in the presence of modeling errors: case of MUSIC[J]. Signal Processing, IEEE Transactions on, 2006, 54(3): 907 – 920.

[165] FUHRMANN D R. Estimation of sensor gain and phase[J]. Signal Processing, IEEE Transactions on, 1994, 42(1): 77 – 87.

[166] SOON V C, TONG L, HUANG Y F, et al. A subspace method for estimating sensor gains and phases[J]. IEEE transactions on signal processing, 1994, 42(4): 973 – 976.

[167] 林敏, 王淑节. 阵元间互耦对测向性能的影响及其校正方法[N]. 解放军理工大学学报: 自然科学版, 2002, 3(6): 31 – 34.

[168] 程春悦, 吕英华. 均匀圆形阵列互耦系数的测量与校正[N]. 电子测量与仪器学报, 2006, 19(6): 45 – 48.

[169] NG B C, NEHORAI A. Active array sensor localization[J]. Signal Processing, 1995, 44 (3) : 309 – 327.

[170] NG B C, SER W. Array shape calibration using sources in known locations [A]. //Proceedings of the ICCS/ISITA Communications on the Moveapos [C]. Singapore: IEEE Press, 1992, 2: 836 - 840.

[171] WEISS A J, FRIEDLANDER B. Eigenstructure methods for direction finding with sensor gain and phase uncertainties[J]. Circuits, Systems and Signal Processing, 1990, 9(3): 271 - 300.

[172] WIJNHOLDS S J, VAN DER VEEN A J. Multisource self - calibration for sensor arrays [J]. Signal Processing, IEEE Transactions on, 2009, 57(9): 3512 - 3522.

[173] 万明坚，李全力．处理天线阵各通道增益和相位不一致性的一种超分辨测向新技术[N]. 通信学报，1991,12(6): 77 - 82.

[174] 张铭，朱兆达．无需准确已知校正源方向的阵列通道不一致的单源校正法[J]. 电子科学学刊，1995，17(1): 20 - 25.

[175] WANG B,WANG Y, GUO Y. Mutual coupling calibration with instrumental sensors[J]. Electronics Letters, 2004, 40(7): 406 - 408.

[176] WANG B, XIAOBING C. Mutual coupling calibration for uniform linear array with carry - on instrumental sensors [C]. Communications, Circuits and Systems, 2004.

[177] 万明坚，肖先赐．用信号子空间法对测向阵元位置进行校准[J]. 电子科学学刊，1991，13(5): 461 - 467.

[178] 童宁宁,郭艺夺,宫健,等．多径条件下阵列互耦自校正算法研究[J]. 航天电子对抗，2008,24(5):61 - 64.

[179] LESHEM A, WAX M. Array calibration in the presence of multipath[J]. IEEE Transactions on Signal Processing, 2000, 48(1): 53 - 59.

[180] 王兰美，廖桂生，王洪洋．矢量传感器误差校正与补偿[J]. 电子与信息学报，2006，28(1): 92 - 95.

[181] WANG G B, SU J, et al. Mutual coupling calibration for electromagnetic vector sensor array [C]. Antennas, Propagation & EM Theory(ISAPE), 2012 10th International Symposium on. IEEE, 2012.

[182] WANG L M, WANG G, CHEN Z H. Mutual Coupling Calibration and Remedy Method for Polarization Sensitive Sensors[J]. Journal of Information & Computational Science, 2014, 11(3): 765 - 772

[183] WANG L M, WANG G B, ZENG C. Mutual Coupling Calibration for Electromagnetic Vector Sensor[J]. Progress In Electromagnetics Research B, 2013, 52: 347 - 362.

[184] LIU F, LI H, XIA W, et al. A DOA and polarization estimation method using a spatially non - collocated vector sensor array [C]//Signal and Information Processing (ChinaSIP), 2014 IEEE China Summit & International Conference on. IEEE, 2014: 763 - 767.

[185] 王桂宝，陶海红，王兰美．电磁矢量传感器取向误差自校正方法[N]. 西安电子科技大学学报，2013，39(6): 66 - 69.

[186] WONG K T, ZOLTOWSKI M D. Closed - form direction finding and polarization estimation

with arbitrarily spaced electromagnetic vector - sensors at unknown locations[J]. Antennas and Propagation, IEEE Transactions on, 2000, 48(5): 671 -681.

[187] NEHORAI A, PALDI E. Vector sensor array processing for electromagnetic source localization[J]. IEEE Transactions on signal processing, 1994, 42(2): 376 -398.

[188] HURTADO M, XIAO J J, NEHORAI A. Target Estimation, Detection, and Tracking: A look at adaptive polarimetric design[J]. IEEE Signal Processing Magazine, 2009, 26(1): 42 -52.

[189] SOWELAM S M, TEWFIK A H. Waveform selection in radar target classification[J]. IEEE Transactions on Information and Theory, 2000, 46: 1014 -1029.

[190] ZOLTOWSKI M D, WONG K T. Closed - form eigenstructure - based direction finding using arbitrary but identical subarrays on a sparse uniform Cartesian array grid[J]. IEEE Transactions on Signal Processing,2000, 48:2205 -2210.

[191] PESAVANTO M, GERSHMAN A B, WONG K M. Direction of arrival estimation in partly calibrated time - varying sensor arrays [C]. IEEE International Conference on Acoustics, Speech, and Signal Processing(ICASSP),2001, 5:3005 -3008.

[192] FRIEDLANDER B. A Sensitivity Analysis of the MUSIC Algorithm[J]. IEEE Transactions on Acoustics, Speech, and Signal Processing, 1990, 38(10): 1740 -1751.

[193] PORAT B, FRIEDLANDER B. Accuracy Requirements in off - line Array Calibration[J]. IEEE Transactions on Aerospace and Electronic Systems, 1997, 33(2): 545 -556.

[194] MIR H S. A generalized transfer - function based array calibration tcchniquc for direction finding[J]. IEEE Transactions on Signal Processing, 2008, 56(2): 851 -855.

[195] PARVAZI P,PESAVANTO P M, GERSHMAN A B. Direction - of - arrival estimation and array calibration for partly - calibrated arrays[J]. IEEE International Conference on Acoustics, Speech and Signal Processing, 2011, 2552 -2555.

[196] VIBERG M, SWINDLEHURST A L. A Bayesian Approach to Auto - calibration for Parametric Array Processing[J]. IEEE Transactions on Signal Processing, 1994, 42(12): 3495 -3507.

[197] WAN S, CHUNG P J, MULGREW B. Maximum likelihood array calibration using particle swarm optimisation[J]. IET Signal Processing, 2012, 6(5):456 -465.

[198] FLANAGAN B P, BELL K L. Improved Array Self Calibration with Large Sensor Position Errors for Closely Spaced Sources [C]. Sensor ArrayMultichannel Signal Processing Workshop, Cambridge, MA, 2000: 484 -488.

[199] PESAVENTO M, GERSHMAN A B, WONG K M. Direction Finding in Partly - calibrated Sensor Arrays Composed of Multiple Subarrays[J]. IEEE Transactions on Signal Processing, 2002, 50(9): 2103 -2115.

[200] SEE C M S, GERSHMAN A B. Direction of arrival estimation in partly calibrated subarray - based sensor arrays[J]. IEEE Transactions on Signal Processing, 2004, 52(2): 329 -338.

[201] SEE C M S, NEHORAI A. Source Localization with Partially Calibrated Distributed Electromagnetic Component Sensor Array [C]. 2003 IEEE Workshop on Statistical Signal Processing, 2003, 458 - 461.

[202] SCHMIDT R. Multiple emitter location and signal parameter estimation[J]. IEEE Transactions on Antennas and Propagation, 1986, 34(3): 276 - 280.

[203] SEE C M S, NEHORAI A. Distributed electromagnetic Component sensor array [C]. 7th Annual Adaptive Sensor Array Processing Workshop, 1999.

主要符号表

$(\cdot)^*$	复共轭
$(\cdot)^{\mathrm{H}}$	埃尔米特或者共轭转置
$(\cdot)^{\mathrm{T}}$	转置
$(\cdot)^{\dagger}$	矩阵伪逆
$\S\cdots$	张量数据表示的标记方法
$\\|\cdot\\|$	2－范数
$\langle\cdot\rangle_r$	几何代数的阶数运算
$\odot$	Khatri－Rao 乘积
$\otimes$	Kronecker 乘积
@	定义
$\boldsymbol{A}_r$	r 级矢量
$\boldsymbol{A}_r^{\dagger}$	r 级矢量 $\boldsymbol{A}_r$ 的反
$\\|\boldsymbol{A}\\|$	张量、矩阵的模；多矢量的幅度
$\langle\boldsymbol{A},\boldsymbol{B}\rangle$	张量的标量乘积
$\langle\boldsymbol{A}\rangle_k(k=0,1,2,3)$	多矢量 $\boldsymbol{A}$ 的 k 级矢量子空间
$\boldsymbol{a}\cdot\boldsymbol{b}$	矢量内积
$\boldsymbol{a}\times\boldsymbol{b}$	矢量积
$\boldsymbol{a}\wedge\boldsymbol{b}$	矢量外积
$\{\boldsymbol{e}_j\}(j=1,K,n)$	n 维矢量空间 V_n 中的一组正交基
G_n	n 维几何代数空间
$\mathrm{Im}\{\cdot\}$	虚部
o	张量乘
$\mathrm{Re}\{\cdot\}$	实部
$\mathrm{rank}(\cdot)$	矩阵的秩
V_n	n 维矢量空间
$\mathrm{vec}[\cdot]$	矢量化函数
$\boldsymbol{X}_{(n)}$	张量的展开矩阵
x_n	张量的 n 维矩阵积

$\bar{x}_n$	张量的 n 维矢量积
∇	梯度
χ	张量
$\boldsymbol{\Psi}_A$	G3 矩阵 $\boldsymbol{A}$ 的复数伴随矩阵

缩略语

MVDR	Minimum Variance Distortionless Response	最小方差无失真响应
SNR	Signal – to – Noise Ratio	信噪比
QSVD	Quaternion Singular Value Decomposition	四元数奇异值分解
DOA	Directions Of Arrival	波达方向
EMVS	ElectroMagnetic Vector Sensor	电磁矢量传感器
PARAFAC	PARAllel FACtor	平行因子
INDSCAL	INdividual Differences in SCALing	度量个体差异
DEDICOM	DEcomposition into DIrectional COMponents	分解至方向组件方法
Q – MODEL	Quaternion – Model	四元数模型
Q – MUSIC	Quaternion MUltiple Signal Classification	四元数多重信号分类
LV	Long Vectors	长矢量
LV – MUSIC	Long Vectors MUltiple Signal Classification	长矢量的多重信号分类
BQ – MODEL	Bi – Quaternion Model	双四元数模型
BQ – MUSIC	Bi – Quaternion MUltiple Signal Classification	双四元数的多重信号分类
QQ – MODEL	Quad – Quaternion Model	四四元数模型
QQ – MUSIC	Quad – Quaternion MUltiple Signal Classification	四四元数的多重信号分类
BMD	Biquaternion Matrix Diagonalization	双四元数矩阵对角化
G – MODEL	Geometric algebra Model	几何代数模型
ULA	Uniform Linear Array	均匀线阵

GA	Geometric Algebra	几何代数
G3	Three - dimensional Vector Space Geometric Algebra	三维欧几里得矢量空间的几何代数
CG3	Complex Three - dimensional Vector Space Geometric Algebra	复三维欧几里得矢量空间的几何代数
URA	Uniform Rectangular Array	均匀矩形阵列
SDMA	Space Division Multiple Access	空分多址
SOCP	Second Order Cone Programme	二阶锥规划
DF	Direction Finding	定向
CPD	Canonical Polyadic Decomposition	典范分解
JAD	Joint Approximate Diagonalization	联合近似对角化
ALS	Alternating Least Squares	交替最小二乘
HOOI	High Order Orthogonal Iteration	高阶正交迭代
MMSE	Minimum Mean Square Error	最小均方误差
RMSE	Root Mean Square Error	均方根误差
SOI	Signal Of Interest	感兴趣信号
SINR	Signal - to - Interference - plus - Noise Ratio	信干噪比
DL	Diagonal Loading	对角加载
CS	Compressive Sensing	压缩感知
MVPS	Minimum Variance Polarization Sensity	最小方差极化敏感
PSLL	Peak Side - Lobe Level	峰值旁瓣电平
SA	Simulated Annealing	模拟退火算法
ACO	Ant Colony Optimization	蚁群优化
PSA	Particle Swarm Algorithm	粒子群算法
RARE	Rank Reduction Estimator	降秩估计

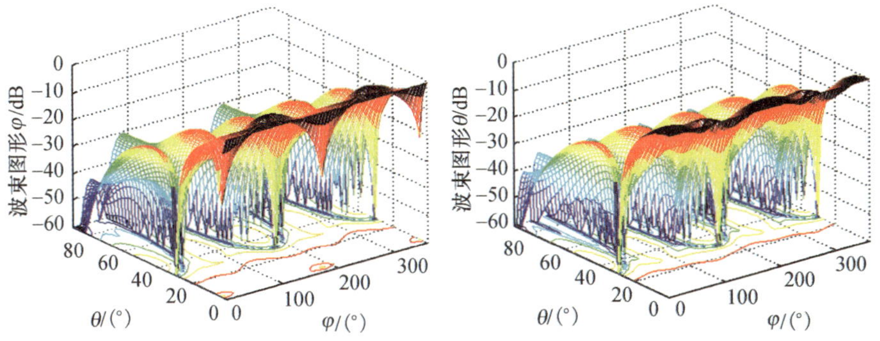

(a) φ分量　　(b) θ分量

图 4.5　4×4 圆柱共形阵列三维方向图

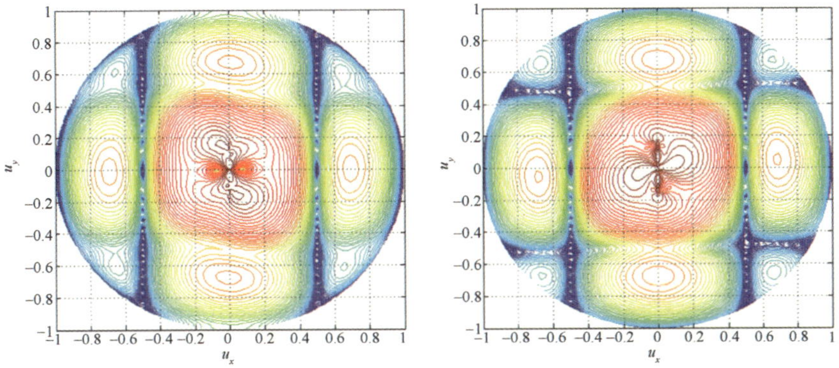

(a) φ分量　　(b) θ分量

图 4.6　4×4 圆柱共形阵列方向图等高线图

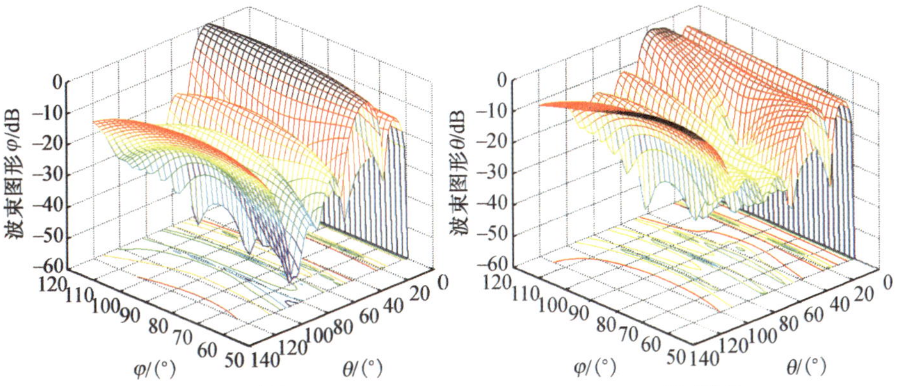

(a) φ分量　　(b) θ分量

图 4.9　4×4 圆锥共形阵列三维方向图

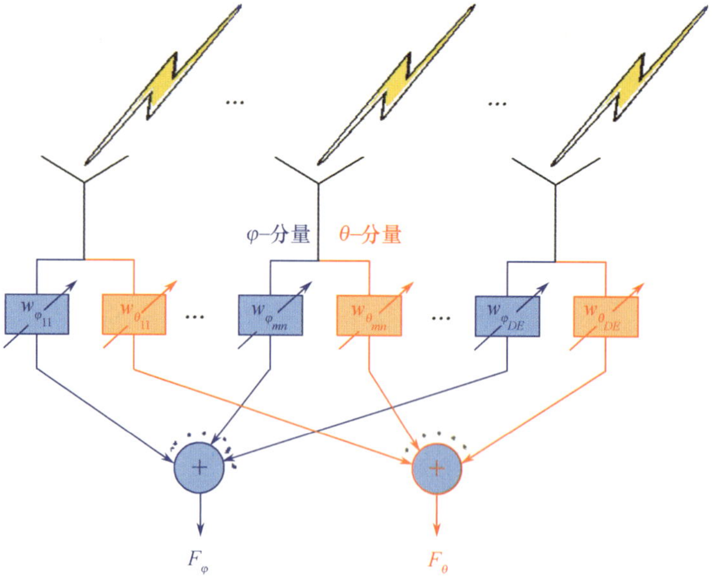

图 4.11　空间 - 极化滤波结构图

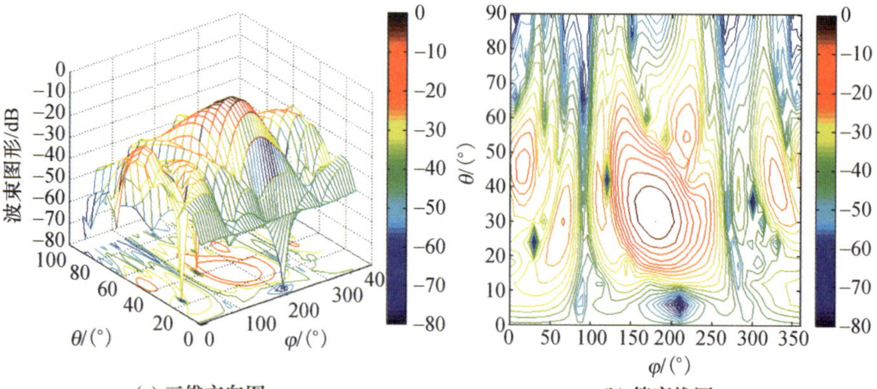

(a) 三维方向图　(b) 等高线图

图 4.12　凸优化 7×10 柱面阵共极化分量方向图

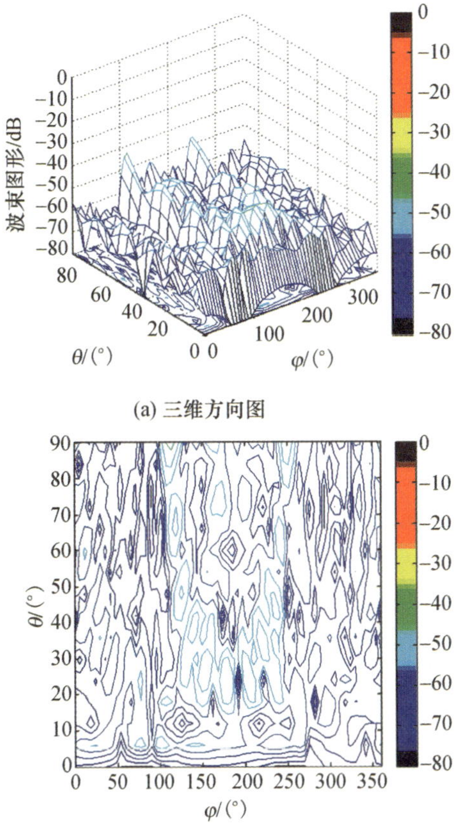

(a) 三维方向图

(b) 等高线图

图 4.13　凸优化 7×10 柱面阵交叉极化分量方向图

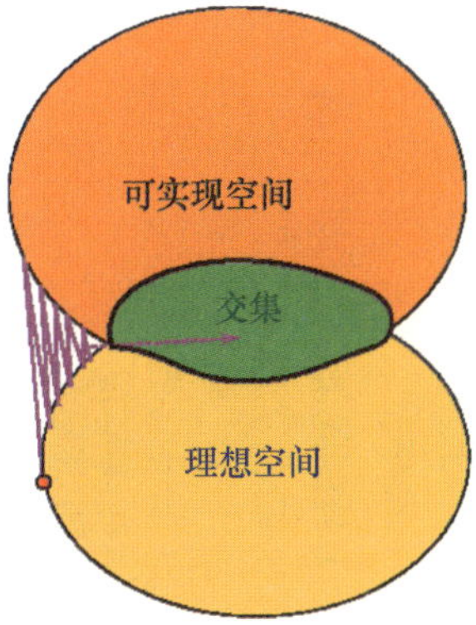

图 4.14　交集逼近方法示意图

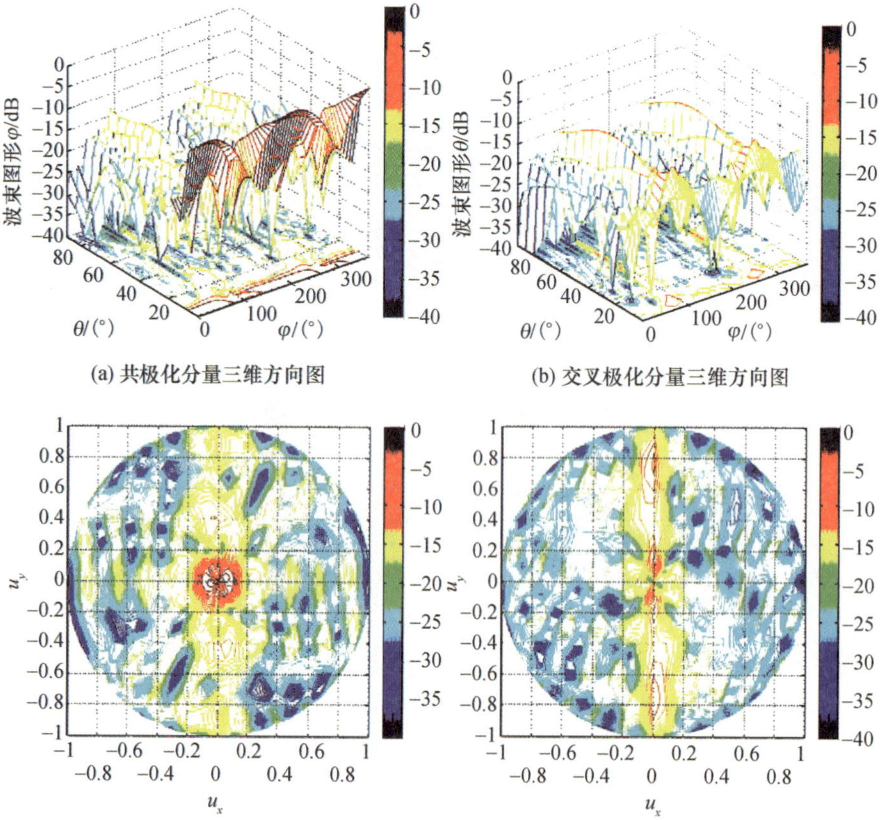

(a) 共极化分量三维方向图

(b) 交叉极化分量三维方向图

(c) 共极化分量等高线图(方向余弦)

(d) 交叉极化分量等高线图(方向余弦)

图 4.16　7×10 柱面阵交集逼近算法优化方向图(均匀权值为初始值)

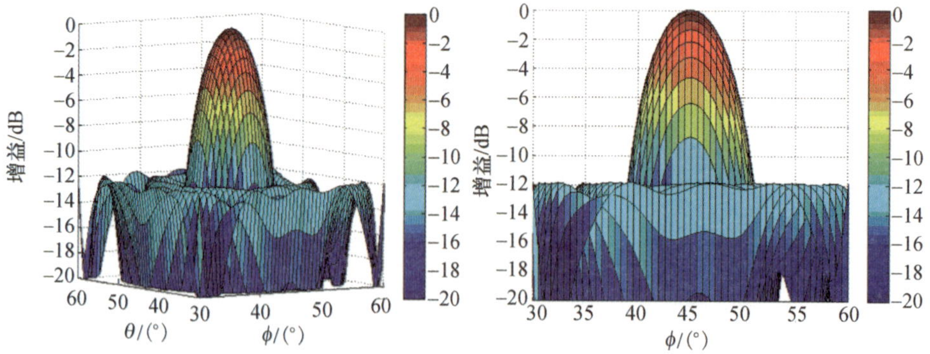

(a) 二维波束图

(b) θ 固定时关于ϕ的能量波束图切面

图 4.20　均匀矢量阵列 $p=3$ 情况下获得的最优主波束能量增益

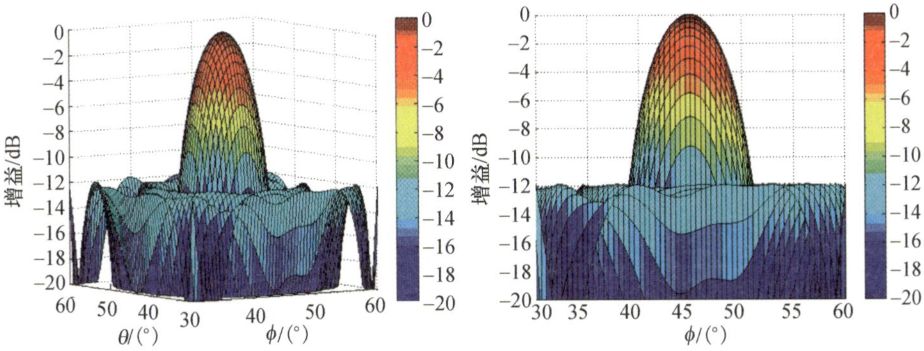

(a) 二维波束图　　(b) θ 固定时关于 ϕ 的能量波束图切面

图 4.21　均匀矢量阵列 $p=6$ 情况下获得的最优主波束能量增益

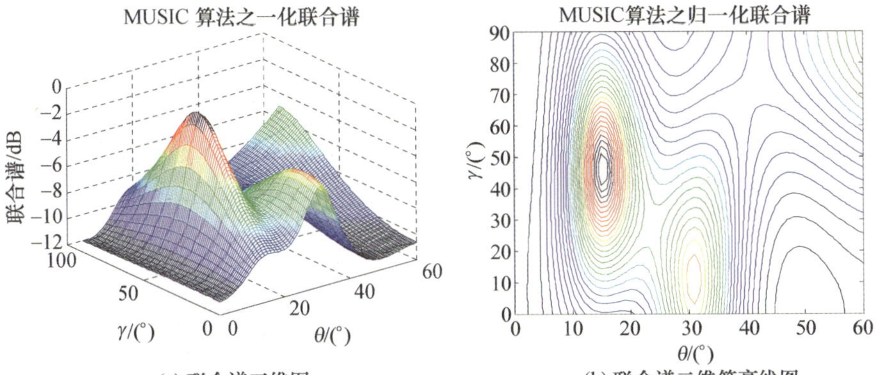

(a) 联合谱三维图　　(b) 联合谱二维等高线图

图 5.1　到达角与极化角均不相同时的联合谱

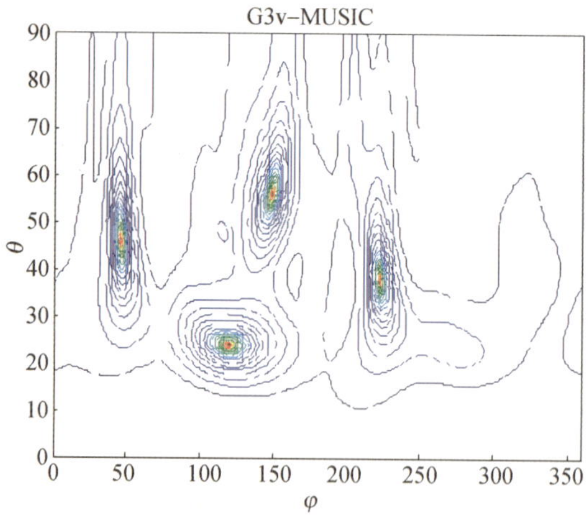

图 5.17　G3v - MUSIC 算法 DOA 估计的二维空间谱

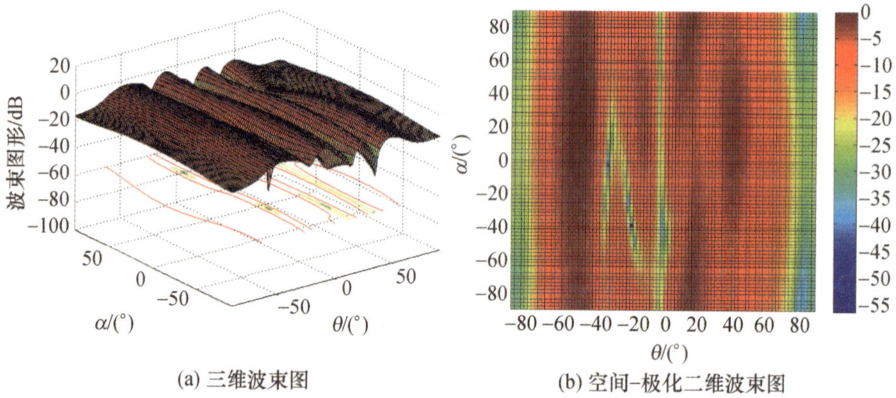

图 6.3　第一种场景下的波束图

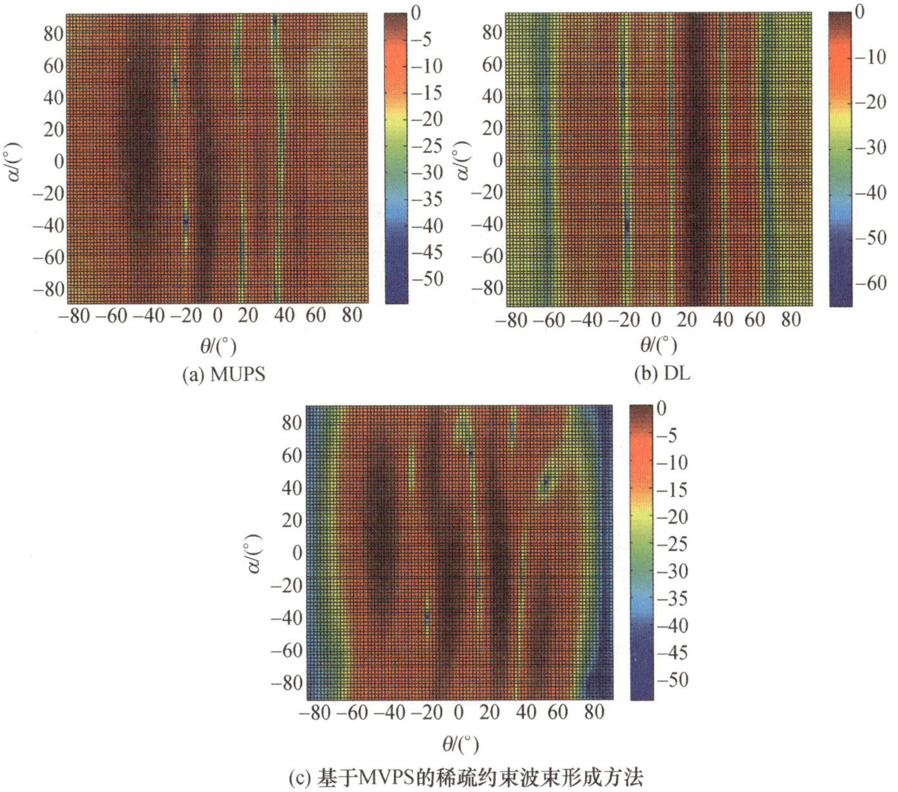

图 6.6　基于不同波束形成方法下的波束图

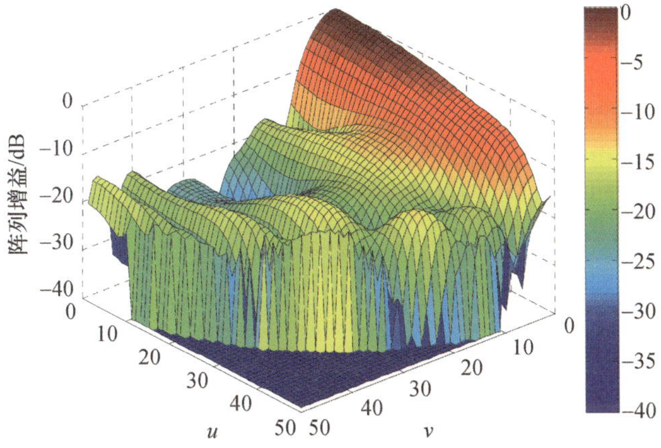

图 7.1　最优个体对应的三维方向图

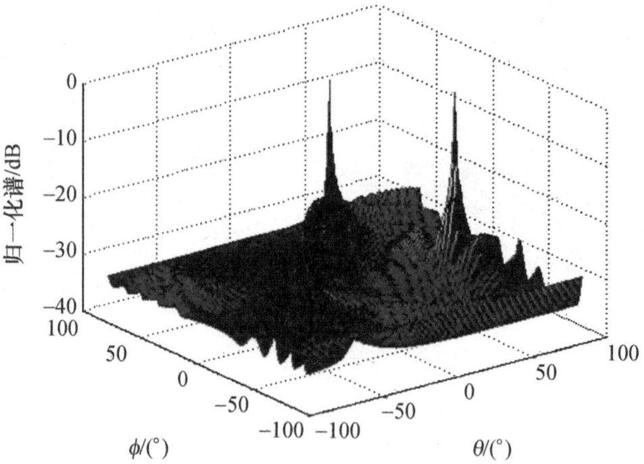

图 7.7　所提方法的归一化谱

彩
/
8